24時間365日
サーバ/インフラを支える技術

スケーラビリティ、ハイパフォーマンス、省力運用

伊藤直也、勝見祐己、田中慎司
ひろせまさあき、安井真伸、横川和哉
[著]

技術評論社

本書記載の内容に基づく運用結果について、著者、ソフトウェアの開発元および提供元、株式会社技術評論社は一切の責任を負いかねますので、あらかじめご了承ください。

本書に登場する会社名、製品名は一般に各社の登録商標または商標、商品名です。本文中では、™、©、®マークなどは表示しておりません。

本書について

　SNSやブログ、ショッピングサイトをはじめとする多彩なWebサービス、メールやチャットなどのコミュニケーションツールなどなど、もはやインターネットは生活に欠かすことのできないインフラであるといっても過言ではないでしょう。かくいう筆者も例外ではなく、毎日、ネットを使っています。より正確に表現するならば、公私ともにどっぷりネットに漬かっている日々です。

　ところで、筆者の場合――きっと今、本書をご覧になっているあなたも同じことと思いますが――は、「利用者」とは別の側面も持ち合わせています。それはサービス「提供者」という一面です。筆者の場合はネットワークやサーバの構築・運用管理を生業としています。

　一昔前までは、ネットワークやサーバといえば機材が高価であったりして、そう簡単には手を出せない分野でした。しかし、近年は、LinuxやFreeBSDをはじめとしたPC UNIXの普及、ハードウェアの低価格化、ネットワークの常時接続化などのおかげで、自宅でネットワークを組んでサーバを立てて楽しんでいる人も多くなってきました。

　こういった状況も手伝ってか、インフラ系の情報もよく目にするようになりました。とくに、インストール方法やApacheなどデーモンの設定といった、いわゆるハウツーものの充実には目を見張るものがあり、新米インフラエンジニアにとっては便利な世の中になったと思います。

　一方で、その先のステップである運用管理作業の効率化、サービスの冗長化やスケーラビリティといったトピックの技術的な情報やノウハウは、まだまだ少ないと感じています。

　筆者にとっても、サーバが数台のシステムの構築・運用から、数十台～数百台規模へとステップアップする上での一番の壁はこの「冗長化」「スケーラビリティ」に関する情報でした。当時の筆者は「冗長化」や「スケーラビリティ」に関する知識も経験もなく、どこから手をつけていいのかすらわからない状態でした。また、これらを実現するためには高価な商用の製品を使わなければならないという思い込みがあり、ちょっと実験しようにもなかなか手が出せないなと思っていました。

今思えば、当時のこの考えは間違ったものでした。実は、オープンソース（OSS）とコモディティな機材で、「冗長性」と「スケーラビリティ」を兼ね備えたシステムを構築することができるからです。さて、振り返って、何が原因だったのだろうと考えると、単純に「そんなものがあるとは知らなかった」「そんなことができるとは知らなかった」ということに尽きるのではないかと思っています。

　ここに、本書を執筆した動機があります。つまり、本書の目標は「冗長化」されていて「スケーラビリティ」もあるインフラを作るためのヒントを、みなさんに届けることにあります。

　本書では、こだわりをもってオープンソースを使っている、㈱はてなとKLab㈱のエンジニア陣が、絵空事ではない、実稼働中のシステムにまつわる、より実践的な情報をお届けします。システムというのは「系」です。系というのは個々の要素が関係しあって構成されるものです。本書では、個々の要素技術の詳説をしつつ、互いの関連性や流れ、つながりというものを重視した内容となるように心懸けました。また、本書はハウツー本ではありません。したがって、手取り足取りのインストール手順の説明はありませんし、本に書いてあるとおりにコマンドを実行すれば何かができるというわけでもありません。

　本書に記されていることは、実際の現場において、われわれがどのように考え、悩み、工夫してきたか、その軌跡と成果です。「読者の方々が次にインフラの設計・構築・運用管理するときに、本書がそのよりどころとなる知見となるといいな」、そんな思いをこめて本書を執筆しました。

2008年7月
著者を代表して　ひろせ まさあき

本書の構成

本書は、全6章で構成されています。

1章　サーバ/インフラ構築入門 ……冗長化/負荷分散の基本

2章　ワンランク上のサーバ/インフラの構築 ……冗長化、負荷分散、高性能の追求

3章　止まらないインフラを目指すさらなる工夫 ……DNSサーバ、ストレージサーバ、ネットワーク

1〜3章に一貫するテーマは「冗長性」と「スケーラビリティ」を兼ね備えたインフラデザインです。

各章の節はそれぞれ独立したトピックですが、「小さなシステムを出発点としてどのようにインフラを整備していくか」というストーリーの中で互いに関連しています。まずは流れをつかむために1〜3章全体をざっと通して読み、それから興味のある節に戻りじっくり再読する、という読み方をお勧めします。

4章　性能向上、チューニング ……Linux単一ホスト、Apache、MySQL

4章のテーマは「性能向上」です。

サーバを並べてロードバランスし、システム総体として性能向上を計るという作戦には、その構成要素であるサーバ単体のチューニングも欠かせません。4章では、とくに単体性能の向上について扱い、サーバ単体の能力を出しきるために必要な、ボトルネックの特定やチューニングについて述べます。

5章　省力運用 ……安定したサービスへ向けて

5章は監視や管理といった運用がテーマです。

もし、サーバ台数が増えるにつれ運用コストも増えるようならば、ゆくゆくは運用コストがボトルネックになり、思うようにインフラを拡大できなくなる可能性があります。別のいい方をすると、どれだけ運用を効率化できるかが、スケーラブルなインフラを育てる上での鍵になってくる、ともいえます。5章では、執筆陣の運用環境でどのように効率化の工夫を行っているか、その事例を紹介します。

6章　あのサービスの舞台裏 ……自律的なインフラへ、ダイナミックなシステムへ

最後の6章では、㈱はてなとKLab㈱のDSASのそれぞれについて、実際に稼働中のネットワーク・サーバインフラにまつわるお話をします。

執筆者はインフラチームの中でもコアとなるエンジニアです。内容はテクニカルな話に加えて、ここまでの章では細か過ぎて紹介できなかったことや、今日に至るまでの経緯・小史、インフラ系エンジニアのモチベーションやマインドといったようなトピックも盛り込んでおり、読み物としてもおもしろい構成になっています。

初出、執筆担当一覧

節		執筆担当
1.1	冗長化の基本	安井 真伸（KLab㈱）
1.2	Webサーバを冗長化する……DNSラウンドロビン	安井 真伸
1.3	Webサーバを冗長化する……IPVSでロードバランサ	安井 真伸
1.4	ルータやロードバランサの冗長化	安井 真伸
2.1	リバースプロキシの導入……Apacheモジュール	伊藤 直也（㈱はてな）
2.2	キャッシュサーバの導入……Squid、memcached	伊藤 直也
2.3	MySQLのレプリケーション……障害から短時間で復旧する[1]	ひろせ まさあき（KLab㈱）
2.4	MySQLのスレーブ＋内部ロードバランサの活用例[2]	ひろせ まさあき
2.5	高速で軽量なストレージサーバの選択	安井 真伸
3.1	DNSサーバの冗長化	安井 真伸
3.2	ストレージサーバの冗長化……DRBDでミラーリング	安井 真伸
3.3	ネットワークの冗長化……Bondingドライバ、RSTP	勝見 祐己（KLab㈱）
3.4	VLANの導入……ネットワークを柔軟にする	横川 和哉（KLab㈱）
4.1	Linux単一ホストの負荷を見極める	伊藤 直也
4.2	Apacheのチューニング	伊藤 直也
4.3	MySQLのチューニングのツボ[3]	ひろせ まさあき
5.1	サービスの稼働監視……Nagios	田中 慎司（㈱はてな）
5.2	サーバリソースのモニタリング……Ganglia[4]	ひろせ まさあき
5.3	サーバ管理の効率化……Puppet	田中 慎司
5.4	デーモンの稼働管理……daemontools	ひろせ まさあき
5.5	ネットワークブートの活用……PXE、initramfs	勝見 祐己
5.6	リモートメンテナンス……メンテナンス回線、シリアルコンソール、IPMI	勝見 祐己
5.7	Webサーバのログの扱い……syslog、syslog-ng、cron、rotatelogs	勝見 祐己
6.1	はてなのなかみ	田中 慎司
6.2	DSASのなかみ	安井 真伸

初出 ※1 『WEB+DB PRESS』(Vol.22)の特集2「MySQL乗り換え案内」、2章「現場指向のレプリケーション詳説」
※2 『WEB+DB PRESS』(Vol.38)の連載、[見せます！匠の技]スケーラブルWebシステム工房「第1回：いろんなものをロードバランス」
※3 「5分でできる、MySQLのメモリ関係のチューニング！」
　　URL http://dsas.blog.klab.org/archives/50860867.html
※4 『WEB+DB PRESS』(Vol.40)の連載、[見せます！匠の技]スケーラブルWebシステム工房「第3回：監視にまつわるエトセトラ」

用語の整理

本書で扱う内容はネットワークからアプリケーションまでと範囲が広く、いろいろな用語が出てきます。はじめに、よく使う用語をまとめておきます。

APサーバ（*Application Server*）

アプリケーションサーバ。動的コンテンツを返すサーバのこと。

たとえば、Apache＋mod_perlが動いているWebサーバやTomcatなどアプリケーションコンテナが動いているサーバ。

CDN（*Content Delivery Network*）

コンテンツを配信するためのネットワークシステム。配信パフォーマンスの向上と可用性の向上を目的としている。

Akamaiなどいくつかの商用サービスが存在し、世界中に点在するキャッシュサーバの中から、クライアントにより近いキャッシュサーバを選び配信することにより、性能向上を実現しているのが構成上で特徴的な点。

IPVS（*IP Virtual Server*）

LVS（*Linux Virtual Server*）プロジェクトの成果物で、ロードバランサに不可欠な「負荷分散」の機能を実現するもの。

➡「LVS」を参照。

LVS（*Linux Virtual Server*）

Linuxで、スケーラブルで可用性の高いシステムを作ろうと目指しているプロジェクト。その成果物の一つにLinuxロードバランサのためのIPVSがある。

本来はプロジェクト名だが、慣例的に「LVS」を「Linuxで作ったロードバランサ」という意味に使うこともある。

🔗 http://www.linuxvirtualserver.org/

NIC（*Network Interface Card*）

本来は、ネットワーク機能を追加するためのカードを指す言葉だが、拡張カードやオンボードを問わず、ネットワークインタフェースの総称として使われることもある。

LANカード、ネットワークカード、ネットワークアダプタともいう。

Netfilter

Linuxカーネルにおける、ネットワークパケットを操作するためのフレームワーク。

パケットフィルタリングなどを行うiptablesやロードバランスを実現するためのIPVSも、このNetfilterの機構を利用している。

OSI参照モデル

データ通信のためのネットワーク層を説明したモデル。7つの階層（レイヤ、*Layer*）からなる。

よく目にするレイヤは以下のとおり。

- レイヤ7（アプリケーション層）　：HTTPやSMTPといった通信プロトコル
- レイヤ4（トランスポート層）　　：TCPやUDP
- レイヤ3（ネットワーク層）　　　：IPやARP、ICMP
- レイヤ2（データリンク層）　　　：Ethernetなど

また、「L2スイッチ」など、「レイヤn」を「Ln」と表記することもある。なお、OSIはOpen Systems Interconnectionの略。

VIP（*Virtual IP Address*）

物理的なサーバやNICではなく、浮動的にサービスや役割に割り当てられるIPアドレスのこと。

たとえばロードバランサの場合なら、クライアントのリクエストを受けるIPアドレスのことをVIPという。なぜなら、このIPアドレスはHTTPなどのサービスに関連づくものであり、また、冗長化のためActive/Backup構成にしている場合は、唯一のマスタとなるActive側のロードバランサがこのIPを引き継ぐことになるからである。

仮想アドレス、仮想IPアドレスともいう。

可用性（*Availability*）

システムの停止しにくさのこと。「可用性が高い」といった場合は、「あのサービスは滅多に止まらない」ということになる。また、文脈によっては「稼働率が高い」とか「年間稼働時間が長い」という意味でも使われる。

Availability（アベイラビリティ）ともいう。

コンテンツ（*Contents*）

Webサービスの文脈の場合、ブラウザなどのクライアントに返すHTMLや画像のデータを意味する。

とくに、静的コンテンツといった場合は内容が変化しないHTMLや画像などを指し、動的コンテンツといった場合はリクエストごとに内容が異なるデータを指す。また、データそのものではなく、動的なデータを出力するサーバサイドのプログラムのことを「動的コンテンツ」ということもある。

サーバファーム（*server farm*）

たくさんのサーバが集まってできたインフラシステムのことをいう。文脈によっては、データセンタと同じ意味で、施設の意味に使われることもある。

冗長化（*Redundancy*）

システムの構成要素を複数配置して、1つが故障停止してもすぐに切り替えるなどして、サービスが止まらないようにすることをいう。

RAID（*Redundant Arrays of Inexpensive Disks*）がその典型例。
二重化、多重化、Redundancy（リダンダンシ）ともいう。

スイッチングハブ（*Switching Hub*）

今、市場にあるほぼすべての「ハブ」（*Hub*）はリピータハブ（*Repeater Hub*）ではなく、ブリッジ機能を有したスイッチングハブである。
L2スイッチ、または単にスイッチともいう。

スケーラビリティ（*Scalability*）

利用者や規模の増大にあわせて、どれだけシステムを拡張して対応できるかという能力。つまり、「スケーラビリティがある」は「拡張性がある」ということを意味する。

スケールアウト（*Scale-out*）

サーバを複数台並べて分散することにより、システム全体の性能を向上させること。
たとえば、ロードバランサ配下のWebサーバの台数を倍に増やすなど。

スケールアップ（*Scale-up*）

サーバ単体の性能を上げることにより、システム全体の性能を向上させること。
たとえば、サーバのメモリを増設する、より高性能の機種にリプレースする、など。

ステージング環境（*Staging Environment*）

本サービスに投入する前に、最終的な動作確認を行うための環境のこと（➡「プロダクション環境」も参照）。

スループット（*Throughput*）

ネットワークなどデータ通信の文脈で使う場合、単位時間あたりのデータ転送量を意味する（➡「レイテンシ」も参照）。
たとえ話をすると、「同じ車でもF1マシンよりバスのほうが、乗車可能人数が多いのでスループットが大きい」となる。

単一故障点（*Single Point of Failure*）

そこが故障するとシステム全体が停止してしまう個所。いわばシステムの急所。
SPOF（*Single Point of Failure*）ともいう。
たとえば、いくらRAIDや電源の多重化などでサーバ内のコンポーネントを多重化していても、もし、すべてのサーバが1台のスイッチングハブにつながっていると、システム全体で見た場合にはそのスイッチが単一故障点となる。

データセンター（*data center*）

サーバなどの機器を収容するために作られた、専用の施設の名称。
空調、停電対策、消火、地震対策などの、24時間365日サービスを行うために必要な設備が備わっている。

デーモン（*Daemon*）

バックグラウンドで動き続け、何かしらの仕事をし続けるプログラム。

たとえば、httpdやbindなど。

ネットワークセグメント（Network Segment）
ブロードキャストパケットが届く範囲のネットワークのこと。「コリジョンドメイン」とも同義だったが、全二重ではコリジョンが発生しないので、「ネットワークセグメント＝コリジョンドメイン」とはいいづらくなってきている。

ネットワークブート（Network Boot）
ネットワーク越しに、起動に必要なブートローダやカーネルイメージなどを入手して起動すること。
5.5節中で紹介しているPXEは、ネットワークブートを実現するための仕様の一つ。

パケット（Packet）
おもにIPにおけるデータの最小単位の塊を意味する。
IPパケットともいう。

フェイルオーバ（Failover）
冗長化されたシステムにおいて、Activeなノード（サーバやネットワーク機器など）が停止した際に、自動的にBackupノードに切り替わること。
ちなみに、自動ではなく手動で切り替えることは一般に「スイッチオーバ」という。

フェイルバック（Failback）
Activeノードが停止しフェイルオーバした状態から、元の正常な状態に復帰すること。

フレーム（Frame）
おもにEthernetにおけるデータの最小単位の塊を意味する。
Ethernetフレームともいう。

ブロックされる（Blocked）
読み出しもしくは書き込み処理が完了するのを待っているため、他の処理が何もできない状態のことを「I/O待ちでブロックされている」という。
おもにディスクI/OやネットワークI/Oに対して用いられる用語だが、入出力処理一般にも使われることがある。

プロダクション環境（Production Environment）
本サービスを行っている環境のこと（➡「ステージング環境」も参照）。

ヘルスチェック（Health Check）
監視対象が正常な状態にあるかどうかを確認すること。
たとえば、Webサーバに対して、pingが通るか、TCPの80番ポートに接続できるか、HTTPの応答があるか、といったことを確認すること。多くの場合、ヘルスチェックに失敗すると、管理者に監視失敗のアラートが届くようにしている。
死活監視ともいう。

負荷(*Load*)

「負荷」といってもいろいろとあるが、大別すると「CPU負荷」と「I/O負荷」に分けられる。

負荷を計るための指標はロードアベレージなどいくつかある。また、負荷を計測するためのコマンドもtopやvmstatなどいくつかある。詳しくは4.1節を参照。

ボトルネック(*Bottleneck*)

そこが妨げとなってシステム全体の性能が上がらない個所。

隘路(あいろ)、律速(りっそく)ともいう。

メモリファイルシステム(*Memory File System*)

ハードディスクなどの永続的な記憶装置ではなく、メモリ上に作ったファイルシステム。

ディスク上のファイルシステムと同じように使えるが、メモリ上にあるため、再起動するとデータがなくなる反面、読み書きが高速に行えるのが特長。

ラウンドロビン(*Round Robin*)

複数のノードに対して順番に割り振ったり分散したりすること。

たとえば、1つのFQDN(*Fully Qualified Domain Name*、完全修飾ドメイン名)に複数のAレコード(IPアドレス)を割り当ててアクセスを分散する「DNSラウンドロビン」や、複数のサーバに順番にリクエストを分散するようなロードバランサのバランスアルゴリズムなどがある。

リソース(*Resource*)

CPUやメモリ、ハードディスクなど、サーバが持つハードウェア的な資源。

たとえば、CPU使用率が高い状態を「リソースを食っている」と表現する。

レイテンシ(*latency*)

ネットワークなどデータ通信の文脈で使う場合、データが届くまでの時間を意味する(➡「スループット」も参照)。

たとえ話をすると、「同じ車でもバスよりF1マシンのほうが、速度が速いのでレイテンシが小さい」となる。

レイヤ(*Layer*)

➡「OSI参照モデル」を参照。

ロードバランサ(*Load Balancer*)

クライアントとサーバの間に位置し、クライアントからのリクエストをバックエンドの複数のサーバに適宜分散する役割の装置のこと。

別のいいかたをすると、複数のサーバを束ねて、1つの高性能な仮想的なサーバに見立てるための装置のこと。

負荷分散機ともいう。

[24時間365日]
サーバ/インフラを支える技術 スケーラビリティ、ハイパフォーマンス、省力運用●目次

本書について iii
本書の構成 v
初出、執筆担当一覧 vi
用語の整理 vii

目次 xii

1章 サーバ/インフラ構築入門
冗長化/負荷分散の基本 1

1.1 冗長化の基本　2

冗長化とは 2
冗長化の本質 2
　❶障害を想定する 2
　❷予備の機材を準備する 3
　❸運用体制の整備 …… 障害発生の際、予備機材に切り替える 3
ルータが故障した場合の対応 4
　コールドスタンバイ 4
Webサーバが故障した場合の対応 5
　ホットスタンバイ 5
フェイルオーバ 6
　VIP 6
　IPアドレスの引き継ぎ 6
障害を検出する ……ヘルスチェック 7
　Webサーバのヘルスチェック 8
　ルータのヘルスチェック 8
Active/Backup構成を作ってみる 9
　IPアドレスを引き継ぐしくみ 10
サーバを有効活用したい ……負荷分散へ 11

1.2 Webサーバを冗長化する ……DNSラウンドロビン　12

DNSラウンドロビン 12
DNSラウンドロビンの冗長構成例 13
もっと楽にシステムを拡張したい ……ロードバランサへ 16

1.3 Webサーバを冗長化する ……IPVSでロードバランサ　18

DNSラウンドロビンとロードバランサの違い 18
IPVS ……Linuxでロードバランサ 19
　ロードバランサの種類とIPVSの機能 19
スケジューリングアルゴリズム 20
IPVSを使う 21

ipvsadm	21
keepalived	22

ロードバランサを構築する ... 22
- Webサーバの設定 ... 23
- keepalivedを起動する ... 24
- 負荷分散を確認する ... 25
- 冗長構成を確認する ... 25

L4スイッチとL7スイッチ ... 26
- ●Column　L7スイッチと柔軟な設定 ... 27

L4スイッチのNAT構成とDSR構成 ... 28
同じサブネットのサーバを負荷分散する場合の注意 ... 29
- ●Column　LinuxベースのL7スイッチ ... 30

1.4 ルータやロードバランサの冗長化　31

ロードバランサの冗長化 ... 31
冗長化プロトコルVRRP ... 31
VRRPのしくみ ... 32
- VRRPパケット ... 32
- 仮想ルータID ... 33
- プライオリティ ... 34
- プリエンプティブモード ... 34
- 仮想MACアドレス ... 35

keepalivedの実装上の問題 ... 35
- gratuitous ARP（GARP）の遅延送出 ... 35

keepalivedを冗長化する ... 36
- VIPの確認 ... 36
- VRRPの動作確認 ... 38
- VRRPインスタンスを分離する ... 39
- VRRPインスタンスを同期する ... 39

keepalivedの応用 ... 39

2章　ワンランク上のサーバ/インフラの構築
冗長化、負荷分散、高性能の追求 ... 41

2.1 リバースプロキシの導入 ……Apacheモジュール　42

リバースプロキシ入門 ... 42
HTTPリクエストの内容に応じたシステムの動作の制御 ... 43
- IPアドレスを用いた制御 ... 44
- User-Agentによる制御 ... 44
- URLの書き換え ... 45

システム全体のメモリ使用効率の向上 ... 45
- 例:動的ページにおけるリクエストの詳細 ... 46
  - すべてAPサーバで応答する場合 ... 46
  - サーバを切り分ける場合 ... 46

Webサーバが応答するデータのバッファリングの役割 48
- HTTPのKeep-Alive 48
- 例:メモリ消費とKeep-Aliveのオン/オフ 49

Apacheモジュールを利用した処理の制御 50
- リバースプロキシの導入の判断 51

リバースプロキシの導入 52
- Apache 2.2を使う 52
- workerでhttpdを起動 52
- httpd.confの設定 52
- 最大プロセス/スレッド数の設定 53
  - ServerLimit/ThreadLimitとメモリの関係 54
- Keep-Aliveの設定 55
- 必要なモジュールのロード 56
- RewriteRuleを設定 56

一歩進んだRewriteRuleの設定例 58
- 特定ホストからのリクエストを禁止 58
- ロボットからのリクエストに対してはキャッシュサーバを経由させる 58

mod_proxy_balancerで複数ホストへの分散 59
- mod_proxy_balancerの利用例 61

2.2 キャッシュサーバの導入 ……Squid、memcached　63

キャッシュサーバの導入 63
- HTTPとキャッシュ 63
- Live HTTP Headersで知るキャッシュの効果 63

Squidキャッシュサーバ 64
- Squidでリバースプロキシ 66
- Squidは何をキャッシュするのか 67
- Squidの設定例 68

memcachedによるキャッシュ 70

2.3 MySQLのレプリケーション ……障害から短時間で復旧する　72

DBサーバが止まったら? 72
- DBサーバが停止するケース 72
- 短時間で復旧する方法 73

MySQLのレプリケーション機能の特徴と注意点 74
- シングルマスタ、マルチスレーブ 74
- 非同期のデータコピー 74
- レプリケーションされるデータの内容 74

レプリケーションのしくみ 75
- スレーブのI/OスレッドとSQLスレッド 76
- バイナリログとリレーログ 76
- ポジション情報 77

レプリケーション構成を作るまで 77
- レプリケーションの条件 77
- my.cnf 77
- レプリケーション用ユーザの作成 78

レプリケーション開始時に必要なデータ 79
レプリケーションの開始 80
マスタ、スレーブのmy.cnfの比較 80
スレーブの動作開始&確認 80
レプリケーションの状況確認 81
マスタの状況確認 81
SHOW MASTER STATUS 81
SHOW MASTER LOGS 81
スレーブの状況確認 83
SHOW SLAVE STATUS 83

2.4　MySQLのスレーブ＋内部ロードバランサの活用例　86

MySQLのスレーブの活用方法 86
スレーブ参照 86
複数のスレーブに分散する方法 86
❶アプリケーションで分散する 86
❷内部ロードバランサで分散する 87
スレーブ参照をロードバランサ経由で行う方法 88
概略図 88
内部ロードバランサの設定 89
MySQLスレーブの設定 91
スレーブ参照のロードバランスを体験 91
内部ロードバランサの注意点 …… 分散方法はDSRにする 92

2.5　高速で軽量なストレージサーバの選択　93

ストレージサーバの必要性 93
ストレージサーバは単一故障点になりやすい 94
ストレージサーバはボトルネックになりやすい 95
理想的なストレージサーバ 96
負荷を軽くする工夫 96
HTTPをストレージプロトコルとして利用する 97
軽量なWebサーバの選択 98
HTTPを利用するメリット 98
残る課題 99
●Column　小さくて軽いWebサーバの選択 99

3章　止まらないインフラを目指すさらなる工夫
DNSサーバ、ストレージサーバ、ネットワーク 101

3.1　DNSサーバの冗長化　102

DNSサーバの冗長化の重要性 102
レゾルバライブラリを利用した冗長化と、問題 102
レゾルバライブラリの問題点 103
性能低下の危険性 …… メールサーバの例 103

| DNS障害の影響は大きい | 104 |

サーバファームにおけるDNSの冗長化 ... 104
VRRPを利用した構成 ... 105
DNSサーバの負荷分散 ... 106
まとめ ... 107

3.2 ストレージサーバの冗長化 …… DRBDでミラーリング　109

ストレージサーバの故障対策 ... 109
ストレージサーバの同期は困難 ... 109
DRBD ... 110
DRBDの構成 ... 110
DRBDの設定と起動 ... 111
DRBDのマスタサーバを起動する ... 112
DRBDのバックアップサーバを起動する ... 113
DRBDのフェイルオーバ ... 115
手動で切り替える ... 115
keepalivedの設定 ... 116
keepalivedをdaemontoolsで制御する ... 118
NFSサーバをフェイルオーバする際の注意点 ... 118
バックアップの必要性 ... 119

3.3 ネットワークの冗長化 …… Bondingドライバ、RSTP　120

L1/L2構成要素の冗長化 ... 120
故障するポイント ... 120
リンクの冗長化とBondingドライバ ... 121
Bondingドライバ ... 121
スイッチの冗長化 ... 123
リンク故障時の動作 ... 124
スイッチ故障時の動作 ... 124
スイッチ間接続の故障時の動作 ... 124
スイッチの増設 ... 125
さらなる冗長化を目指して ... 126
RSTP ... 127
ブリッジの優先順位とルートブリッジ ... 127
RSTPにおけるポートの役割 ... 128
RSTPの動作 ... 129
おわりに ... 130

3.4 VLANの導入 …… ネットワークを柔軟にする　131

サーバファームにおける柔軟性の高いネットワーク ... 131
VLANの導入がもたらすメリットを考える ... 132
スイッチの有効利用 ... 132

故障したサーバの復旧体制 ……1台の代替機を活用したい 133
1台の代替機による復旧と、VLANの使いどころ 134

VLANの基本 ... 135
VLANの種類 ... 136
ポートVLAN ... 137
タグVLAN ... 138
サーバファームでの利用 ... 139
VLANを使わない場合の構成 ... 139
ポートVLANを利用した構成 ... 140
タグVLANを利用した構成 ... 142
複雑なVLAN構成でも物理構成はシンプルさが鍵 ... 144

4章 性能向上、チューニング
Linux単一ホスト、Apache、MySQL ... 145

4.1 Linux単一ホストの負荷を見極める 146

単一ホストの性能を引き出すために ... 146
性能とは何か、負荷とは何かを知る ... 146
推測するな、計測せよ ... 147
ボトルネック見極め作業の基本的な流れ ... 148
ロードアベレージを見る ... 149
CPU、I/Oのいずれがボトルネックかを探る ... 149
CPU負荷が高い場合 ... 149
I/O負荷が高い場合 ... 150
負荷とは何か ... 151
二種類の負荷 ... 151
マルチタスクOSと負荷 ... 152
負荷の正体を知る＝カーネルの動作を知る ... 153
プロセススケジューリングとプロセスの状態 ... 153
プロセスの状態遷移の具体例 ... 155
プロセスの状態遷移のまとめ ... 157
ロードアベレージに換算される待ち状態 ... 158
ロードアベレージが報告する負荷の正体 ... 159
●Column　プロセスの状態をツールで見る ……ps ... 160
ロードアベレージ計算のカーネルのコードを見る ... 160
ロードアベレージの次はCPU使用率とI/O待ち率 ... 162
sarでCPU使用率、I/O待ち率を見る ... 163
CPUのユーザモードとシステムモード ... 163
I/Oバウンドな場合のsar ... 164
マルチCPUとCPU使用率 ... 165
CPU使用率の計算はどのように行われているか ... 167
プロセスアカウンティングのカーネルコードを見る ... 168
スレッドとプロセス ... 171
カーネル内部におけるプロセスとスレッド ... 171

- psとスレッド ... 172
- LinuxThreadsとNPTL ... 174

ps、sar、vmstatの使い方 ... 174
- ps ……プロセスが持つ情報を出力する ... 174
- VSZとRSS ……仮想メモリと物理メモリの指標 ... 175
- TIMEはCPU使用時間 ... 177
- ブロッキングとビジーループの違いをpsで見る ... 177
- sar ……OSが報告する各種指標を参照する ... 179
- sar -u ……CPU使用率を見る ... 180
- sar -q ……ロードアベレージを見る ... 181
- sar -r ……メモリの利用状況を見る ... 182
- I/O負荷軽減とページキャッシュ ... 183
- ページキャッシュによるI/O負荷の軽減効果 ... 184
- ページキャッシュは一度readしてから ... 185
- sar -W ……スワップ発生状況を見る ... 186
- vmstat ……仮想メモリ関連情報を参照する ... 186

OSのチューニングとは負荷の原因を知り、それを取り除くこと ... 188

4.2 Apacheのチューニング 190

Webサーバのチューニング ... 190
Webサーバがボトルネック? ... 190
Apacheの並行処理とMPM ... 191
- preforkとworker、プロセスとスレッド ... 193
- プログラミングモデルから見たマルチプロセス/マルチスレッドの違い ... 193
- パフォーマンスの観点で見たマルチプロセス/マルチスレッドの違い ... 194
- 1クライアントに対して1プロセス/スレッド ... 196

httpd.confの設定 ... 196
- Apacheの安全弁MaxClients ... 196
- preforkの場合 ... 197
- 親子でメモリを共有するコピーオンライト ... 199
- コピーオンライトで共有しているメモリサイズを調べる ... 200
- MaxRequestsPerChild ... 202
- workerの場合 ... 203
- 過負荷でMaxClientsを変更する、その前に ... 205

Keep-Alive ... 206
Apache以外の選択肢の検討 ... 206
- lighttpd ... 207

4.3 MySQLのチューニングのツボ 209

MySQLチューニングのツボ ... 209
- チューニングの切り口での分類 ... 209
- ❶サーバサイド ... 209
- ❷サーバサイド以外 ... 210
- ❸周辺システム ... 211
- 本節でこれから扱う内容 ... 211

メモリ関係のパラメータチューニング ... 212

バッファの種類 …… チューニングの際の注意点❶ 212
割り当て過ぎない …… チューニングの際の注意点❷ 212
メモリ関連のパラメータ 213
メモリ関連のチェックツール …… mymemcheck 215

5章 省力運用

安定したサービスへ向けて 217

5.1 サービスの稼働監視 …… Nagios 218

安定したサービス運営と、サービスの稼働監視 218
稼働監視の種類 218
　❶死活状態の監視 218
　❷負荷状態の監視 220
　❸稼働率の計測 221
Nagiosの概要 221
　Nagiosのインストール 221
Nagiosの設定 222
　設定ファイル 223
　host …… ホストの設定 223
　service …… サービスの定義 224
　command …… コマンド定義 225
　contactとcontactgroup …… 通知先と通知先グループ 226
　設定のテスト 226
Web管理画面 227
Nagiosの基本的な使い方 230
　ホストとサービスの定義 230
　通知 231
　　メール 231
　　IRC 231
応用的な使い方 234
　稼働率の測定 234
　独自プラグイン 235
　　MySQLのレプリケーション監視 (check_mysqlrep.sh) ... 236
　　MySQLのプロセス数監視(check_mysql_process.sh) .. 237
　　memcached監視 (check_memcached) 238
おわりに 238

5.2 サーバリソースのモニタリング …… Ganglia 240

サーバリソースのモニタリング 240
　モニタリングの目的 240
モニタリングのツールの検討 241
Ganglia …… 大量ノード向けのグラフ化ツール 242
Apacheプロセスの状態をグラフ化 244
　Gangliaにグラフを追加する方法 245

実際に複合グラフを追加してみる 245
　　　そのほかのカスタムグラフ 246

5.3　サーバ管理の効率化 ……Puppet　248

効率的なサーバ管理を実現するツールPuppet 248
Puppetの概要 248
Puppetの設定 250
　　ノードの定義 250
　　クラスの定義 250
　　設定の反映 253
設定ファイルの書き方 253
　　リソースの定義 253
　　　　クラス 253
　　　　関数 254
　　　　ノード 254
　　リソース 254
　　　　file 255
　　　　package 255
　　　　exec 256
　　　　service 256
　　サーバごとの設定の微調整 256
　　リソース間の依存関係 257
　　テンプレートによるマニフェストの定義 257
　　　　デュアルマスタMySQLクラス 258
　　　　iptablesクラス 259
動作ログの通知 262
　　　　tagmail 262
　　　　puppetmaster.log 262
　　　　report 262
　　　　puppetdでのログ 262
運用 263
自動設定管理ツールの功罪 263

5.4　デーモンの稼働管理 ……daemontools　265

デーモンが異常終了してしまったら 265
daemontools 265
　　daemontoolsを使う理由 266
　　デーモンになるための条件 ……フォアグラウンドで動作する 267
デーモンの管理方法 267
　　デーモンの新規作成 268
　　デーモンの開始 268
　　デーモンの停止、再開、再起動 269
　　デーモンの削除 269
　　シグナル送信 270
　　keepalived ……runファイルの例❶ 270
　　自作の監視スクリプト ……runファイルの例❷ 271

daemontoolsのTips 271
 依存するサービスの起動順序の制御 272
 便利シェル関数 274
  daemonup 274
  daemondown 274
  daemonstat 274

5.5　ネットワークブートの活用 ……PXE、initramfs　277

ネットワークブート 277
 ネットワークブートの特徴と利点 277
ネットワークブートの動作 ……PXE 278
ネットワークブートの活用例 281
 ロードバランサ 281
 DBサーバ/ファイルサーバ 281
 メンテナンス用ブートイメージ 282
ネットワークブートを構成するために 282
 initramfsの共通化と役割の識別 282
 ディスクレス構成にする際に考慮すべき点 283
  ログの出力 284
  ファイルの変更管理 285
  マスタファイルのセキュリティ 285

5.6　リモートメンテナンス ……メンテナンス回線、シリアルコンソール、IPMI　286

楽々リモートログイン 286
ネットワークトラブルに備えて 286
 メンテナンス回線 287
 スイッチのトラブルに対する備え 288
シリアルコンソール 289
 シリアルコンソールの実現 290
IPMI 292
 IPMIでできること 293
 IPMIを使うには 294
おわりに 294

5.7　Webサーバのログの扱い ……syslog、syslog-ng、cron、rotatelogs　295

Webサーバのログの集約・収集 295
集約と収集 295
ログの集約 ……syslogとsyslog-ng 296
 syslogを使ったログの集約 296
 syslog-ng 298
ログの収集 299
 Apacheログのローテート ……cronとrotatelogs 300
ログサーバの役割と構成 301
おわりに 302

6章 あのサービスの舞台裏
自律的なインフラへ、ダイナミックなシステムへ 303

6.1 はてなのなかみ　304

はてなのインフラ 304
スケーラビリティと安定性 306
- リバースプロキシ 307
- DB 307
- ファイルサーバ 311

運用効率の向上 311
- キックスタートによるインストール 312
- パッケージ管理とPuppet 312
- サーバの管理と監視 313
- Capistranoによるデプロイ 314

電源効率・リソース利用率の向上 315
- 1Aあたりのパフォーマンスを重視する 315
- 1台あたりのサーバ能力をできるだけ使い切る 316
- 不要なパーツは載せない 317

自律的なインフラに向けて 319

6.2 DSASのなかみ　320

DSASとは 320
DSASの特徴 320
- 一つのシステムに複数のサイトを収容 320
- OSSで構築 322
- どこが切れても止まらないネットワーク 322
- サーバ増設が簡単 323
- 故障時の復旧が簡単 326

システム構成の詳細 326
- Bondingドライバを利用する理由 327
- DRBDをフェイルオーバする際の注意点 328
- SSLアクセラレータ 330
- ヘルスチェック機能の拡張 333
- 簡単で安全に運用できるロードバランサ 334
- セッションデータの取り扱い 337
- memcached 337
- repcached 340

DSASの今後 341

Appendix　343

- mymemcheck（4.3節） 344
- apache-status（5.2節） 348
- ganglia.patch（5.2節） 351

索引 355

1章 サーバ/インフラ構築入門

冗長化/負荷分散の基本

1.1 冗長化の基本 ……… p.2

1.2 Webサーバを冗長化する ……… p.12
DNSラウンドロビン

1.3 Webサーバを冗長化する ……… p.18
IPVSでロードバランサ

1.4 ルータやロードバランサの冗長化 ……… p.31

1章 サーバ/インフラ構築入門 冗長化/負荷分散の基本

1.1 冗長化の基本

冗長化とは

冗長化(Redundancy)とは、障害が発生しても予備の機材でシステムの機能を継続できるようにすることを指します。たとえば、工場や病院などでは停電に備えて自家発電装置を持っていますし、公共の交通機関では万一に備えて複数のブレーキ系統を持っているものです。

Webサービスを提供するネットワークやサーバシステムも例外ではなく、可用性を確保するために冗長化することは珍しくありません。本節では、システムを冗長化するために最低限知っておかなければならないことを解説した後、シンプルな例を紹介します。

冗長化の本質

システムの冗長化とは、以下のステップを実践することです。

❶障害を想定する
❷障害に備えて予備の機材を準備する
❸障害が発生した際に予備の機材に切り替えられる運用体制を整備する

各ステップを追いながら、作業の流れを簡単に見ていきましょう。

❶障害を想定する

冗長化の第一歩は、障害を想定することから始まります。例として図1.1.1のようなシンプルな構成で考えてみます。

まずは、図1.1.1のシステムで発生しうる障害を挙げます。

- ルータが故障してサービスが停止する
- サーバが故障してサービスが停止する

図1.1.1では、どちらが故障してもサービスが停止してしまいます。

❷予備の機材を準備する

次に、故障に備えて予備機を導入します。図1.1.1の例に予備機を追加したのが図1.1.2です。ここではまだ、予備のルータとサーバはネットワークに接続していません。

❸運用体制の整備 ……障害発生の際、予備機材に切り替える

いよいよ運用体制の整備です。運用体制の整備は、上記❶❷のステップの、どこにどのような障害が発生するか、どのような機器でどう構成するかにより、さまざまな対応を考えなければなりません。

それでは、はじめに❶で想定したルータの故障とWebサーバの故障を例

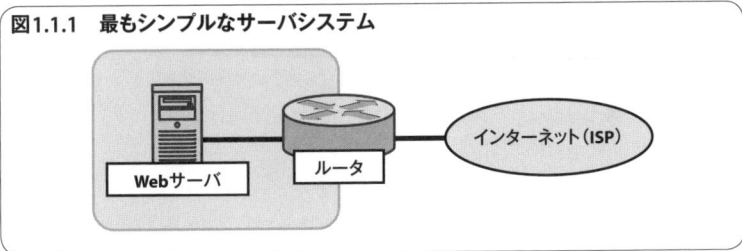

図1.1.1　最もシンプルなサーバシステム

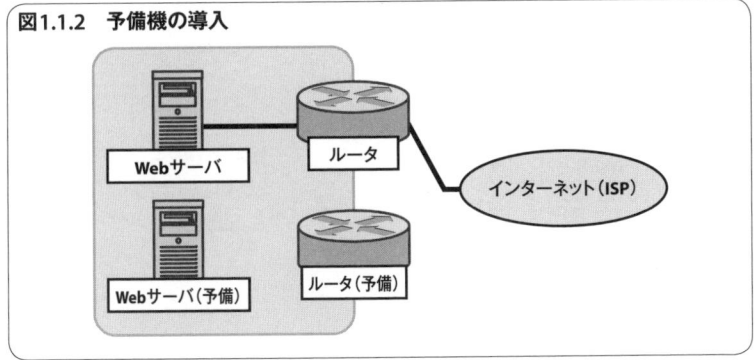

図1.1.2　予備機の導入

1章 サーバ/インフラ構築入門　冗長化/負荷分散の基本

に、運用体制の整備の基本と、冗長化における基本用語を解説します。

ルータが故障した場合の対応

図1.1.1の状態では、ルータが故障するとサービスは止まってしまいますが、図1.1.2で予備機を導入したことによって、ルータが故障したとしても図1.1.3のように線をつなぎ替えるだけで簡単に復旧できるようになっています。

コールドスタンバイ

図1.1.2➡図1.1.3の例のように、予備機は普段使わずにおいて、現用機が故障したら予備機を接続する運用体制を「コールドスタンバイ」(Cold Standby)といいます。

ここで注意しなければいけない点は、現用機と予備機の設定は同じにしておかなければいけないという点です。冗長化されたシステムでは「現用機と予備機の構成を常に同じ状態にしておくことが定石」です。

ルータなどのネットワーク機器であれば、運用中に頻繁に設定を変えることもないでしょうし、蓄積しなければならないデータもほとんどないので、コールドスタンバイでの運用は現実的な選択肢の一つです。

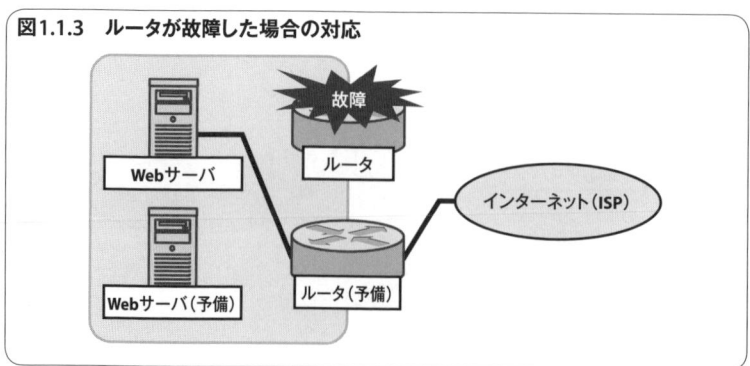

図1.1.3　ルータが故障した場合の対応

Webサーバが故障した場合の対応

次にWebサーバが故障したときの対応を考えます。Webサーバが故障したときの対応としては、ルータの場合と同様、図1.1.4のように予備機に切り替えるという方法が考えられますが、これには問題があります。

ホットスタンバイ

先述のとおり、冗長化されたシステムでは「現用機と予備機の構成を常に同じ状態にしておくことが定石」です。

Webサーバの場合、サイトの内容は日々更新されるでしょうし、アプリケーションやオペレーティングシステムのバージョンアップなども避けては通れないでしょう。これらのさまざまな更新作業を普段停止している予備機に対して実施し続けるのは、実際問題として非常に困難です。いざという場面で予備機を起動したときに、コンテンツの内容が古かったりアプリケーションのバージョンが古かったりしては大変です。

そのため、Webサーバの予備機は常に電源を入れておいて、ネットワークに接続しておくのがよいでしょう。そして、現用機の内容を更新する際には、予備機にも同じ更新がかかるような運用にします(図1.1.5)。

このように、両方のサーバを常に稼働させておき、常に同じ状態に保っておく運用形態を「ホットスタンバイ」(Hot Standby)といいます。コールドスタンバイの場合は、物理的に線をつなぎ替えたり電源を投入しなければ

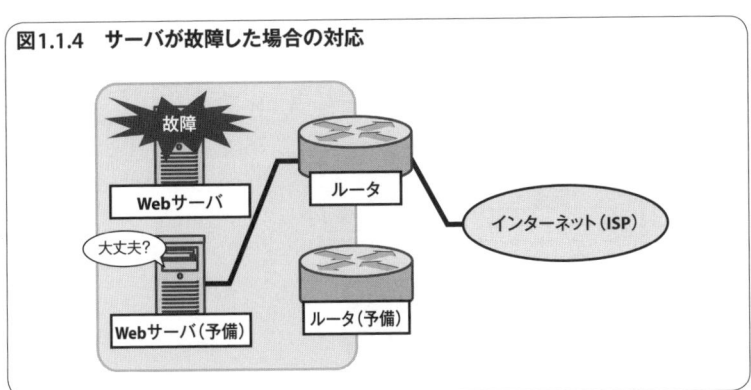

図1.1.4 サーバが故障した場合の対応

1章 サーバ/インフラ構築入門　冗長化/負荷分散の基本

いけないため、障害時のダウンタイムが長くなってしまいがちですが、ホットスタンバイであれば即座に切り替えることが可能になります。

フェイルオーバ

現用機に障害が発生した際に、自動的に処理を予備機に引き継ぐことを**フェイルオーバ**(*Failover*)といいます。

サーバをフェイルオーバするには「仮想IPアドレス」(*Virtual IP Address*、以下VIP)と「IPアドレスの引き継ぎ」を利用します。

VIP

図1.1.6はVIPを利用したActive/Backup構成の例です。現用機であるWeb1には、自分のIPアドレスとは別に「VIP」(10.0.0.1)を割り当てておき、Webサービスは「VIP」で提供するようにします。

IPアドレスの引き継ぎ

現用機に障害が発生した際には、図1.1.7のように予備機がVIPを引き継ぎます。これにより、利用者は予備機であるWeb2へアクセスするようになります。

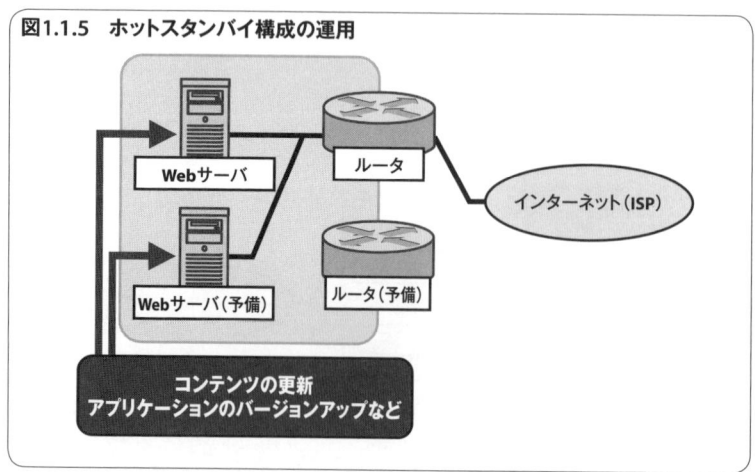

図1.1.5　ホットスタンバイ構成の運用

障害を検出する……ヘルスチェック

正常にフェイルオーバするためには、現用機で障害が発生していることを検出するしくみが必要です。このしくみを**ヘルスチェック**（*Health Check*）といいます。ヘルスチェックにはさまざまな種類があり、用途に応じて適切なものを選択します。おもに利用されるものを以下に挙げます。

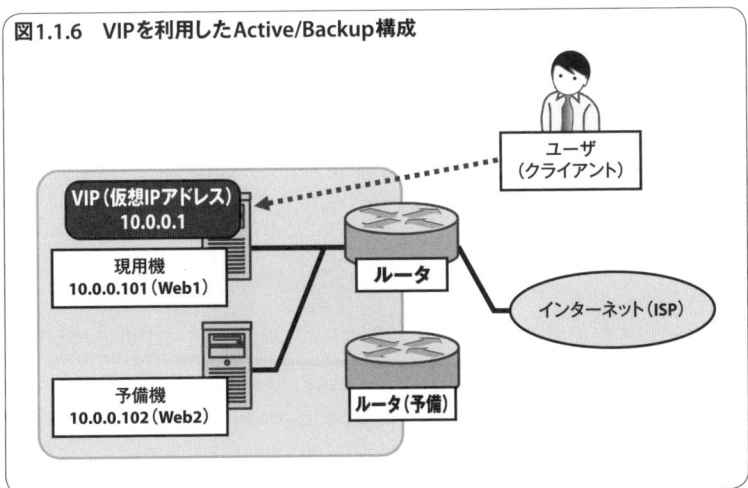

図1.1.6 　VIPを利用したActive/Backup構成

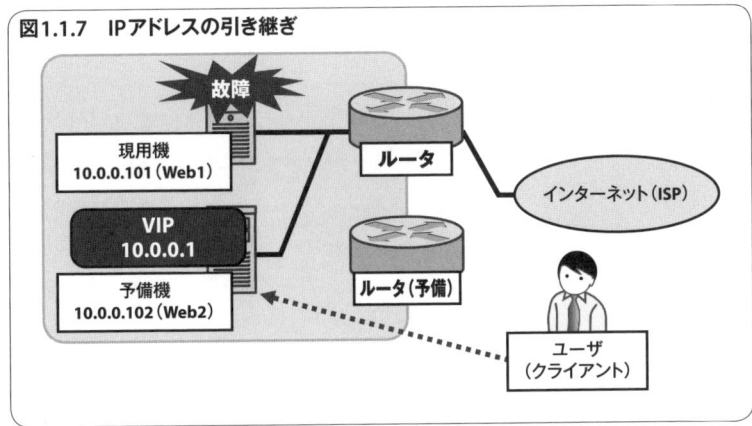

図1.1.7 　IPアドレスの引き継ぎ

- **ICMP監視（レイヤ3）**
  ICMP監視は、ICMP[注1]のechoリクエストを投げてリプライが返ってくるかをチェックする。最も簡単で軽いヘルスチェックだが、Webサービスがダウンした場合（Apacheが停止した場合など）は検知できない
- **ポート監視（レイヤ4）**
  ポート監視は、TCPで接続を試み、接続できるかどうかをチェックする。Webサービスがダウンしたことは検知できるが、過負荷状態で応答できなくなっていたり、エラーを返していることは検知できない
- **サービス監視（レイヤ7）**
  実際にHTTPリクエストなどを発行をし、正常な応答が返ってくるかどうかをチェックする。ほとんどの異常を検知することができるが、場合によってはサーバに負荷をかけてしまうこともある

Webサーバのヘルスチェック

本章の冒頭で、図1.1.1の構成で発生しうる障害を二つ想定しました。

そのうちの一つである「サーバ障害によるサービス停止」を正常に検出するためには、上記のヘルスチェックの中の「サービス監視」を利用します。なぜサービス監視が必要かというと、サーバの電源が入っていてICMP応答が返る状態であっても、Webサービス（Apacheなど）が正常に動作しているとは限らないからです。Webサーバの障害を検出するためには、実際にHTTPでリクエストを発行してみて、応答があるかどうかを確認するのが最も確実な方法です。

ルータのヘルスチェック

「ルータ障害によるサービス停止」を検出するには「ICMP監視」を利用できます。ただし、ルータに対してICMP監視をするのではありません。ここで確認したいことは「ルータがきちんとパケットを転送できているか」なので、インターネット上のホストからWebサーバに対して監視するのがよいでしょう。要するに、Webサーバがインターネットと通信できる状態であることを確認できればいいのです。

注1　Internet Control Message Protocol。異常発生時に、エラーとエラー情報を通知するプロトコル。

＊　＊　＊

　Webサーバ、ルータに限らず、ヘルスチェックをする際には「何を確認したいのか」を明確にすることが最も重要です。

Active/Backup構成を作ってみる

　それでは実際に、シェルスクリプトを利用して前出の図1.1.6の構成を作ってみます。Web1とWeb2には自分のIPアドレスのみを割り当てておきます。**リスト1.1.1**は、VIPに対して1秒ごとにping試験をし、失敗したら自分にVIPを割り当てるスクリプトです。

　まず、Web1でリスト1.1.1のスクリプトを実行してください。すると「fail

リスト1.1.1　failover.sh

```sh
#!/bin/sh
VIP="10.0.0.1"
DEV="eth0"

healthcheck() {
  ping -c 1 -w 1 $VIP >/dev/null
  return $?
}

ip_takeover() {
  MAC=`ip link show $DEV | egrep -o '([0-9a-f]{2}:){5}[0-9a-f]{2}' | head -n 1 | tr -d :`
  ip addr add $VIP/24 dev $DEV
  send_arp $VIP $MAC 255.255.255.255 ffffffffffff  ←❶
}

while healthcheck; do
  echo "health ok!"
  sleep 1
done
echo "fail over!"
ip_takeover
```

※Debian/GNU Linux 4.0、bash 3.1で動作確認。

over!」という文字列を出力して終了します。これで、Web1にVIPが割り当てられました。次に、Web2でリスト1.1.1を実行してください。すると今度は「health ok!」という文字列が1秒ごとに表示され続けます。

ここで、クライアントからVIPに対してpingしながらWeb1をシャットダウンしてみます。Web1をシャットダウンすると、Web2で動いているスクリプトのヘルスチェックが失敗してVIPを引き継ぎます。

クライアントのping試験は図1.1.8の結果となり、Web1をシャットダウンしてから3秒程度でIPアドレスが引き継がれている様子を確認できます。

IPアドレスを引き継ぐしくみ

「IPアドレスを引き継ぐ」とは、単に「IPアドレスをつけ替えるだけ」ではありません。試しに2台のサーバに同じIPアドレスを振り、別のマシンからpingを投げ続けてLANケーブルを交互に抜き差ししてみます。すると、いくらケーブルを差し替えても、どちらか片方のサーバにしかpingが通らないことを確認できます。

LAN(Ethernet)の世界では、IPアドレスではなくNIC(*Network Interface Card*)に固定で割り当てられているMACアドレス(*Media Access Control Address*)を使って通信をしています。他のサーバにパケットを送る際には、MACアドレスを取得するためにARP(*Address Resolution Protocol*)というプロ

図1.1.8　フェイルオーバの動作確認

```
~$ ping 10.0.0.1
PING 10.0.0.1 (10.0.0.1) 56(84) bytes of data.
64 bytes from 10.0.0.1: icmp_seq=1 ttl=64 time=2.46 ms
64 bytes from 10.0.0.1: icmp_seq=2 ttl=64 time=1.86 ms
64 bytes from 10.0.0.1: icmp_seq=3 ttl=64 time=5.06 ms
64 bytes from 10.0.0.1: icmp_seq=4 ttl=64 time=2.64 ms
64 bytes from 10.0.0.1: icmp_seq=5 ttl=64 time=0.453 ms
64 bytes from 10.0.0.1: icmp_seq=6 ttl=64 time=3.73 ms
64 bytes from 10.0.0.1: icmp_seq=7 ttl=64 time=3.91 ms
64 bytes from 10.0.0.1: icmp_seq=8 ttl=64 time=0.418 ms    ←Web1をシャットダウン
64 bytes from 10.0.0.1: icmp_seq=11 ttl=64 time=3.20 ms    ←Web2への引き継ぎが完了
64 bytes from 10.0.0.1: icmp_seq=12 ttl=64 time=1.69 ms
64 bytes from 10.0.0.1: icmp_seq=13 ttl=64 time=1.48 ms
```

トコルを使います。

　ARPは、IPアドレスを指定してMACアドレスを問い合わせるためのしくみです。しかし、通信するたびに問い合わせをしていては効率が悪いので、一度取得したMACアドレスはARPテーブルに格納して一定時間キャッシュします。そのため、別のサーバに同じIPアドレスが割り当てられたとしても、ARPテーブルが更新されるまではそのサーバと通信することができません。つまり、IPアドレスを引き継ぐためには、ほかのサーバのARPテーブルを更新してもらわなくてはいけません。

　その手段としてgratuitous ARP（GARP）があります。通常のARPリクエストは「このIPアドレスに対応するMACアドレスを教えてください」という問い合わせをするものですが、gratuitous ARPは「私のIPアドレスとMACアドレスはこれです」と他のサーバへ通知するためのものです。リスト1.1.1（failover.sh）では、❶でsend_arpコマンドを使ってgratuitous ARPを送出しています。

サーバを有効活用したい……負荷分散へ

　以上のようなActive/Backup構成では、現用機だけがアクセスを処理していて予備機はおとなしくしていますが、よく考えるともったいない話です。両方のサーバを使ってサービスを提供することができれば、サイト全体の処理性能は倍になるはずです。

　複数台のサーバに処理を分散させてサイト全体のスケーラビリティを向上させる手法を**負荷分散**（*Load Balance*、ロードバランス）といいます。Webサーバを負荷分散構成にすると、将来アクセス数が増えてサーバの処理が追いつかなくなったとしても、サーバを増設することで対応できるようになります。高性能なサーバに買い換えてリプレースする必要がないので、古いサーバが余ったり無駄になったりすることがありません。

　続く1.2節、1.3節では、Webサーバを負荷分散する具体的な構築例を紹介していきます。

1章 サーバ/インフラ構築入門　冗長化/負荷分散の基本

1.2
Webサーバを冗長化する
DNSラウンドロビン

DNSラウンドロビン

　DNSラウンドロビン（*DNS Round Robin*）とは、DNSを利用して一つのサービスに複数台のサーバを分散させる手法です。図1.2.1はDNSラウンドロビンの動作を表したもので、www.example.jpへアクセスしたいユーザ（AさんとBさん）を想定してます。この2人は、それぞれDNSサーバにwww.example.jpのIPアドレスを問い合わせます。するとDNSサーバは「x.x.x.1」「x.x.x.2」という異なるIPアドレスを返します。その結果、Aさんはx.x.x.1へ、Bさんはx.x.x.2へ接続します。

　DNSサーバは、同じ名前に複数のレコードが登録されると、問い合わせ

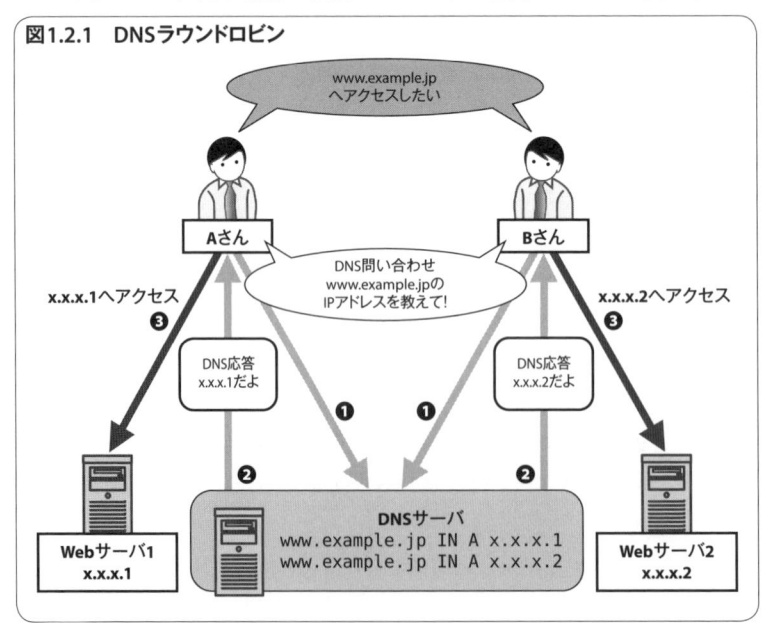

図1.2.1　DNSラウンドロビン

のたびに異なる結果を返します。この動作を利用することで、複数台のサーバに処理を分散させることができます。比較的簡単に負荷分散できるDNSラウンドロビンですが、以下のような問題があります。

- サーバの数だけグローバルアドレスが必要
  たくさんのサーバで負荷分散するためには、IPアドレスをたくさん取得できるサービス(回線)を利用する必要がある

- 均等に分散されるとは限らない
  これは携帯サイトなどで問題になることがある。携帯電話からのアクセスは、キャリアゲートウェイと呼ばれるプロキシサーバを経由する。プロキシサーバでは、名前解決の結果がしばらくの間キャッシュされるので、同じプロキシサーバを経由するアクセスは常に同じサーバへ届くことになる。そのため、均等にアクセスが分散されず、特定のサーバにのみ処理が集中する可能性がある。また、PC用のWebブラウザもDNS問い合わせの結果をキャッシュするため、均等に負荷分散されるとは限らない。DNSレコードのTTL(*Time To Live*)を短く設定することである程度改善はできるが、必ずしもTTLに従ってキャッシュを解放するとは限らないので注意が必要である

- サーバがダウンしても気づかない
  DNSサーバはWebサーバの負荷や接続数などの状況に応じて問い合わせ結果をコントロールすることができない。Webサーバの負荷が高くてレスポンスが遅くなっていようと、接続数がいっぱいでアクセスを処理できない状況だろうとまったく関知しない。つまり、サーバが何らかの原因でダウンしていても、それを検出することなく負荷分散し続けてしまう。そのため、ダウンしたサーバに分散されてしまったユーザは、エラーページと対面することになる。DNSラウンドロビンはあくまでも負荷分散するためのしくみであり、冗長化のしくみではないので、他のソフトウェアと組み合わせるなどしてヘルスチェックやフェイルオーバを実装する必要がある

DNSラウンドロビンの冗長構成例

　図1.2.2の構成は、2台のWebサーバの両方にVIP(仮想アドレス)を持たせて冗長化する例です。Web1が停止すると、VIP1がWeb2へ引き継がれ、すべてのアクセスをWeb2が処理するようになります。逆にWeb2が停止すると今度はVIP2がWeb1に引き継がれて、すべてのアクセスをWeb1が処理するようになります。Webサーバ同士が協調しあって、正常なサーバだ

けがVIPを保持するしくみです。

この構成を、先ほど紹介したリスト1.1.1（failover.sh）で構築しようとすると、以下のような点が問題になります。

- Web1とWeb2でVIPの設定値を変えなければいけない
➡ 同じスクリプトを使えない
- ICMP監視なのでWebサービス（Apacheなど）が停止してもフェイルオーバしない

そこで、リスト1.1.1をリスト1.2.1のように変更します。

これで、両方のサーバで同じ内容のスクリプトを使うことができるようになりました。また、pingではなくcurl[注2]を使ってヘルスチェックをすることで、Webサービスが停止してもフェイルオーバできるようにもなりました。しかし、これでもまだ次の問題が残っています。

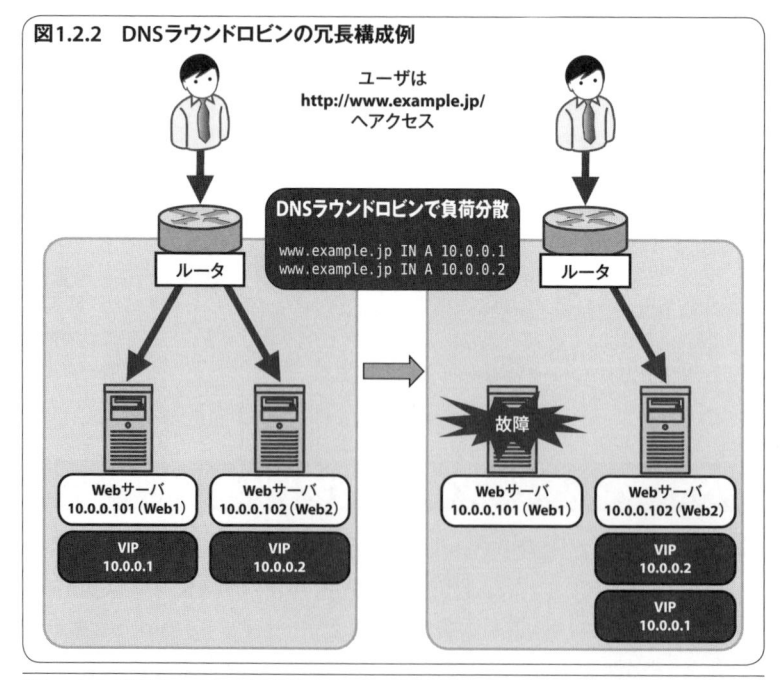

図1.2.2　DNSラウンドロビンの冗長構成例

注2　コマンドラインのHTTPクライアントソフト。
URL http://curl.haxx.se/

- Webサービスが停止してもVIPを解放しないのでIPアドレスが重複してしまう
- 一度でもフェイルオーバしたらスクリプトが止まってしまう

この点を考慮して、さらにリスト1.2.2のように変更します。

リスト1.2.2では、VIPに対するヘルスチェックが失敗した場合、それが自分に割り当てられているアドレスならば、自分のWebサービスに異常が発生したとみなしてVIPを解放するようになっています。そして、自分に

リスト1.2.1　failover2.sh

```sh
#!/bin/sh
DEV="eth0"
VIP="10.0.0.1 10.0.0.2"

healthcheck() {
  for i in $VIP;do
    if [ -z "`ip addr show $DEV | grep $i`" ]; then
      if [ "200" -ne "`curl -s -I 'http://$i/' | head -n 1 | cut -f 2 -d ' '`" ]; then
        CIP="$i"
        return 1
      fi
    fi
  done
  return 0
}

ip_takeover() {
  MAC=`ip link show $DEV | egrep -o '([0-9a-f]{2}:){5}[0-9a-f]{2}' | head -n 1 | tr -d :`
  ip addr add $CIP/24 dev $DEV
  send_arp $CIP $MAC 255.255.255.255 ffffffffffff
}

while healthcheck; do
  echo "health ok!"
  sleep 1
done
echo "fail over!"
ip_takeover
```

割り当てられていないアドレスであれば、相手のWebサービスに異常が発生したとみなして自分がVIPを引き継ぐようになっています。また、VIPの付け替えをしてもスクリプトが停止しないような変更も加えています。

もっと楽にシステムを拡張したい……ロードバランサへ

以上で、どちらのサーバのWebサービスに異常が発生しても、きちんとフェイルオーバできるようになりました。DNSラウンドロビンを使って負

リスト1.2.2　failover3.sh

```sh
#!/bin/sh
DEV="eth0"
VIP="10.0.0.1 10.0.0.2"

ip_add() {
  MAC=`ip link show $DEV | egrep -o '([0-9a-f]{2}:){5}[0-9a-f]{2}' | head -n 1 | tr -d :`
  ip addr add $1/24 dev $DEV
  send_arp $i $MAC 255.255.255.255 ffffffffffff
}

ip_del() {
  ip addr del $1/24 dev $DEV
}

healthcheck() {
  for i in $VIP;do
    if [ "200" -ne "`curl -s -I 'http://$i/' | head -n 1 | cut -f 2 -d ' '`" ]; then
      if [ -z "`ip addr show $DEV | grep $i`" ]; then
        ip_add $i
      else
        ip_del $i
      fi
    fi
  done
}

while true; do healthcheck;sleep 1;done
```

荷分散しながら冗長化をするためには、それなりの工夫と労力が必要となり、サーバの台数が増えてシステムが複雑になるにつれて難易度は上がっていきます。リスト1.2.2のスクリプトも、サーバが3台になると次のような問題が出てきます。

- どのサーバが落ちたときにどのサーバがVIPを引き継ぐのか不定
- フェイルオーバのタイミングによっては2台のサーバが同じIPアドレスを持つ可能性がある
- 一度停止したサーバを復帰させるのが困難

スクリプト類を整備したり、他のソフトウェアと組み合わせたりすることでこれらの問題を解決することもできますが、もっと楽にシステムを拡張できたほうがいいでしょう。できれば、Webサーバ上で特別なソフトウェアを動かさなくてもよい構成にしたいところです。次節で紹介する**ロードバランサ**(*Load Balancer*、負荷分散機)を導入することで、これらの問題を解消できます。

1.3 Webサーバを冗長化する
IPVSでロードバランサ

DNSラウンドロビンとロードバランサの違い

ロードバランサ（*Load Balancer*、負荷分散機）は、1つのIPアドレスに対するリクエストを複数のサーバへ分散することができます。DNSラウンドロビンでは、Webサーバごとに異なるグローバルアドレスを割り当てる必要がありましたが、ロードバランサを利用するとグローバルアドレスを節約することができます。また、DNSラウンドロビンではWebサーバ側で工夫して冗長構成を組みましたが、ロードバランサではその必要はありません。

- ロードバランサの動作
  ロードバランサは、サービス用のグローバルアドレスを持った仮想的なサーバ（以下、仮想サーバ）として動作する。そして、クライアントから送られてきたリクエストを本物のWebサーバ（以下、リアルサーバ）へ中継することで、あたかも自分がWebサーバであるかのように振る舞う

- ロードバランサの機能
  ロードバランサは、複数台のリアルサーバの中から1台を選択して処理を中継する。その際、ヘルスチェックが失敗しているサーバは選択せず、必ずヘルスチェックが成功しているサーバを選択する。したがって、どれか1台のサーバが停止していても、正常に稼働しているサーバがある限りサービスが停止することはない

- ロードバランサの導入障壁
  「ロードバランサ＝高価な機材」というイメージや、「きちんと運用できるか心配」という不安が導入の障壁である

3つめの導入の障壁については、たしかにアプライアンス製品は比較的高価で、月額の保守費用などもかかります。また、運用中にトラブルが発生した場合は開発元のサポートが必要になり、場合によってはファームウェアのアップデートなどもしなければならないので、保守契約を切ってラ

ンニングコストを下げるわけにもいきません。ある程度の収益が確保できるまで、ロードバランサの導入に踏み切れないケースが多いようです。しかし、アプライアンス製品を利用せずにOSS（*OpenSource Software*）で構築し、運用を自分で行うという選択肢もあります。以降では、本格的にロードバランサを自分で構築、運用できるようになることを目指して解説します。

IPVS……Linuxでロードバランサ

Linuxは特別なソフトをインストールしなくても、ルータ（ネットワーク機器）として利用することができます。また、ファイアウォールとしても十分に実用可能なパケットフィルタリング機能など、非常に強力なネットワーク機能を数多く実装しています。IPVS（*IP Virtual Server*）という負荷分散機能を提供するモジュールも含まれています。

ロードバランサの種類とIPVSの機能

ロードバランサの種類について説明しておきます。ロードバランサには、大きく分けてL4スイッチとL7スイッチの2種類があります[注3]。L4スイッチはトランスポート層までの情報を解析するので、IPアドレスやポート番号によって分散先のサーバを指定することができます。L7スイッチはアプリケーション層までの情報を解析するので、クライアントからリクエストされたURLによって分散先のサーバを指定することができます。

IPVSに実装されているのは「L4スイッチ相当の機能」です。L7スイッチとしては利用できません。

なお、本書の解説では、ロードバランサとして基本的にL4スイッチを想定しています[注4]。また、一般的に単にロードバランサといった場合、「L4スイッチ」を指すことが多いと考えてよいでしょう。

注3 　L4とL7というのはOSI参照モデルのレイヤ4（トランスポート層）とレイヤ7（アプリケーション層）を指しています。
注4 　リバースプロキシを用いることで、L7スイッチが果たす役割を一部実現することも可能です。リバースプロキシについて、詳しくは2.1節を参照してください。

スケジューリングアルゴリズム

リアルサーバに処理を分散する際、すべてのサーバへ均等に分散してしまうと、スペックの異なるサーバが混在している環境では負荷が偏ってしまう恐れがあります。IPVSでは何種類もの「スケジューリングアルゴリズム」(*Scheduling Algorithm*)が組み込まれていて、必要に応じて環境に適したアルゴリズムを選択することができます。表1.3.1はおもなアルゴリズムの一覧です。

リアルサーバにはそれぞれに「重み」(*Weight*)という数値パラメータを指定することができます。アルゴリズムによっては、この値が大きいほど処理能力の高いサーバだと解釈して分散比率を調節してくれるものがあります。表1.3.1の動作欄は、各アルゴリズムがどのようにしてリアルサーバを

表1.3.1 おもなスケジューリングアルゴリズム

名称
動作
rr (*round-robin*)
(何も考えずに)リアルサーバを先頭から順番に選択していく。すべてのサーバに均等に処理が分散される
wrr (*weighted round-robin*)
rrと同じだが、重みを加味しながら分散比率を変える。重みが大きなサーバほど頻繁に選択されるので、処理能力の高いサーバは重みを大きくするとよいだろう
lc (*least-connection*)
コネクション数が一番少ないサーバを選択する。ほとんどの場合はこれで問題ない。どのアルゴリズムを使えばいいのかわからない場合に使ってもよいだろう
wlc (*weighted least-connection*)
lcと同じだが、重みを加味する。具体的には「(コネクション数+1)÷重み」が最小となるサーバを選択するので、高性能なサーバは重みを大きくするとよいだろう
sed (*shortest expected delay*)
最も応答速度が速いサーバを選択する。とはいえ、サーバにパケットを飛ばして応答時間を計測しているわけではない。ステートがESTABLISHEDなコネクション数(以下、アクティブコネクション数)が一番少ないサーバを選択しているだけである。wlcとほとんど同じ動作になるが、wlcではESTABLISHED以外のステート(TIME_WAITやFIN_WAITなど)のコネクション数を加算している点が異なる
nq (*never queue*)
sedと同じアルゴリズムだが、アクティブコネクション数が0のサーバを最優先で選択する

選択するのかについての説明です。

IPVSには表1.3.1以外にもアルゴリズムが実装されています。IPVSを透過プロキシやキャッシュサーバなどと併用して、パフォーマンスを向上させるために作られたもので、今回の用途では利用しませんが、それらのアルゴリズムを簡単に**表1.3.2**にまとめておきます。

IPVSを使う

IPVSの機能は、以下のソフトウェアから利用することができます。

- ipvsadm **URL** http://www.linuxvirtualserver.org/software/ipvs.html
- keepalived **URL** http://www.keepalived.org/

ipvsadm

ipvsadmは、IPVSの開発元が提供しているコマンドラインツールです[注5]。仮想サーバの定義やリアルサーバの割り当てができるほか、設定内容の確

表1.3.2　その他のスケジューリングアルゴリズム

名称
動作
sh (*source hashing*)
送信元のIPアドレスからハッシュ値を計算して分散先のリアルサーバを選択する
dh (*destination hashing*)
宛先のIPアドレスからハッシュ値を計算して分散先のリアルサーバを選択する
lblc (*locality-based least-connection*)
コネクション数が「重み」で指定した値を超えるまでは、同じサーバを選択する。コネクション数が「重み」で指定した値を超えた場合は別なサーバを選択する。すべてのサーバのコネクション数が「重み」で指定した値を超えている場合、最後に選択されたサーバが選択され続ける
lblcr (*locality-based least-connection with replication*)
lblcとほとんど同じだが、すべてのサーバのコネクション数が「重み」で指定した値を超えている場合は、コネクション数が一番少ないサーバが選択される

注5　netfilterモジュールに対するiptablesコマンドと同様の位置付けです。

認や接続状況の確認もできます。また、転送レートなどの統計情報を表示することもできます。

keepalived

keepalivedは、C言語で書かれているデーモンです。設定ファイル(/etc/keepalived/keepalived.conf)の内容に従ってIPVSの仮想サーバを構築します。さらに、リアルサーバのヘルスチェックをしてダウンしたサーバを自動的に負荷分散から外す機能や、すべてのリアルサーバがダウンした場合に「ただいま込み合っています」などのメッセージを出す機能(sorry_server)があります。

2008年4月現在の最新バージョンであるkeepalived-1.1.15では、以下のヘルスチェックがサポートされています。

- HTTP_GET：HTTPでGETリクエストを発行して応答を確認する
- SSL_GET：HTTPSでGETリクエストを発行して応答を確認する
- TCP_CHECK：TCPで接続できるかどうかを確認する
- SMTP_CHECK：SMTPでHELOコマンドを発行して応答を確認する
- MISC_CHECK：外部コマンドを実行して終了コードを確認する

ロードバランサを構築する

それでは実際に、keepalivedを利用して図1.3.1のシステムを構築します。ここで、10.0.0.1はサービス用のグローバルアドレスとします。クライアントから http://10.0.0.1/ にアクセスすると、Web1とWeb2へ負荷分散する構成になります。その他の細かい設定内容は以下のとおりです。

- スケジューリングアルゴリズム：rr(round-robin)
- ヘルスチェック種別：HTTP_GET
- ヘルスチェックページ：http://health/health.html
- ヘルスチェックの成功条件：ステータスコードが200で返ってくること
- ヘルスチェックのタイムアウト：5秒

以上の構成をkeepalivedの設定ファイルとして記述したものがリスト1.3.1

です。

Webサーバの設定

keepalivedを起動する前に、Webサーバの設定を確認します。必要な作業は以下の3点です。

- デフォルトゲートウェイを192.168.0.254に設定する
- ヘルスチェックページを設置する
- 動作確認用のページを設置する

この構成では、クライアントからのリクエストとリアルサーバからのレスポンスはロードバランサを経由しなければいけません。そのため、各WebサーバのデフォルトゲートウェイにはロードバランサのIPアドレスを設定しておきます。

また、keepalivedはリアルサーバに対してヘルスチェックをします。今回はhttp://health/health.htmlへアクセスして、ステータスコードが200で返ってくるかどうかをチェックします。そのため、各Webサーバではあらかじめ、ヘルスチェック用のページを設置しておく必要があります。

さらに、動作確認用のページを用意します。動作確認する際に、どちらのサーバに分散されているかを把握しやすくするため、あえて内容の異な

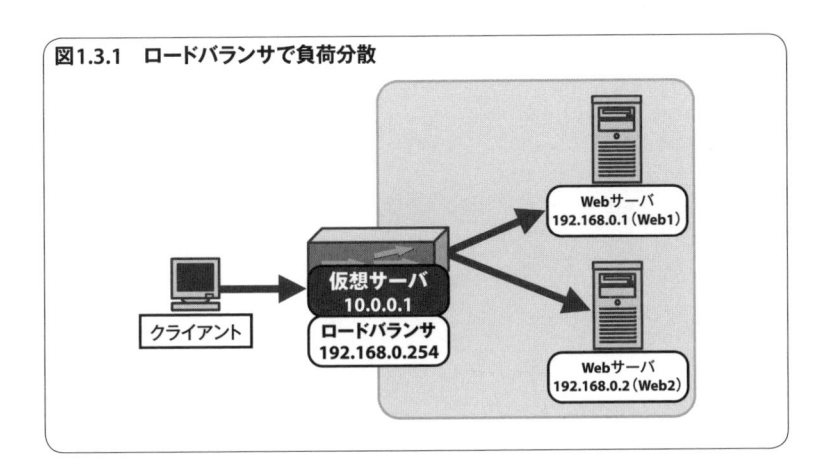

図1.3.1　ロードバランサで負荷分散

1章 サーバ/インフラ構築入門 冗長化/負荷分散の基本

るindex.htmlを設置するとよいでしょう。ここでは、ホスト名(Web1、Web2)
を記述したindex.htmlを設置します。

keepalivedを起動する

　リスト1.3.1を/etc/keepalived/keepalived.confに記述してkeepalivedを起動すると、IPVSの仮想サーバが構築されます。図1.3.2のようにipvsadmコ

リスト1.3.1　keepalivedの設定

```
virtual_server_group example {
  10.0.0.1 80
}
virtual_server group example {
  lvs_sched     rr
  lvs_method    NAT
  protocol      TCP
  virtualhost health
  real_server 192.168.0.1 80 {
    weight 1
    HTTP_GET {
      url {
        path /health.html
        status_code 200
      }
      connect_port      80
      connect_timeout 5
    }
  }
  real_server 192.168.0.2 80 {
    weight 1
    HTTP_GET {
      url {
        path /health.html
        status_code 200
      }
      connect_port      80
      connect_timeout 5
    }
  }
}
```

マンドで確認することができます。図1.3.2は、10.0.0.1:80への接続を、192.168.0.1:80と192.168.0.2:80に分散することを示しています。

負荷分散を確認する

クライアントからhttp://10.0.0.1/へアクセスすると図1.3.3のような結果が得られます。アクセスするたびにWeb1とWeb2へ交互に接続され、負荷分散されている様子を確認することができます。

冗長構成を確認する

次に、Web2をシャットダウンして再度アクセスしてみましょう。すると図1.3.4のように必ずWeb1へ接続されるようになります。Web2が停止していてもエラーにならず、正常にアクセスできていることが確認できます。

図1.3.2　仮想サーバの確認

```
# ipvsadm -Ln
IP Virtual Server version 1.2.1 (size=1048576)
Prot LocalAddress:Port Scheduler Flags
  -> RemoteAddress:Port           Forward Weight ActiveConn InActConn
TCP  10.0.0.1:80 rr
  -> 192.168.0.1:80               Masq    1      0          0
  -> 192.168.0.2:80               Masq    1      0          0
```

図1.3.3　負荷分散の確認

```
$ curl 'http://10.0.0.1/'
Web1

$ curl 'http://10.0.0.1/'
Web2

$ curl 'http://10.0.0.1/'
Web1

$ curl 'http://10.0.0.1/'
Web2
```

L4スイッチとL7スイッチ

先ほど少し触れましたが、ロードバランサにはL4スイッチとL7スイッチがあります。どちらも負荷分散することに違いはありませんが、その処理内容は大きく異なります。L4スイッチは、TCPヘッダなどのプロトコルヘッダの内容を解析して分散先を決定するのに対し、L7スイッチは、アプリケーション層の中身まで解析して分散先を決定します。

図1.3.5はL4スイッチとL7スイッチの動作の違いを表したものです。L4スイッチでは、クライアント（Webブラウザなど）の通信先はリアルサーバになりますが、L7スイッチではロードバランサとクライアントがTCPセッションを張ります。つまり、1つのアクセスに対して**クライアント⇔ロードバランサ**と**ロードバランサ⇔リアルサーバ**の2つのTCPセッションが張られます。

L4スイッチとL7スイッチの特徴を、端的にまとめると以下のとおりです。

- 柔軟な設定をしたいならL7スイッチ
- パフォーマンスを追求するならL4スイッチ

図1.3.4　冗長構成の確認

```
$ curl 'http://10.0.0.1/'
Web1

$ curl 'http://10.0.0.1/'
Web1

$ curl 'http://10.0.0.1/'
Web1

$ curl 'http://10.0.0.1/'
Web1
```

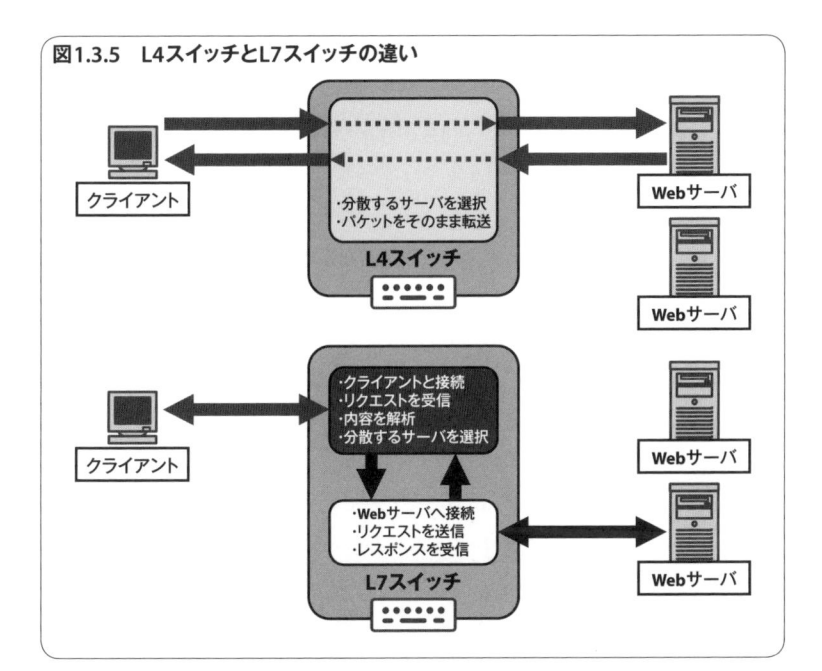

図1.3.5　L4スイッチとL7スイッチの違い

Columun　L7スイッチと柔軟な設定

　L7スイッチは、http://example.jp/*.pngのような画像ファイルに対するリクエストを画像専用のWebサーバへ転送することができます。また、http://example.jp/hoge?SESSIONID=xxxxxxxxのような、セッションIDを含んだリクエストに対して、同一のセッションIDのリクエストを同じサーバに振り分けることなども可能です。

　つまり、リクエスト先URLのようなアプリケーションプロトコルの内容を、リアルサーバを選択するための条件として利用することができます。その反面、ロードバランサが解釈できないプロトコルは負荷分散できません。たとえば、SMTPを負荷分散する際に「この宛先のメールはこのサーバへ飛ばす」といった処理も、理屈上はL7スイッチで可能ですが、ロードバランサがSMTPをサポートしていなければ使うことができません。

　どのようなプロトコルをどのようなルールで分散できるかは、ロードバランサの機能に完全に依存するので「L7スイッチだからできるはず」という思い込みは厳禁です。L7スイッチを選定する際には、やりたいことがきちんとできるかどうかを確認することが重要です。

L4スイッチのNAT構成とDSR構成

L4スイッチはパフォーマンスの点で優れていると紹介しました。では、パフォーマンスをポイントにL4スイッチはどのような構成がとれるのかについて考えます。

L4スイッチは、図1.3.1で構築したNAT（*Network Address Translation*）構成で利用することもできますが、さらにパフォーマンスを追求するためにDSR（*Direct Server Return*）という構成を組むことができます。DSRとNATの違いを図1.3.6に図示します。

NAT構成の場合、L4スイッチはクライアントから届いたパケットの送信先アドレスを書き換えてリアルサーバに転送します。そのため、応答パケットを受け取ってIPアドレスを書き戻す必要があります。DSR構成の場合、IPアドレスの書き換えは行われません。L4スイッチは、クライアントから受け取ったパケットをそのままリアルサーバへルーティングします。この場合、応答パケットに対してIPアドレスを書き戻す必要がないので、リアルサーバはL4スイッチを経由せずに応答を返すことができます。

ロードバランサがボトルネックになることが心配だったり、高トラフィ

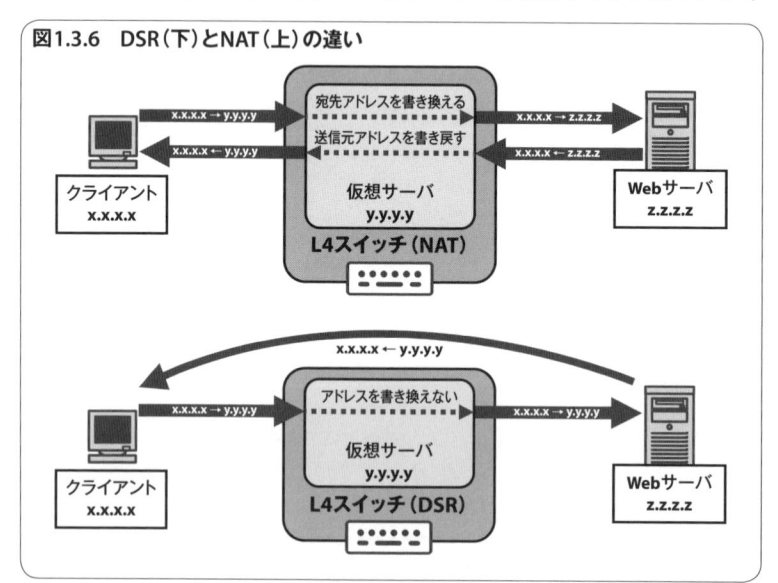

図1.3.6　DSR（下）とNAT（上）の違い

ックに耐える負荷分散環境が必要な場合は、DSR構成にすることをお勧めします。ちなみに、keepalivedでDSR構成にするには、lvs_methodに「DR」と指定します（「DSR」ではありません。注意してください）。

ただし、DSR構成では仮想サーバ宛のパケット（グローバルアドレス宛のパケット）がリアルサーバにそのまま到達するので、リアルサーバがグローバルアドレスを処理できなければいけません。つまり、NAT構成で動いているシステムに対して、ロードバランサの設定だけをDSRに変更しても負荷分散はできません。

最も手軽な設定方法は、リアルサーバのループバックインタフェース（Loopback Interface）に仮想サーバのIPアドレスを割り当てる方法でしょう。ほかには、netfilterの機能を使って仮想サーバ宛のパケットを自分宛にDNAT（Destination Network Address Translation、宛先NAT）するという手段もあります。

同じサブネットのサーバを負荷分散する場合の注意

ここまでは、インターネット上に公開するWebサーバの負荷分散を考えてきました。しかし、ロードバランサの用途はこれだけではありません。たとえば、メールマガジンなどを配信するシステムでは、Webサーバからメールサーバに対して大量のメールを送信する場合があります。しかしメールサーバが1台だけだと配送に時間がかかり過ぎるので、ロードバランサを使ってメールサーバを負荷分散するような用途も考えられます。このような場合、図1.3.7のような構成が考えられますが、注意しなければいけない点があります。

同じサブネットのサーバに対して負荷分散したい場合は、NAT構成が使えません。NAT構成では、ロードバランサが宛先のIPアドレスを書き換えてしまうため、メールサーバが受け取るパケットは、宛先が192.168.0.151で、送信元は192.168.0.1になっています。そのため、メールサーバが返す応答パケットの送信元は192.168.0.151となり、宛先は192.168.0.1となります。ここで、宛先である192.168.0.1は同じサブネットのIPアドレスなので、ロードバランサへ戻らずにWebサーバへ直接送り返してしまいます。その結果、NATによって書き換えられたIPアドレスを元に戻すことができない

ので、正常に通信ができなくなってしまうのです。

このような場合は、先ほど紹介したDSR構成にするとよいでしょう。DSRの場合、ロードバランサはIPアドレスの書き換えをしないので、メールサーバが直接Webサーバに応答を返しても問題ありません。

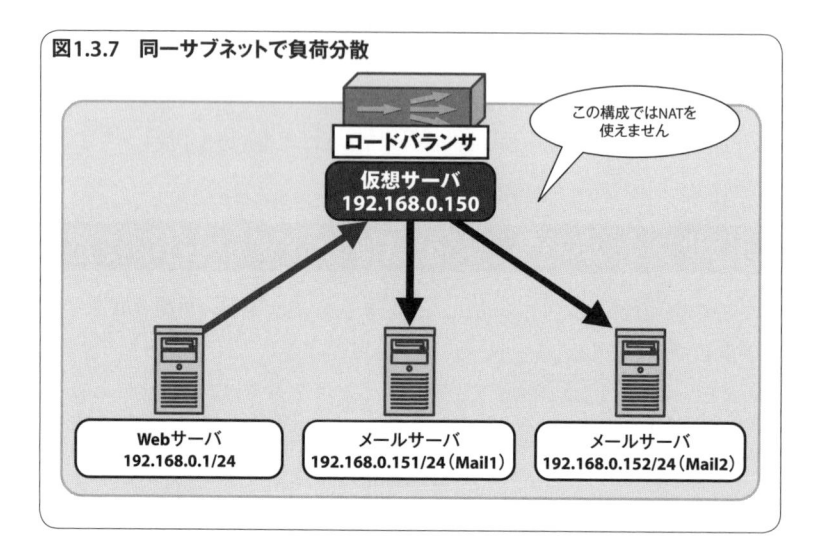

図1.3.7 同一サブネットで負荷分散

ロードバランサ
仮想サーバ
192.168.0.150

この構成ではNATを使えません

Webサーバ
192.168.0.1/24

メールサーバ
192.168.0.151/24（Mail1）

メールサーバ
192.168.0.152/24（Mail2）

Columun　LinuxベースのL7スイッチ

LinuxをL7スイッチとして利用できるようにするソフトウェアの開発も進められているようです。

- UltraMonkey-L7 URL http://ultramonkey-l7.sourceforge.jp/
- Linux Layer7 Switching URL http://www.linux-l7sw.org/

UltraMonkey-L7は2008年の1月にバージョン1.0.1-0がリリースされています。Linux Layer7 Switchingは2007年の1月にバージョン0.1.2がリリースされています。どれだけ実用に耐えられるのかは現状では未知数ですが、今後の展開が非常に楽しみなプロジェクトでしょう。

1.4 ルータやロードバランサの冗長化

ロードバランサの冗長化

　前節まででWebサーバの冗長化はできましたが、まだロードバランサが冗長化されていません。1台しかないロードバランサが故障すると、サービスが全停止してしまいます。故障に備えてもう1台ロードバランサを用意し、コールドバックアップで運用することもできますが、人の手が介在しなければ復旧できないのはどうにかしたいところです。

　本節では、ルータやロードバランサをフェイルオーバする方法を紹介します。

冗長化プロトコルVRRP

　アプライアンス製品のルータやロードバランサには冗長化の機能をもっているものが数多くあります。一昔前までは、冗長化の実装は製品によって様々で、ベンダ独自のプロトコルが利用されていました。

　しかし、異なるベンダ間の相互運用ができないのは不便ということで、Cisco社のHSRP（*Hot Standby Routing Protocol*）というプロトコルをベースにしてベンダ非依存の冗長化プロトコルが作られました。それが**VRRP**（*Virtual Router Redundancy Protocol*）です。VRRPの仕様はRFC 3768[注6]で定義されており、多くのルータやロードバランサで採用されています。前節で紹介したkeepalivedでもVRRPを利用できるので、ロードバランサをもう1台構築してkeepalivedの設定を追加するだけで冗長化することができます。

注6　URL http://www.ietf.org/rfc/rfc3768.txt

VRRPのしくみ

はじめに、ルータやロードバランサのフェイルオーバの原理は、1.1節でおもにWebサーバのフェイルオーバの流れとして解説した「ヘルスチェック」「IPアドレスの引き継ぎ」とほとんど同じです。マスタノードが正常に稼働しているかどうかのチェックをして、もし停止していたらBackupノードがVIP（仮想アドレス）を引き継いでフェイルオーバします。

VRRPの構築・設定へ進む前に、VRRP固有のルールや用語、VRRPの動作を整理しておきます。VRRPを利用する上で押さえておきたいキーワードは「VRRPパケット」「仮想ルータID」「プライオリティ」「プリエンプティブモード」「仮想MACアドレス」です。

VRRPパケット

ヘルスチェックというと、監視対象の機器に対して定期的に何らかのリクエストを発行し、その応答を確認するというイメージがあるかもしれませんが、VRRPは逆のアプローチでマスタノードの稼働を監視しています。VRRPのマスタノードは、定期的に**VRRPパケット**をマルチキャストアドレス（224.0.0.18）に送出し続けます。VRRPパケットは、マスタノードが健全であることを「広告」するメッセージという意味で「アドバタイズメント」（*Advertisement*）とも呼ばれています。図1.4.1はVRRPパケットのフォーマットです。図1.4.1にあるようにVRRPパケットには、

- IP Address（仮想IPアドレス、VIPを指す）
- Virtual Rtr ID（仮想ルータID）
- Priority（プライオリティ）

などのデータが格納されています。Backupノードは、VRRPパケットを受信できている限り待機していますが、一定時間VRRPパケットを受信できなければ、マスタノードがダウンしたと判断してフェイルオーバを開始します。VRRPでは、Backupノードが能動的にマスタノードの状態を確認しにいくようなことはしていません。

仮想ルータID

　VRRPパケットは、あらかじめ決められているマルチキャストアドレス（224.0.0.18）に送出します。このアドレスは変更することができないので、図1.4.2のように一つのネットワーク上に複数の系列のロードバランサを設置した場合、すべてのVRRPパケットが同じアドレスに送出されます。これは一見すると誤動作を引き起こしそうに見えますが、VRRPでは**仮想ル**

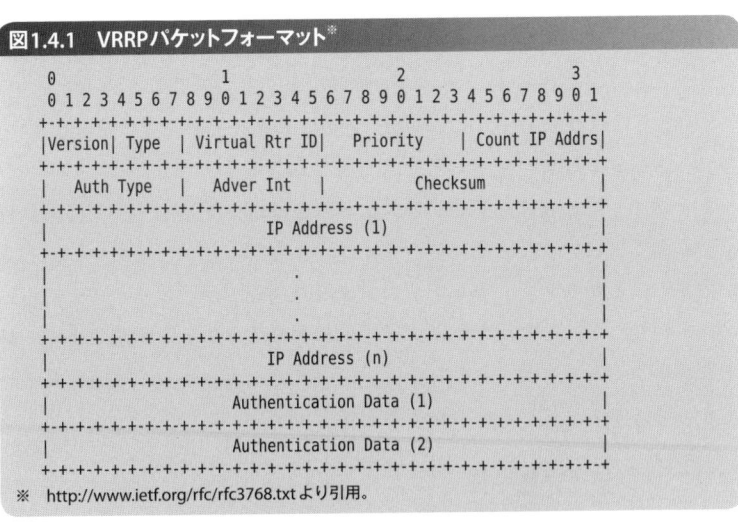

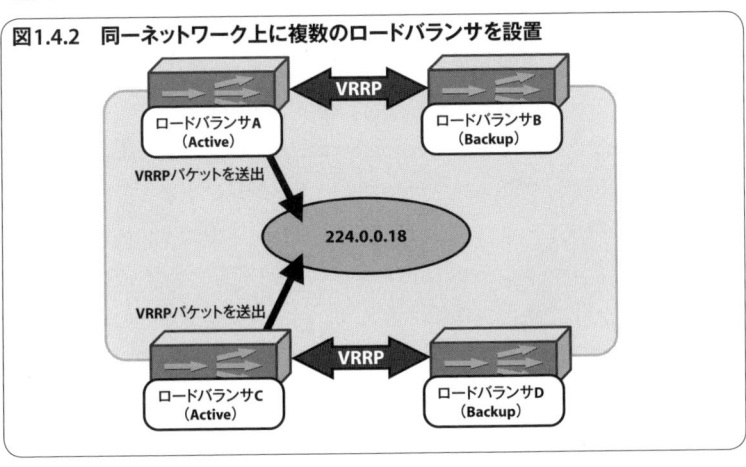

図1.4.1　VRRPパケットフォーマット※

```
 0                   1                   2                   3
 0 1 2 3 4 5 6 7 8 9 0 1 2 3 4 5 6 7 8 9 0 1 2 3 4 5 6 7 8 9 0 1
+-+-+-+-+-+-+-+-+-+-+-+-+-+-+-+-+-+-+-+-+-+-+-+-+-+-+-+-+-+-+-+-+
|Version| Type  | Virtual Rtr ID| Priority      | Count IP Addrs|
+-+-+-+-+-+-+-+-+-+-+-+-+-+-+-+-+-+-+-+-+-+-+-+-+-+-+-+-+-+-+-+-+
|   Auth Type   |   Adver Int   |          Checksum             |
+-+-+-+-+-+-+-+-+-+-+-+-+-+-+-+-+-+-+-+-+-+-+-+-+-+-+-+-+-+-+-+-+
|                         IP Address (1)                        |
+-+-+-+-+-+-+-+-+-+-+-+-+-+-+-+-+-+-+-+-+-+-+-+-+-+-+-+-+-+-+-+-+
|                              .                                |
|                              .                                |
|                              .                                |
+-+-+-+-+-+-+-+-+-+-+-+-+-+-+-+-+-+-+-+-+-+-+-+-+-+-+-+-+-+-+-+-+
|                         IP Address (n)                        |
+-+-+-+-+-+-+-+-+-+-+-+-+-+-+-+-+-+-+-+-+-+-+-+-+-+-+-+-+-+-+-+-+
|                     Authentication Data (1)                   |
+-+-+-+-+-+-+-+-+-+-+-+-+-+-+-+-+-+-+-+-+-+-+-+-+-+-+-+-+-+-+-+-+
|                     Authentication Data (2)                   |
+-+-+-+-+-+-+-+-+-+-+-+-+-+-+-+-+-+-+-+-+-+-+-+-+-+-+-+-+-+-+-+-+
```

※ http://www.ietf.org/rfc/rfc3768.txt より引用。

図1.4.2　同一ネットワーク上に複数のロードバランサを設置

ータIDというパラメータでインスタンスを分けることができるので問題はありません。図1.4.2中のロードバランサA、Bと、ロードバランサC、Dで、仮想ルータIDの値を変更しさえすれば、問題なく図1.4.2の構成で運用することができます。

プライオリティ

VRRPの構成例としてよく見かけるのはActive/Backupの2台構成ですが、しくみ的には100台のBackupノードを持つことも可能です。その際に懸念されるのは、Backupノードが2台以上動いているところでマスタノードが停止すると、どのBackupノードがマスタノードになるのかという点です。

VRRPでは**プライオリティ**（*Priority*）という値をノードごとに設定します。各ノードは、VRRPパケットを受信できなくなると、自分からVRRPパケットを送出し始めます。VRRPパケットの中にはプライオリティが格納されているので、自分よりも高いプライオリティを持ったノードがいるかどうかはすぐにわかります。そして、自分よりも高いプライオリティを持ったノードが見つかった時点でマスタノードに昇格することを断念します。シンプルなしくみですが、このおかげでプライオリティを高く設定したノードから順にマスタになることができます。

プリエンプティブモード

VRRPのデフォルト設定では、既存のマスタノードよりも高いプライオリティを持ったノードが起動すると、フェイルオーバが発生します。つまり、プライオリティの高いノードが常にマスタノードとなります。この挙動は**プリエンプティブモード**（*Preemptive Mode*）という設定によって変更することができます。プリエンプティブモードを無効にすると、すでにマスタノードが稼働していれば、自分のプライオリティのほうが高かったとしてもフェイルオーバはしません。

どちらのモードで運用するかは状況によって異なります。たとえば、マスタノードの調子が悪くなって、頻繁に再起動を繰り返してしまうという状況を懸念するならば、プリエンプティブモードを無効にするとよいでしょう。逆に、オペミスを防ぐ目的で「両方のノードが動いている場合は必ず

特定のノードがマスタになっていてほしい」と望むならば、プリエンプティブモードは有効にしたままがよいでしょう。

仮想MACアドレス

　VRRPでは、仮想IPアドレスとは別に**仮想MACアドレス**が定義されています。フェイルオーバ時はIPアドレスだけでなく、MACアドレスも一緒に引き継ぐように設計されています。MACアドレスを引き継がずにIPアドレスを引き継ぐ場合、通信相手となるすべての機器のARPテーブルを更新してもらう必要があります。その手段として、1.1節でも紹介したgratuitous ARPというARPリクエストを利用するのが一般的ですが、Ethernetのしくみ上、すべての機器に正常にARPリクエストが到達する保証はありません。もしARPテーブルを更新できなかった機器があると、その機器との通信はARPキャッシュが更新されるまで途絶えてしまいます。

　そのため、VRRPではMACアドレスを引き継ぐことで、通信相手がARPエントリを更新する必要性を排除しています。RFC 3768によると、マスタ状態になる直前にはgratuitous ARPを送出することになっていますが、これは通信相手のARPテーブルを更新することが目的ではなく、L2スイッチのMACアドレスの学習状態を更新することが目的です。

keepalivedの実装上の問題

　keepalivedのVRRPは、仮想MACアドレスを使っていません。つまり、RFC 3768に従った実装にはなっていません。LinuxはMACアドレスの変更はできますが、複数のMACアドレスを持てないので、keepalivedでは仮想MACアドレスを使わない実装になっています。そのため、フェイルオーバ時にARPエントリが更新されない機器があった場合、ARPキャッシュがクリアされるまでの間通信できなくなる危険性があります。

gratuitous ARP（GARP）の遅延送出

　この問題を解決するために、keepalivedには「garp_master_delay」という設定項目があります。keepalivedはマスタ状態に遷移した直後にgratuitous

ARPを送出しますが、その瞬間はネットワークの状態が安定していないことが多く、一時的にトラフィックが集中したり通信できない状態になっている可能性があります。keepalivedは通信相手に確実にARPエントリを更新してもらうために、数秒待ってから再度gratuitous ARPを送出する実装になっています。この待ち時間をgarp_master_delayで設定することができ、デフォルト値は5秒となっています。

たとえば、STP(*Spanning Tree Protocol*)[注7]を使ってネットワークを構築していて、L2スイッチがダウンしたことによってロードバランサがフェイルオーバする構成のシステムがあるとします。この場合、L2スイッチがダウンした瞬間にSTPのコンバージェンス(*Convergence*、収束)が実行されるため、数秒から数十秒くらいの間通信できなくなることがあります。この間に送出されたgratuitous ARPは他のノードに伝送されないので、garp_master_delayを設定してコンバージェンス完了後にgratuitous ARPが送出されるように調整します。このように、keepalivedのVRRP実装はRFC 3768で定義されている内容と異なっている部分があるので、利用する際には実際のネットワーク環境で正常にフェイルオーバできるかどうかを検証する必要があります。

keepalivedを冗長化する

では、keepalivedを利用して図1.4.3のシステムを構築します。図1.4.3中のlv1とlv2は、Linuxにkeepalivedをインストールしたロードバランサです。lv1とlv2のkeepalived.confはリスト1.4.1のようになります[注8]。各パラメータの意味は表1.4.1のとおりです。

VIPの確認

lv1とlv2でkeepalivedを起動すると、lv1にVIP(10.0.0.254と192.168.0.254)が割り当てられますが、`ifconfig`コマンドでは確認できません。図1.4.4のように`ip`コマンドで確認します。

注7　ループのないツリー構成をとるプロトコル。IEEE 802.1Dで規定されています。
注8　リスト1.4.1ではIPVS(負荷分散)の設定を省いています。実際は、前節のリスト1.3.1に追記します。

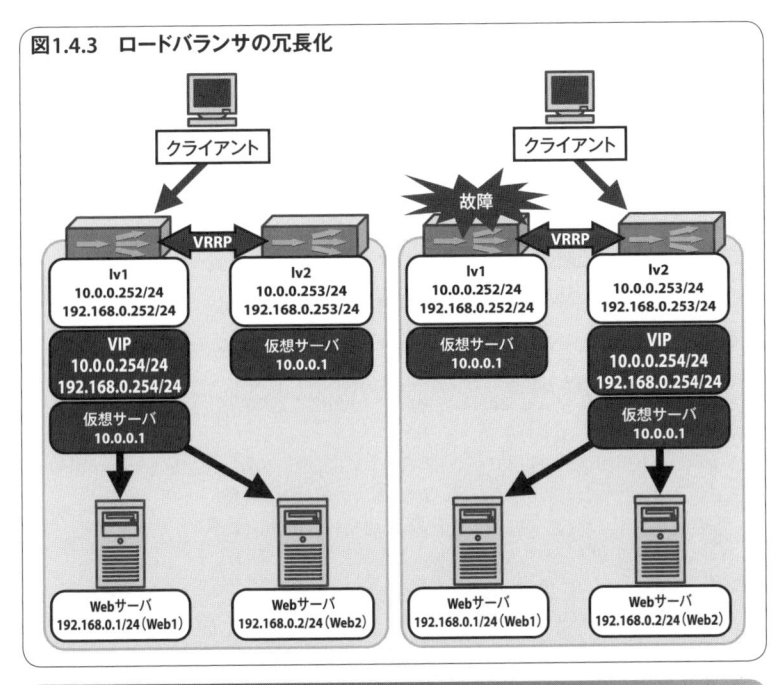

図1.4.3 ロードバランサの冗長化

リスト1.4.1　VRRPの設定❶（lv1の例）

```
vrrp_instance VI {
  state MASTER
  interface eth0
  garp_master_delay 5
  virtual_router_id 200
  priority 101     ←lv2は100に変更する
  advert_int 1
  authentication {
      auth_type PASS
      auth_pass HIMITSU
  }
  virtual_ipaddress {
      10.0.0.254/24     dev eth0
      192.168.0.254/24 dev eth1
  }
}
```

VRRPの動作確認

フェイルオーバの動作確認結果を次にまとめます。

❶ lv1をシャットダウンする➡lv2=Master ○
❷ lv1を起動する➡lv1=Master、lv2=Backup ○
❸ lv1のeth0のLANケーブルを抜く➡lv1=Backup、lv2=Master ○
❹ lv1のeth0のLANケーブルを戻す➡lv1=Master、lv2=Backup ○
❺ lv1のeth1のLANケーブルを抜く➡lv1=Master、lv2=Backup ✕

図1.4.4　VIPの確認

```
lv1:~# ip addr show eth0
2: eth0: <BROADCAST,MULTICAST,UP> mtu 1500 qdisc pfifo_fast qlen 1000
  link/ether xx:xx:xx:xx:xx:xx brd ff:ff:ff:ff:ff:ff
  inet 10.0.0.252/24 brd 10.0.0.255 scope global eth0
  inet 10.0.0.254/24 scope global eth0

lv1:~# ip addr show eth1
3: eth1: <BROADCAST,MULTICAST,UP> mtu 1500 qdisc pfifo_fast qlen 1000
  link/ether xx:xx:xx:xx:xx:xx brd ff:ff:ff:ff:ff:ff
  inet 192.168.0.252/24 brd 192.168.0.255 scope global eth1
  inet 192.168.0.254/24 scope global eth1
```

表1.4.1　パラメータの意味

パラメータ	説明
state MASTER	keepalivedの起動時に、MASTERとして起動するかBACKUPとして起動するかを指定する
interface eth0	VRRPパケットを送出したり受け取ったりするインタフェースを指定する
garp_master_delay 5	マスタ状態に遷移してから、gratuitous ARPを再送するまでの待ち時間を秒単位で指定する
virtual_router_id 100	仮想ルータID。VRRPインスタンスごとにユニークな値を指定する。指定できる範囲は0から255である
priority 101	VRRPのプライオリティ値。マスタを選出する際は、この値が大きいものが優先される
advert_int 1	VRRPパケット（アドバタイズ）の送出間隔。秒単位で指定する。デフォルト値は1秒である
virtual_ipaddress	VIP（仮想アドレス）。書式は以下のとおりで、複数の指定が可能である <IPADDR>/<MASK> dev <STRING>

これを見ると、❺のeth1のケーブルを抜いたときの挙動がおかしいようにみえます。本来であれば、lv1のeth1がリンクダウンしたときはlv1=Backup、lv2=Masterにならなくてはいけません。

VRRPインスタンスを分離する

以上の設定では、VRRPパケットはeth0だけに流れているため、eth1のLANケーブルを抜いても異常を検出できません。複数のインタフェースで障害を検知したい場合は、リスト1.4.2のようにインタフェースごとにVRRPインスタンスを定義する必要があります。ここで注意しなければいけないのは「virtual_router_id」パラメータです。vrrp_instanceブロックをコピペすると書き換えるのを忘れそうになりますが、VRRPインスタンスはvirtual_router_idによって分けられるので、インスタンスごとにユニークな値を指定してください。

VRRPインスタンスを同期する

vrrp_sync_groupというブロックは、複数のVRRPインスタンスで状態を同期させるための設定です。外向けのインスタンス（VE）がBackupになった場合、それと連動して内向けのインスタンス（VI）もBackupになります。これによって、lv1でeth0とeth1のどちらのケーブルが切れてもきちんとフェイルオーバできるようになりました。

keepalivedの応用

本節では、keepalivedのVRRP機能でフェイルオーバできることについて説明をしました。

keepalivedは応用次第でさまざまなものに利用できます。たとえば、1.1節の図1.1.6の構成もkeepalivedを使えばもっと簡単で安全に構築できるでしょう。keepalivedは--vrrpというオプションを付けることで、VRRP機能だけを独立して利用することができますので、SMTPサーバなどのシンプルなところから冗長化してみると動作を理解しやすいでしょう。

リスト1.4.2　VRRPの設定❷（lv1の例）

```
vrrp_sync_group VG {
  group {
    VE
    VI
  }
}
vrrp_instance VE {
  state MASTER
  interface eth0
  garp_master_delay 5
  virtual_router_id 200    ←VRRPインスタンスごとにユニークな値
  priority 101   ←lv2は100に変更する
  advert_int 1
  authentication {
    auth_type PASS
    auth_pass HIMITSU
  }
  virtual_ipaddress {
    10.0.0.254/24    dev eth0
  }
}
vrrp_instance VI {
  state MASTER
  interface eth1
  garp_master_delay 5
  virtual_router_id 201    ←VRRPインスタンスごとにユニークな値
  priority 101   ←lv2は100に変更する
  advert_int 1
  authentication {
    auth_type PASS
    auth_pass HIMITSU
  }
  virtual_ipaddress {
    192.168.0.254/24 dev eth1
  }
}
```

2章

ワンランク上のサーバ/インフラの構築
冗長化、負荷分散、高性能の追求

2.1 リバースプロキシの導入 p.42
Apacheモジュール

2.2 キャッシュサーバの導入 p.63
Squid、memcached

2.3 MySQLのレプリケーション p.72
障害から短時間で復旧する

2.4 MySQLのスレーブ＋内部ロードバランサの活用例 p.86

2.5 高速で軽量なストレージサーバの選択 p.93

2.1 リバースプロキシの導入
Apacheモジュール

リバースプロキシ入門

　1章のロードバランサの導入によりWebサーバの負荷分散は可能になりましたが、IPVS（LVS）のようなロードバランサはL4レベルでパケットを転送するのみです。Webサーバがクライアントアプリケーションからのリクエストに直接応答する構成であることには変わりません。

　ここでロードバランサとWebサーバの間に**リバースプロキシ**（*Reverse Proxy*）と呼ばれる役割のサーバを挟むことで、より柔軟な負荷の分散が可能になります。リバースプロキシはApacheにmod_proxyやmod_proxy_balancerを組み込んで構築することができます。Apache以外でも、lighttpdやSquid（いずれも後述）などでも代用可能です。

　リバースプロキシはクライアントからの要求を受け取り（必要なら手元で処理行った後）、適切なWebサーバへと要求を転送します。Webサーバは要求を受け取り、いつものように仕事をしますが、応答はクライアントにではなく、リバースプロキシへ返します。要求を受け取ったリバースプロキシはその応答をクライアントへ返却します。

　図2.1.1のように、クライアントとWebサーバの間に立って要求を代理で処理するのがリバースプロキシの役割です。通常プロキシサーバはLAN ➡ WANの要求を代理で行いますが、リバースプロキシはWAN ➡ LANの要求を代理します。そのため「リバース」（*Reverse*）という名前になっています。

　リバースプロキシを利用すると、クライアントからの要求がWebサーバへ届く途中の処理に割って入って、さまざまな前後処理を施すことができるようになります。これが、リバースプロキシ導入のメリットです。より具体的な利点/機能には以下が挙げられます。

- HTTPリクエストの内容に応じたシステムの動作の制御（L7スイッチが果たす役割と似ている）
- システム全体のメモリ使用効率の向上
- Webサーバが応答するデータのバッファリングの役割
- Apacheモジュールを利用した処理の制御

順番に解説していきます。

HTTPリクエストの内容に応じたシステムの動作の制御

　IPVSはL4ですので、クライアントから要求されたHTTPリクエストの内容に応じて処理を振り分けるようなことはできません。ここでリバースプロキシがあると、たとえばHTTPリクエストの中からURLを見て、

- クライアントから要求されたURLが/images/logo.jpgなら画像用のWebサーバに
- クライアントから要求されたURLが/newsであれば動的コンテンツを生成するWebサーバに

と最終的な処理をそれぞれ別のサーバに振り分けるような制御が可能になります（図2.1.2）。

　Apacheでリバースプロキシを構築する場合、この振り分けはmod_rewriteのRewriteRule機能を使うことになります。mod_rewriteで制御できることであれば、ほぼ何でも可能であるともいえます。たとえば、

- クライアントのIPアドレスを見て特定のIPアドレスのみサーバへのアクセスを許可する

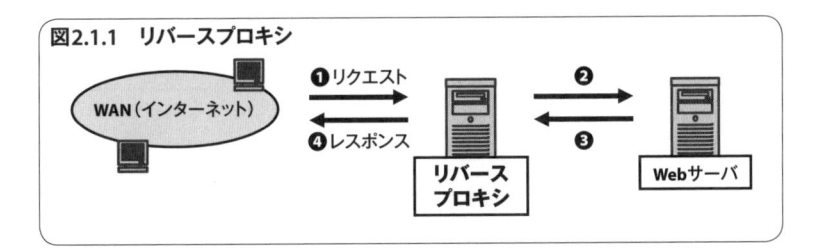

図2.1.1　リバースプロキシ

- クライアントのUser-Agentを見て、任意のUser-Agentからのリクエストを特別なWebサーバへアクセスを誘導する
- /hoge/foo/barというURLを/hoge?foo=barというURLに変更してからWebサーバへリクエストする

などといったことが可能です。それぞれがどのような場合に有効か、もう少し考えてみましょう。

IPアドレスを用いた制御

たとえばIPアドレスによる制御は、悪意のあるホストからのリクエストを遮断する目的にも利用できます。また、管理者向けのページが含まれるサイトでIPアドレスとURLによる制御を組み合わせて、管理者向けページには特定のIPアドレスからのみしかアクセスできないよう制限することもできます。

User-Agentによる制御

User-Agentによる制御は、GooglebotやYahoo! Slurpなど検索エンジンのロボットへの対応などに利用できます。

たとえば、ユーザ向けにはどうしてもキャッシュすることが難しい動的なページ(ユーザに合わせてユーザ名が表示されるページなど)があるとします。ロボットにはユーザ名を表示する必要がない場合、そのページをキャッシュすることができます。そこでUser-Agentを見て、ロボットのUser-Agentの場合はキャッシュサーバを経由してWebサーバへアクセスさせる

図2.1.2 リバースプロキシによる振り分け

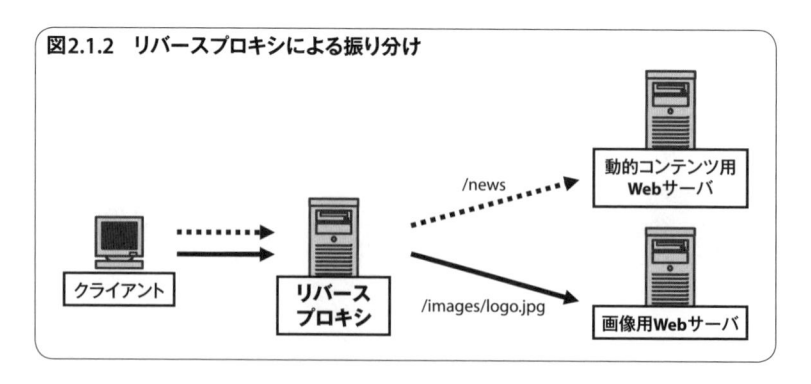

よう制御を行う、といったことが可能です。

URLの書き換え

昨今ではサイト全体の階層構造をイメージしやすいなどの理由から、ユーザに対してWebサイトのURLを綺麗に見せたいこともあるでしょう。「クールなURI」[注1]を実現するには本来Webアプリケーション側で対応するべきですが、レガシーなシステムをどうしても利用せざるを得ない場合があります。そんなときはリバースプロキシでリクエストURLを分解してから、レガシーシステムが理解できるURLに変更してWebサーバへ転送するというのも一つの手です。

システム全体のメモリ使用効率の向上

動的コンテンツを返却するWebサーバ（APサーバとも呼ばれます）では通常、アプリケーションが利用するプログラムをメモリに常駐させることで、アプリケーションの起動時のオーバーヘッドを回避する設計がなされています。たとえば、Javaで書かれたプログラムは起動に相当な時間がかかりますが、一度メモリに常駐させてしまえば、以降は起動時間をカットして動作させることができます。mod_perlやmod_phpでPerlやPHPをWebサーバに組み込んで利用すると、アプリケーションの処理が高速化されるのも同じ原理です。また、FastCGIもほぼ同様の原理でアプリケーションを高速化させます。

APサーバではこの都合上、大量のメモリを要求されます。静的コンテンツを返却するだけのWebサーバに比べて、動的コンテンツを返却するAPサーバでは数倍から数十倍のメモリを消費することも珍しくありません。

通常、APサーバはクライアント1リクエストに対して1プロセスもしくは1スレッドを割り当てて処理する方式を取っています。それぞれのプロセス/スレッドは、他のプロセス/スレッドとは独立して動作します。これ

注1　たとえば、http://b.hatena.ne.jp/bookmark.cgi?user=naoya&tag1=perl&tag=2=cpanというURLよりもhttp://b.hatena.ne.jp/naoya/perl/cpanのほうが綺麗で、クールです。詳しくは以下を参照してください。
　　URL http://www.w3.org/Provider/Style/URI.html

によりアプリケーション開発者はリソース競合を気にせずプログラムを開発することができるため、アプリケーションの設計がシンプルかつ容易になるというメリットが得られます。

しかし、APサーバが1リクエストに対して1プロセス/スレッドで応答する場合、画像やJavaScript、CSSのような静的コンテンツを返却する、つまりファイルに書かれた内容をそのまま返却するだけでよい場合も、同様の方式で返却することになります。

例：動的ページにおけるリクエストの詳細

たとえば、動的に生成された1枚のHTMLのページ中に画像が30枚ほど使われているケースを想像してみます。たとえば、「はてな」のトップページ[注2]などのようなページです。このページは動的に生成されています。

このページへのリクエストは、初回の1リクエストのみが動的コンテンツの要求になります。初回1リクエストでHTMLが動的に生成され、そのHTMLはクライアントのブラウザによってダウンロードされます。ブラウザはその後HTMLを解析して、必要な画像ファイルやスクリプトファイルをサーバに要求します。合計、動的リクエスト1 + 静的リクエスト30になります。

- **すべてAPサーバで応答する場合**

この1 + 30のリクエストをすべてAPサーバで応答する場合、全体としてはほぼ静的コンテンツの返却が仕事であるのに、たった1つの動的リクエストを処理したいがために、残る30の静的なリクエストの返却に際してもメモリを大量に消費することになります。画像であれ、動的コンテンツであれ、同じ1リクエスト1プロセス/スレッドで応答する必要があるためです（図2.1.3）。

- **サーバを切り分ける場合**

そこで静的なファイルを返却するWebサーバと、動的コンテンツを生成

注2　URL http://www.hatena.ne.jp/

するAPサーバを別のサーバとして切り分けます（図2.1.4）。これにより、静的コンテンツはメモリ消費量の少ないWebサーバが応答し、動的コンテンツのみアプリケーションで応答する、という構成が可能になります。システム全体で見た場合のメモリ使用効率が上がり、同時に処理できるリクエスト数が向上します。

　サーバを2つに分割するのは良いとして、どのようにして静的コンテンツ、動的コンテンツに対するリクエストをそれぞれのサーバに振り分けるのでしょうか。ここで、**リバースプロキシ**の出番です。

- リクエストされたURLが/images以下やCSSなど、静的コンテンツを配備したパス以下である場合はWebサーバへ
- それ以外のURLの場合は動的コンテンツの要求なので、APサーバへ

とURLの内容を見て振り分け先を変更します。リバースプロキシのこの働きは、やはりL7スイッチ相当の処理を行っていると見ることができます。

　このとき、リバースプロキシ自身もWebサーバであるという特徴を生か

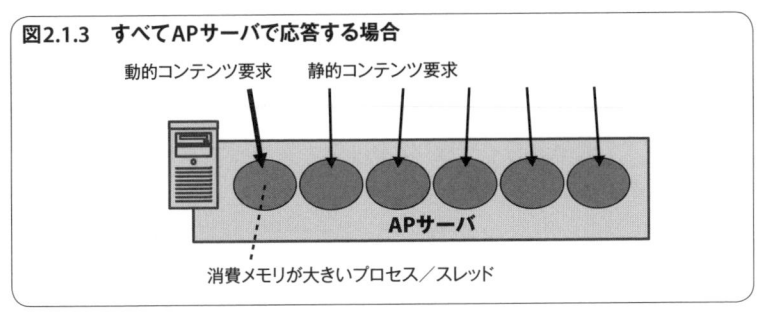

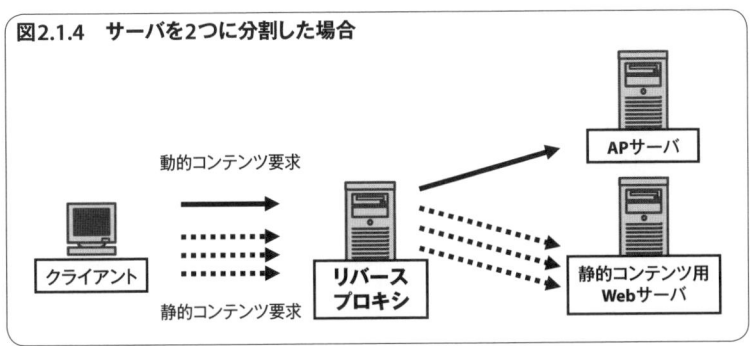

図2.1.3　すべてAPサーバで応答する場合

図2.1.4　サーバを2つに分割した場合

して(静的コンテンツを返却するためにWebサーバを別途用意するのではなく)静的コンテンツはリバースプロキシ自身が返却する、という構成が一般的です(図2.1.5)。

Webサーバが応答するデータのバッファリングの役割

リバースプロキシは、APサーバの手前に立って、APサーバのバッファとしての役割を果たすという点でも重要です。とくにHTTPのKeep-Alive機能を使いたい場合に、この点でリバースプロキシの存在が重要になってきます。

HTTPのKeep-Alive

HTTPにはKeep-Aliveという仕様があります。あるクライアントが一度に多数のコンテンツを同一のWebサーバから取得する場合、たとえば先に示した30枚の画像が利用されているHTMLページなどが良い例で、その多数のHTTPリクエストごとにサーバとの接続を確立しては切断して...を繰り返すのは効率がよくありません。最初の1リクエストで確立したサーバとの接続を、そのリクエストが終了した後も切断せずに維持して、続くリクエストでその接続を使い回すことにより1本の接続でまとめて多数のリクエストを処理することができます。

これを実現するのがKeep-Aliveです。サーバ側が「Keep-AliveしてOK」という指示をブラウザに対してHTTPヘッダで知らせると、ブラウザはサーバとの接続を維持し続けてKeep-Aliveの仕様に則って一つの接続で複数のファイルをまとめてダウンロードします。実際、Keep-Aliveがオフのサーバより、Keep-Aliveが有効になっているサーバからのファイルのダウンロ

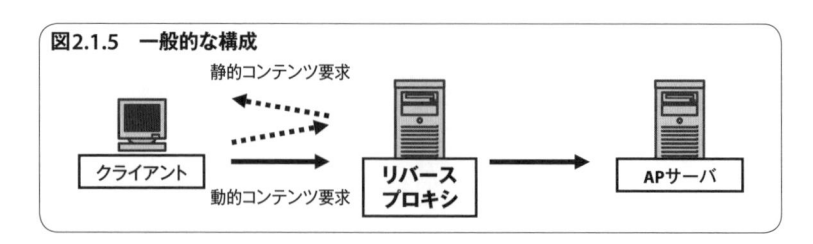

図2.1.5 一般的な構成

ードのほうが体感速度的にも速いと感じられるようです。

Keep-Aliveは一度確立した接続をしばらく維持するという性格上、Webサーバ側にある負担を強います。具体的には、ある特定のクライアントから要求を受けたプロセス/スレッドは、その時点から一定時間の間、そのクライアントへの応答のために占有されることが挙げられます[注3]。

例：メモリ消費とKeep-Aliveのオン/オフ

先のメモリ消費の観点からこの状況を考えてみましょう。1プロセスあたりのメモリ消費量が多いAPサーバでは、1つのホスト内で立ち上げられる最大プロセス数はせいぜい50〜100本といったところです。このときリバースプロキシなしでKeep-Aliveを有効にした場合、その50〜100本という少ないプロセスの多くが、Keep-Aliveの接続の維持のために消費されてしまいます（図2.1.6）。

では、Keep-Aliveをオフにしたらどうか。しかし、その場合はクライアントから見た場合の体感速度が低下してしまいます。それは望む結果ではありません。

ここでリバースプロキシを導入した場合を考えてみましょう。一般的に

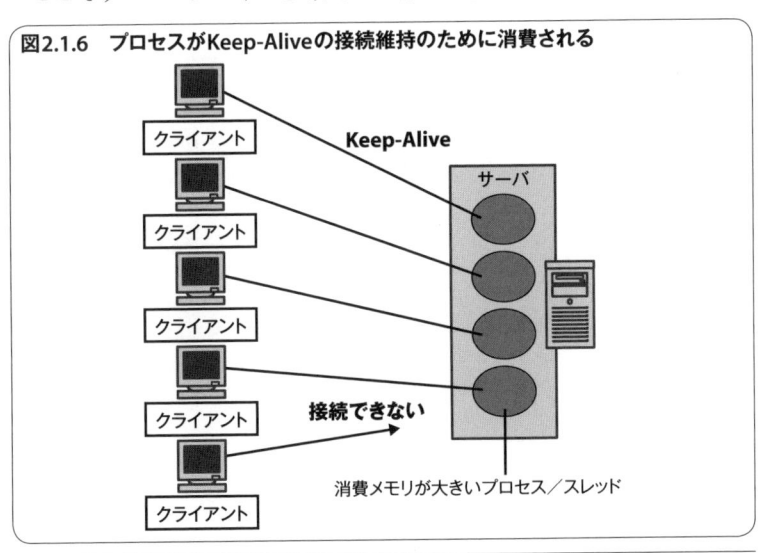

図2.1.6　プロセスがKeep-Aliveの接続維持のために消費される

[注3] lighttpdのようなイベントモデルを採用しているWebサーバにおいては、その限りではありません。

リバースプロキシ役のWebサーバは、プロセスあたりのメモリ消費量はそれほど多くないため、1つのホスト内で1,000〜10,000プロセスを立ち上げることも可能です。この場合、ある程度のプロセスがKeep-Aliveコネクションを維持するために消費されたとしても、問題ありません。そしてクライアントとリバースプロキシの間のみ「Keep-Aliveオン」にして、リバースプロキシとバックエンドのAPサーバ間は「Keep-Aliveオフ」にします(図2.1.7)。

これでAPサーバ側はプロセス数が少なかったとしても、1リクエストが終了するとすぐその直後に別のリクエストに応答できます。全体として、同時に扱えるクライアントの数は多くなり、またスループットも向上します。クライアントとの接続の維持をリバースプロキシが担当し、メモリ消費量の多いAPサーバではその責務を負わないという、いいとこどりのシステムを構築することができるのです。

Apacheモジュールを利用した処理の制御

リバースプロキシにApacheを採用した場合、そのリバースプロキシにApacheモジュールを組み込んで、HTTPリクエストの前処理/後処理とし

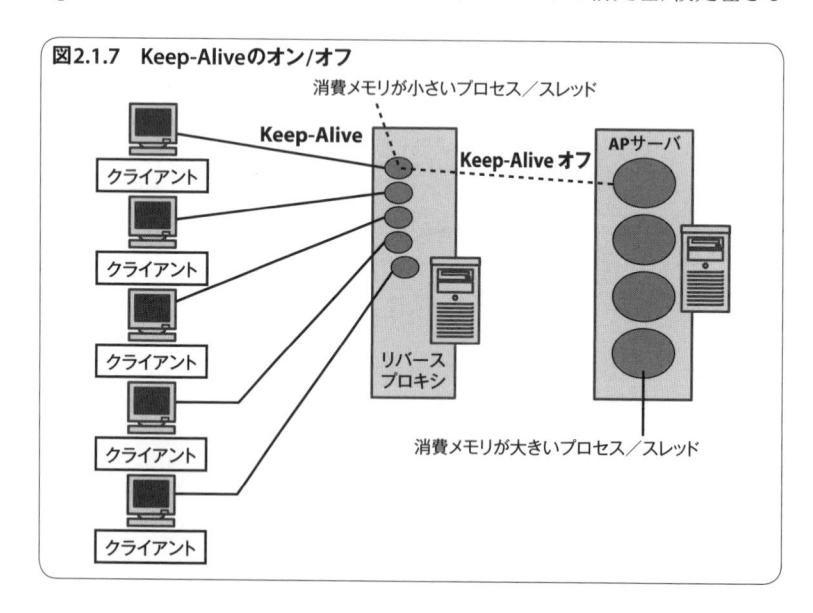

図2.1.7　Keep-Aliveのオン/オフ

て任意のプログラムを動かすことが可能になります。

たとえば、Apache 2.2ではソースに付属してくるmod_deflateはコンテンツをgzip圧縮するApacheモジュールです。これをリバースプロキシに組み込むことで、バックエンドのAPサーバから受け取ったHTTPの応答を、クライアントには圧縮してから返却することができます（**図2.1.8**）。同様にmod_sslを使えば、APサーバからの応答をSSLで暗号化することができます。

また、mod_dosdetector[注4]はApache 2.2用のDoS攻撃対策用モジュールで、特定クライアントからの過剰なアクセスを一時的に遮断したりすることができるモジュールです。これをリバースプロキシに組み込むことで、バックエンドのAPサーバが過剰アクセスにより過負荷になることを防ぐことができます。

Apache以外でもlighttpdなど、サードパーティ製のモジュール/プラグインを組み込むことができるWebサーバはいくつかあり、それらをリバースプロキシとして利用することで同様のメリットが得られます。

リバースプロキシの導入の判断

このように動的コンテンツを配信するAPサーバを用いる場合、リバースプロキシがある/なしではシステムの柔軟性に大きく差がつきます。たとえ、物理的なホストが1台しかない場合でも、同一ホスト内にリバースプロキシとAPサーバを動かすなどして、「静的コンテンツの配信役とバックエンドのAPサーバ」という役割分担をはっきりさせるほうがサーバリソースの利用効率を上げることができます。

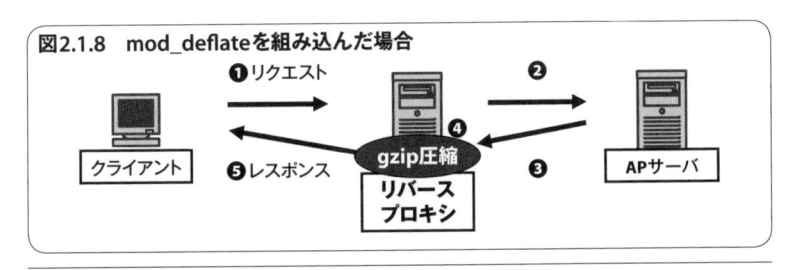

図2.1.8　mod_deflateを組み込んだ場合

注4　URL http://sourceforge.net/projects/moddosdetector/

2章 ワンランク上のサーバ/インフラの構築 冗長化、負荷分散、高性能の追求

リバースプロキシを導入しない理由は、どこにも見当たりません。

リバースプロキシの導入

それではApacheによるリバースプロキシの構築方法と、構築したリバースプロキシでの各種設定の例を解説します。

Apache 2.2を使う

リバースプロキシを構築するにあたっては、安定版のApache 2.2を用いるといいでしょう[注5]。また、リバースプロキシではなるべく多数のクライアントを同時に処理することができることが望ましく、クライアントあたりにプロセス1つを割り当てるpreforkモデルよりも、クライアントあたりにスレッド1本で済ませる「workerモデル」のほうがベターです。

workerでhttpdを起動

Red Hat Enterprise Linux 5やCentOS 5では標準パッケージにApache 2.2が同梱されていますので、これをインストールすればよいでしょう。このRed Hatによりパッケージされた Apacheはprefork/worker（マルチプロセスモデル/マルチプロセス＋マルチスレッドの複合モデル）、いずれのモデルでサーバを運用するかを起動時に選択することができます。/etc/sysconfig/httpdにて、

```
HTTPD=/usr/sbin/httpd.worker
```

とすれば、httpdをworkerモデルで起動させることができます。

httpd.confの設定

Apacheをリバースプロキシとして動かすための最低限の設定を示します。なお、ApacheはDSO（*Dynamic Shared Object*）有効でコンパイルされているものとします。

注5 本節では、CentOS 4.4、Apache 2.2.4を使用しました。

最大プロセス/スレッド数の設定

まずはworkerのプロセス、スレッド数にまつわる設定です。

```
StartServers        2
MaxClients          150
MinSpareThreads     25
MaxSpareThreads     75
ThreadsPerChild     25
MaxRequestsPerChild 0
```

デフォルトではhttpd.confのグローバルディレクティブに以上のように設定されていますが、これはかなり控えめな設定になっています。リバースプロキシは高負荷時でもバックエンドのAPサーバの盾になる役割を期待されるので、もう少しリソースを使って、対応できる同時アクセス数を増やす設定をしてもかまわないでしょう。

上記の中でも重要な指標はMaxClientsとThreadsPerChildです。workerモデルの場合Apacheは複数の子プロセスを立ち上げ、そのそれぞれのプロセス内で複数のスレッドを生成し、結局「プロセス数×プロセスあたりのスレッド数」分のリクエストを同時に処理することになります。

このプロセスあたりのスレッド数を制御するのがThreadsPerChildです。子プロセスの最大値は、

$$\frac{MaxClients}{ThreadsPerChild}$$

で決まります。MaxClientsは同時に扱えるクライアントの総数になります。したがって前述の設定の場合、

- 最大プロセス数：6
- プロセスあたりの最大スレッド数：25
- 同時に扱えるクライアントの数：6×25＝150

という設定になります。

メモリを2GB〜4GBほど搭載しているサーバであれば、同時接続数は1,000〜10,000程度を処理することも可能でしょう。たとえば、

2章 ワンランク上のサーバ/インフラの構築　冗長化、負荷分散、高性能の追求

- 最大プロセス数：32
- プロセスあたりの最大スレッド数：128
- 同時に扱えるクライアントの数：32 × 128 ＝ 4096

と設定する場合は、以下のようになります。

```
StartServers            2
ServerLimit            32    ←新規
ThreadLimit           128    ←新規
MaxClients           4096    ←変更
MinSpareThreads        25
MaxSpareThreads        75
ThreadsPerChild       128    ←変更
MaxRequestsPerChild     0
```

　新たにServerLimitとThreadLimitを設定しました。ServerLimit/ThreadLimitはそれぞれプロセス/スレッド生成数の最大数を決める、MaxClientsやThreadsPerChildに並ぶもう一つの設定項目です。ServerLimitはデフォルトで16、ThreadLimitは64となっているので、それ以上の数のプロセス/スレッド数を設定する場合にはこの2項目を明示的に指定する必要があります。

● ServerLimit/ThreadLimitとメモリの関係

　ところで、MaxClientsやThreadsPerChildもプロセス/スレッド数の上限を決めるのに、なぜ同じようなパラメータとしてServerLimit/ThreadLimitの項目があるかは気になるところです。MaxClientsやThreadsPerChildはサーバの動的なリソース消費に関する設定項目で、この値が高かろうが低かろうが、サーバが最低限消費するであろうリソース消費量には影響を与えません。一方、ServerLimit/ThreadLimitはApacheが確保する共有メモリのサイズに影響します。これらの数字に必要以上に高い値を設定してしまうと、そのぶんApacheが無駄に共有メモリを消費してしまいます。したがって、設定したいプロセス数/スレッド数の上限が組み込みの値であるServerLimit 16、ThreadLimit 64を超える場合のみ、その値に合わせて設定されるべき値になります。

　なお、プロセス/スレッドあたりのメモリ使用量は、組み込むモジュールの種類などに依存します。また、OSがどの程度Apacheにメモリを割り当て

られるかは環境によりけりなので、設定値を断言することはできません。上記の設定はあくまで設定参考にとどめてください。実際にお使いの環境でどの程度の上限を設定するのがよいかは、プロセス/スレッドあたりのメモリの使用量と相談して見積もるべきです。詳しくは4章で解説します。

　あるWebサーバ上での最大プロセス/スレッド数は、それらリソースが上限に達した際に、スワップが発生しない程度、つまり、

- OSやWebサーバ以外のソフトウェアが常時利用するメモリの量
- Webサーバのプロセス/スレッド数が最大数に達したときにサーバが消費する合計メモリ量

の2つを合計して、搭載物理メモリの範囲内に収まる程度にチューニングするのがベストです。プロセス/スレッドあたりのメモリの使用量の見分け方についても、4章にて詳しく解説します。

Keep-Aliveの設定

　先に説明したとおり、リバースプロキシでKeep-Aliveをオン、APサーバではKeep-Aliveをオフにするのが定石です。ApacheでKeep-Aliveを有効にするにはグローバルディレクティブに以下のように設定します。

```
KeepAlive On
MaxKeepAliveRequests 100
KeepAliveTimeout 5
```

　これは、次のような内容になっています。

- Keep-Aliveを有効に
- Keep-Alive中に処理できる最大リクエスト数は100件
- Keep-Aliveタイムアウト（クライアントと接続を維持し続ける時間）を5秒

　KeepAliveTimeoutはデフォルトでは15秒となっていますが、通常のWebサイトではレスポンスは5秒もあればクライアントに返却されるはずです。この値を大きくすると、それだけプロセス/スレッドがKeep-Aliveのために占有される時間が長くなるので、サーバのリソース消費量が大きくなります。デフォルトの15秒よりも小さな値を設定しても問題ないでしょう。

必要なモジュールのロード

次に設定すべきは、必要なモジュールのロードです。リバースプロキシを構築するため最低限必要なモジュールは、以下のとおりです。

- mod_rewrite
- mod_proxy
- mod_proxy_http

これに加えて、公開ディレクトリのエイリアスを定義できる「mod_alias」も有効にしておくと便利です。

```
LoadModule alias_module modules/mod_alias.so
LoadModule rewrite_module modules/mod_rewrite.so
LoadModule proxy_module modules/mod_proxy.so
LoadModule proxy_http_module modules/mod_proxy_http.so
```

これらモジュールをロードすることにより、RewriteRuleやRewriteRule内でのProxy、Aliasなどのディレクティブが使用可能になります。

なお、パッケージでインストールされたApacheのhttpd.confにおいては、デフォルトで多数のモジュールが組み込まれていますが、必要のないモジュールを組み込むとその分Apacheのメモリ消費量が増えてしまいますので、利用しないモジュールは極力削ってシェイプアップしておくほうがよいでしょう。

RewriteRuleを設定

ServerRootやログなどの設定を済ませたら[注6]、最後にRewriteRuleの設定を行います。ここがリバースプロキシ構築時の核になります。

以下のように設定することを考えます。

- /imagesは画像を配信するパスで、このURLはリバースプロキシ自身で配信。なお、すべての画像はリバースプロキシと同一ホスト内の/path/to/images/以下に置かれているとする

注6　Apacheの基本的な設定については、Apacheのマニュアルを参照してください。

- /css、/jsも同様
- それ以外のURLは動的コンテンツの配信。APサーバ192.168.0.100にリクエストをプロキシする

設定はリスト2.1.1のようになります。

RewriteRuleの内容に注目してください。RewriteRuleは要求されたURLにパターンマッチを行い、マッチしたらそのURLに任意の処理を行うことができるディレクティブです。RewriteRuleでは正規表現を利用することができます。リスト2.1.1 ❶ は、

/images/、/css/、/js/のいずれかにURLがマッチした場合、とくに何もせず（[L]はRewriteRuleのパターンマッチをここで終了するという意味）、デフォルトのコンテンツハンドラでコンテンツを返却する

という設定です。デフォルトのコンテンツハンドラは静的なファイルを返す、URLのパスに応じてファイルを探しそれをクライアントに返却するという、いつものApacheの動作です。

この設定によりクライアントからのリクエストがたとえば/images/profile/naoya.pngだった場合、ローカルの /path/to/images/profile/naoya.png がクライアントに返却されます。

続く、リスト2.1.1 ❷ は以下のような設定になります。

すべてのURLに対するリクエストを、192.168.0.100にプロキシする

リスト2.1.1　RewriteRuleなどの設定

```
Listen 80
<VirtualHost *:80>
  ServerName naoya.hatena.ne.jp

  Alias /images/   "/path/to/images/"
  Alias /css/      "/path/to/css/"
  Alias /js/       "/path/to/js/"

  RewriteEngine on
  RewriteRule ^/(images|css|js)/ - [L]           ←❶
  RewriteRule ^/(.*)$ http://192.168.0.100/$1 [P,L]  ←❷
</VirtualHost>
```

これで設定は完了です。リバースプロキシがバインドするポートにブラウザでアクセスすると、さもAPサーバから応答が返ってきたかのように、192.168.0.100が返却するコンテンツが表示されるはずです。

一歩進んだRewriteRuleの設定例

一歩進んだRewriteRuleの設定例を見ていきましょう。

特定ホストからのリクエストを禁止

たとえば、特定のIPアドレスからのリクエストに対してアクセス禁止であるステータスコード403を返却する場合は、リスト2.1.2のように設定します。

APサーバへプロキシする前に条件判定を行うRewriteCondディレクティブでREMOTE_ADDRを見て、特定のアドレスであった場合403を返却[注7]して終了します。

ロボットからのリクエストに対してはキャッシュサーバを経由させる

仮に、Squidなどで構築したHTTPキャッシュサーバが192.168.0.150に配置されているとしましょう。ロボットからのリクエスト、つまり特定のUser-Agentからのリクエストのみキャッシュさせた内容を返却したい場合はリスト2.1.3のように設定します。

リスト2.1.2　設定例 1

```
RewriteEngine on

# 192.168.0.200からのリクエストに403を返して終了
RewriteCond %{REMOTE_ADDR} ^192\.168\.0\.200$
RewriteRule .* - [F,L]

# リバースプロキシの設定
RewriteRule ^/(images|css|js)/ - [L]
RewriteRule ^/(.*)$ http://192.168.0.100/$1 [P,L]
```

注7　RewriteRuleのフラグである[F,L]を使います。

mod_setenvifを使ってUser-Agent文字列からロボット判定を行い、ロボットと判定された場合はキャッシュサーバへプロキシします。

このように、Apacheのmod_rewriteはほかのモジュールなどと組み合わせて柔軟な設定が可能な点が強みです。RewriteRuleで書ける条件に当てはまるケースであれば他サーバへの振り分けをいかようにも行うことができます。

mod_proxy_balancerで複数ホストへの分散

ところで、バックエンドのAPサーバが複数の場合どのような構成にするのかという疑問が沸いてきます。いくつかの方法が考えられます。

❶リバースプロキシとAPサーバは常に一対一で配備する。特定のプロキシからは特定のAPサーバへリクエストを転送する
❷mod_proxy_balancerを使って、1つのリバースプロキシから複数APサーバへの振り分けを行う（図2.1.9）
❸リバースプロキシとAPサーバの間にLVSを挟む

リスト2.1.3　設定例 ❷
```
# SetEnvIfディレクティブを有効にするためmod_setenvifをロード
LoadModule setenvif_module modules/mod_setenvif.so

# User-Agentに"Yahoo! Slurp"もしくは"Googlebot"が
# 含まれる場合環境変数IsRobotを真に
SetEnvIf User-Agent "Yahoo! Slurp" IsRobot
SetEnvIf User-Agent "Googlebot" IsRobot

RewriteEngine on

# 環境変数IsRobotが真の場合キャッシュサーバへプロキシ
RewriteCond %{ENV:IsRobot} .+
RewriteRule ^/(.*)$ http://192.168.0.150/$1 [P,L]

# それ以外は通常どおりプロキシ
RewriteRule ^/(images|css|js)/ - [L]
RewriteRule ^/(.*)$ http://192.168.0.100/$1 [P,L]
```

2章 ワンランク上のサーバ/インフラの構築　冗長化、負荷分散、高性能の追求

上記のうち、❶はあまり賢い選択とはいえません。リバースプロキシには基本的に、APサーバよりもリソース消費量が少なく、かつリソース消費量が少なくても裁ける仕事を担うことが期待されます。一般的なシステムであればリバースプロキシは冗長化を考慮して2台もあれば十分です。一方、負荷状況によってはバックエンドのAPサーバは2台では済まされない、という場合も多いでしょう。たとえば、はてなブックマーク[注8]は執筆時の時点（2008年2月）で、リバースプロキシ2台に対してAPサーバが11台という構成になっています。

リバースプロキシとAPサーバのリソース消費にはアンバランスがあるため、一対一の構成ではリバースプロキシ側のリソースが無駄に余ることになります。

❷のApacheのmod_proxy_balancerは、リバースプロキシを行うにあたって、プロキシ先のホストが複数あった場合でもそれらにリクエストが分散して振り分けられるよう計らってくれるモジュールです。また、プロキシ先のホストが何らかの理由で応答を返せない場合、フェイルオーバして分散先リストから該当ホストを切り離し、該当ホストがリクエスト可能になったところでフェイルバックする機能も持っています。これを利用するのが一つの手です。

もう一つの手としては、リバースプロキシとAPサーバの間にLVS +

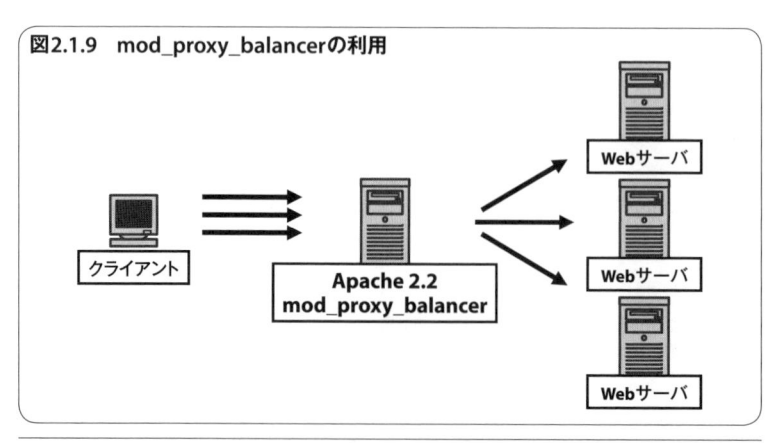

図2.1.9　mod_proxy_balancerの利用

[注8] URL http://b.hatena.ne.jp/

keepalivedを挟むというのが❸です。これが最も確実な方法といえます。筆者の個人的な使用感では、mod_proxy_balancerのフェイルオーバ機能はLVSのそれに比べて信頼性はそれほど高くはないように思います。また、LVS + keepalivedはmod_proxy_balancerに比べて、負荷分散のロジックの調整がしやすく、かつ管理もコマンドラインから行うことができて便利です。

ただし、LVS + keepalivedはその用意に若干の手間や追加のサーバが必要になります。簡易に負荷分散を行いたい場合を想定して、「mod_proxy_balancer」の利用方法を解説しておきます。

mod_proxy_balancerの利用例

mod_proxy_balancerを利用したリバースプロキシの構築は簡単です。

- mod_proxy_balancerをロードする[注9]
- BalancerMemberディレクティブで振り分け先のホスト一覧を定義する
- RewriteRuleでリバースプロキシの設定を行う。このときbalancer://スキームを利用する

APサーバが3台、192.168.0.100〜102まであるとしましょう。この場合httpd.confの設定は、たとえばリスト2.1.4のようになります。

リスト2.1.4 ❶に注目してください。先の例まではhttp://192.168.0.100/$1とAPサーバのURLを直接記述していましたが、今回は「balancer://」というスキームのURLを使っています。balancer://backendと記述すると、リクエストごとに上方で定義しているBalancerMemberのうち1台が選択され、ここで展開されます。どのサーバが展開されるかは、BalancerMemberで定義しているloadfactorの値に依存します。loadfactorの値が大きいほど、振り分けられる確率が大きくなります。リスト2.1.4のようにloadfactorをすべて同一の値にすると、ほぼ均一にリクエストが分散されることになります。

mod_proxy_balancerには、loadfactor以外にもいくつかのパラメータが

注9　mod_proxy_balancerはApache 2.2では標準で添付されてきます。

あります。実際に利用する場合は、サイトの構成に合わせて適宜設定を加えるとよいでしょう。

リスト2.1.4　mod_proxy_balancerによるリバースプロキシ構築の設定例

```
# mod_proxy_balancerをロード
LoadModule proxy_balancer_module modules/mod_proxy_balancer.so

# 振り分け先ホスト一覧を定義
<Proxy balancer://backend>
  BalancerMember http://192.168.0.100 loadfactor=10
  BalancerMember http://192.168.0.101 loadfactor=10
  BalancerMember http://192.168.0.102 loadfactor=10
</Proxy>

Listen 80
<VirtualHost *:80>
  ServerName naoya.hatena.ne.jp

  Alias /images/  "/path/to/images/"
  Alias /css/     "/path/to/css/"
  Alias /js/      "/path/to/js/"

  # リバースプロキシの設定
  RewriteEngine on
  RewriteRule ^/(images|css|js)/ - [L]
  RewriteRule ^/(.*)$ balancer://backend/$1 [P,L]    ←❶
</VirtualHost>
```

2.2 キャッシュサーバの導入
Squid、memcached

キャッシュサーバの導入

2.1節では、リバースプロキシについて解説しました。続いて、キャッシュサーバについて本節で論じておきます。

HTTPとキャッシュ

ネットワークサービスで利用されるプロトコルの中でも、HTTPはとくに「疎」なプロトコルで、ステートレス[注10]です。ステートレスなプロトコルでやり取りされるドキュメントは状態を持たないため、キャッシュしやすいという特徴があります。そのためHTTPには、プロトコルのレベルでキャッシュの機能が組み込まれています。

たとえば、Internet Explorer（IE）やFirefoxなど多くのWebブラウザは、一度取得したドキュメントを必要以上にリクエストしなくていいようローカルにその内容をキャッシュして、二度め以降のアクセスではキャッシュを利用するようになっています。またブラウザは、リモートのドキュメントが更新されたかどうかを調べるために、HTTPヘッダでサーバと任意のドキュメントの更新日時のやり取りを行うことができるようになっています。

Live HTTP Headersで知るキャッシュの効果

FirefoxのLive HTTP Headers[注11]を使うと、HTTPヘッダのやり取りを見ることができます。試しに画像ファイルのやり取りの様子を見てみましょ

注10 ステートレスなプロトコルについては、以下に説明があります。
- URL http://yohei-y.blogspot.com/2007/10/blog-post.html
- 『WEB+DB PRESS』（Vol.42）の連載「RESTレシピ」、「第5回：RESTのステートレス性とHTTPメソッドの基本性質」（山本 陽平著）

注11 URL https://addons.mozilla.org/ja/firefox/addon/3829

う。以下は、ブラウザからWebサーバに向かって送信されるHTTPリクエストヘッダです。

```
GET /images/top/h1.gif HTTP/1.1
Host: www.hatena.ne.jp
Keep-Alive: 300
Connection: keep-alive
If-Modified-Since: Wed, 19 Dec 2007 15:31:43 GMT
```

　If-Modified-Sinceヘッダに日付が記述されています。これは、このブラウザが前回該当ドキュメントを取得した際の日付になります。このリクエストに対するサーバ(Apache)の応答は、

```
HTTP/1.x 304 Not Modified
Date: Wed, 27 Feb 2008 06:43:31 GMT
Server: Apache
```

とHTTPステータスコード304(Not Modified)です。WebサーバであるApacheは、

- クライアントから送信されたIf-Modified-Sinceの更新日時を取得
- ローカルのドキュメントの日付を比較
- クライアントが保存したドキュメントは更新されていないと判断する

という処理を行って、ドキュメント本体のデータは返却しません。「ドキュメント本体を返却しなくても、そちらが持っているキャッシュを使えば画像は描写できますよ」という意味を込めてステータスコード304(Not Modified)を返却します。このやり取りにより、

- クライアントは、ネットワークからの画像データのダウンロードを省略できる
- サーバは、ドキュメントのクライアントへの転送を省略できる

これがHTTPプロトコルのキャッシュの効果です。

Squidキャッシュサーバ

　クライアントとサーバの間でHTTPのキャッシュが使えるのであれば、

サーバとサーバの間でHTTPキャッシュが使えるであろうことは容易に想像がつきます。ホストとホストの関係がどのようなものであれ、両者のやり取りにHTTPプロトコルが使われていれば、その内容はキャッシュすることが可能です。

Squid[注12]はHTTP、HTTPS、FTPなどで利用されるオープンソースのキャッシュサーバです。Squidを使うと任意のWebシステムに、HTTPキャッシュの機能を組み込むことができます。SquidをHTTPで通信する2点間の間に配置すると、そのやり取りをキャッシュすることができます。

Squidは多くの場合、クライアントがサーバのドキュメントをダウンロードしたものをキャッシュする目的で利用されます。たとえば大学や企業のLANのゲートウェイ直前にSquidを配備して、オフィス内の各PCはSquidを経由してインターネット上のサイトにアクセスするような使い方です。いわゆるプロキシサーバです（図2.2.1）。

この場合、あるクライアントがダウンロードしたドキュメントをSquidがキャッシュして、また別のクライアントが同じドキュメントを取得しようとしたときにそのキャッシュが有効になります。一度誰かが取得したドキュメントは以降、キャッシュから返却されるので、オリジナルのサイトへ何度もアクセスする必要がありません。故にネットワーク帯域が節約できるほか、LANから直接データが返却されるので、クライアントはより高速にドキュメントを参照することができます。

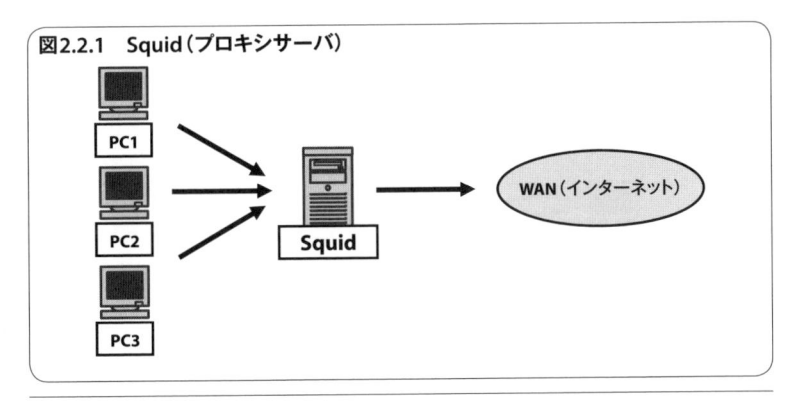

図2.2.1　Squid（プロキシサーバ）

注12　URL http://www.squid-cache.org/

Squidでリバースプロキシ

Squidはリバースプロキシとして利用することができます。2.1節ではApacheをリバースプロキシとして設定しましたが、Squidも同じように設定でリバースプロキシ化することができるのです。サーバの負荷分散という観点からいくと、こちらがSquidのおもな利用形態です。

Squidをリバースプロキシとして働かせると、サーバサイドのドキュメントをサーバシステム側でSquidにキャッシュさせることができます（図2.2.2）。

- SquidはクライアントからHTTPリクエストがあると、そのドキュメントをバックエンドのサーバに問い合わせる
- サーバから取得したドキュメントはSquidが自身のローカルにキャッシュする
- 別のクライアントからリクエストがあると、Squidはキャッシュの有効性を確認し、キャッシュが有効なら、クライアントへはキャッシュを返却する
- たとえば短時間のうちに10,000クライアントから同一のドキュメントへのアクセスがあった場合、バックエンドのサーバへは（キャッシュが有効である限り）初回1リクエストのみが到達し、それ以外の9,999リクエストはSquidからキャッシュが返却される

Squidが内部で持つキャッシュ用のストレージは非常に高速で、かつSquidは大規模なアクセスを少ないリソースで返却できるように設計されています。多くの場合、バックエンドのサーバへ問い合わせを行うよりもSquidでキャッシュを返却させるほうが高速です。また負荷も低く抑えることが

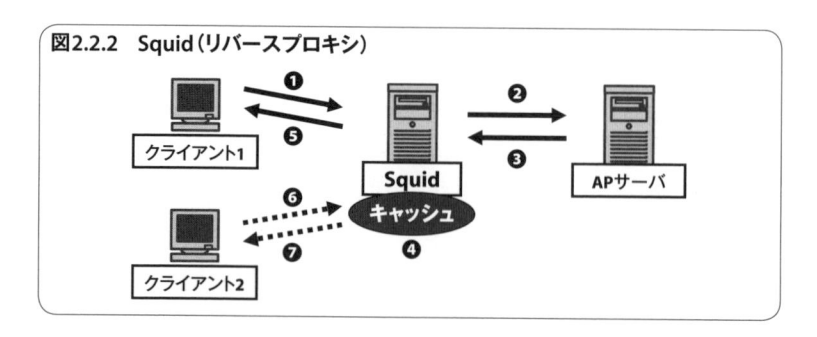

図2.2.2　Squid（リバースプロキシ）

できるでしょう。

　Squidは単にHTTPの内容をキャッシュするだけでなく、別のSquidとネットワーク越しにキャッシュを共有することができます。この機能を使うと、キャッシュを返却するSquidサーバの負荷が高い場合は別のSquidを増やすだけで対応が可能となります。冗長化も同様です。

Squidは何をキャッシュするのか

　Squidは、HTTPプロトコルのキャッシュ機能を前提としたキャッシュサーバです。したがって、HTMLファイルやCSS、JavaScriptあるいは画像などの静的なドキュメントは非常に効率よくキャッシュができるようになっています。オリジナルのドキュメントが更新されたら古いキャッシュを捨ててキャッシュを新鮮にする、という動作も可能になっています。

　動的なドキュメントはどうでしょうか。Squidのキャッシュコントロールのしくみは非常に柔軟で、たとえばある動的なページを30分間だけキャッシュさせるなどの制御も可能になっています。

　HTTPプロトコルをベースにキャッシュするというのはつまり、URLをキーにドキュメントをキャッシュするということでもあります。一意なURLが与えられているドキュメントは、基本的にキャッシュすることが可能です。

　問題は、動的なドキュメントの中でも状態を持つドキュメントです。Webアプリケーションではページのヘッダに、各ユーザのアカウント名を表示するようなケースがよくあります。通常、この手の処理はCookieによるセッション管理によって実現します。結果、同じURLでもユーザによって異なる出力となります。

　この手のドキュメント全体を不用意にキャッシュしてしまうと、「ようこそAさん」という表示がキャッシュされて、同一URLへのBさんのアクセス時にもそのAさんのキャッシュが利用されてしまい、Bさんに対して「ようこそAさん」というドキュメントを返却することになります。これは、キャッシュ絡みのトラブルとしては代表的なものです（図2.2.3）。

　この手の、ユーザごとに内容が変わるページのキャッシュは、URLをキーにドキュメント全体をキャッシュするHTTPプロトコルレベルでのキャ

ッシュでは難しいでしょう。そもそも、HTTPではステートレスにドキュメントをやり取りする前提となっているのに対し、今では一般的に行われているCookieによるセッション管理は、ステートレスなプロトコル上に「状態」、つまりステートフルな通信を持ち込もうとする試みです。これはプロトコルが前提としている要件を超えてしまっていますから、そのプロトコルが想定しているキャッシュ機構では矛盾が生じるのです。

　負荷を軽減するためにキャッシュを利用したいけれどもHTTPプロトコルレベルでのキャッシュでは対応が難しい...という場合は、アプリケーションプログラム内部で、たとえばDB（*Database*）のレコードのオブジェクトなどをオブジェクト単位でキャッシュすることにより対応します。つまり、キャッシュの粒度をより細かくして対応することになります。粒度が細かくなるので、当然Squidのようなより大きな粒度を対象にしたキャッシュサーバではなく、その粒度に適したキャッシュサーバを選択することになります。後述する「memcached」がその一例です。

　まとめると、「Squidが有効なのはページ全体をキャッシュできるようなケース」ということになります。

Squidの設定例

　Squidをリバースプロキシとして利用する際の設定例を簡単に紹介しておきましょう。

　Squidをリバースプロキシとして利用する場合、構成はいろいろと考え

図2.2.3　キャッシュしてはいけない個所

られますが、ここではApacheで構築したリバースプロキシとバックエンドのAPサーバの間に入るような構成を例とします（図2.2.4）。オリジナルコンテンツを持ったバックエンドのAPサーバまで、リバースプロキシをApache ➡ Squidと2カ所経由するような構成です。また、Squidは分散と冗長化のために2台用意して、2台のSquidでキャッシュを共有させます。

リスト2.2.1はバックエンドのサーバから返却されるコンテンツを、静的/動的に関係なく30分間、キャッシュするような設定です。Squidの設定ファイルであるsquid.confにリスト2.2.1のように記述します。

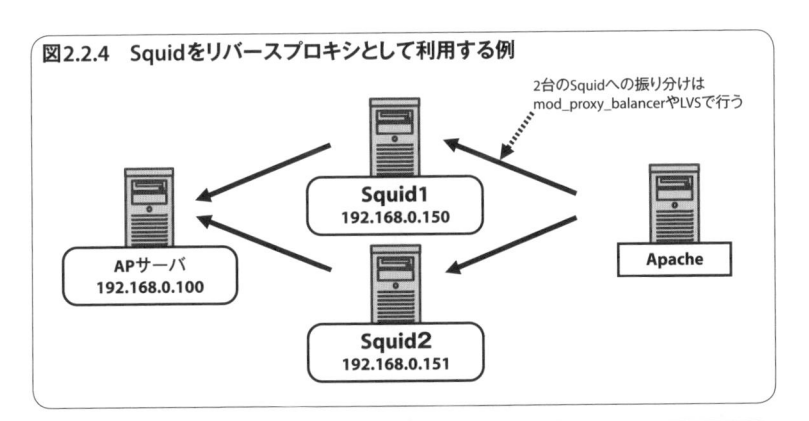

図2.2.4　Squidをリバースプロキシとして利用する例

2台のSquidへの振り分けはmod_proxy_balancerやLVSで行う

Squid1　192.168.0.150
Squid2　192.168.0.151
APサーバ　192.168.0.100
Apache

リスト2.2.1　squid.confの設定例

```
http_port 80                    ←Squidを80番にbind            オリジナルサーバはバックエンドサーバ
cache_peer 192.168.0.100 parent 80 0 no-query originserver   ←（192.168.0.100:80）
cache_peer 192.168.0.151 sibling 80 3130   ←兄弟（sibling）のSquidは192.168.0.151にいる。キャッシュ
                                                              プロトコルはポート3130でやり取り
http_access allow all   ←すべてのサーバからアクセス可能とする（LAN内なのでアクセス制御をしない）
cache_dir coss /var/squid/coss 8000 block-size=512 max-size=524288   ←キャッシュストレージ
refresh_pattern . 30 20% 3600   ←30分間コンテンツをキャッシュ※2      ストレージにはcossを利用※1

client_persistent_connections off
                                ←Keep-Aliveによる接続維持を無効化※3
server_persistent_connections off

icp_query_timeout 2000   ←兄弟とのキャッシュ存在確認のタイムアウトを2000msに
```

※1　cossはSquidのキャッシュストレージの一種。現在利用できるストレージの中では最も高速なストレージである。詳しくはSquidのマニュアルを参照。
※2　Squidのキャッシュ制御はこのrefresh_patternで行う。refresh_patternについての解説は紙幅の都合上省略する。squid.confに詳しく解説がある。
※3　Keep-Alive無効化については、2.1節を参照。

memcachedによるキャッシュ

　Squidの良いところは、HTTPプロトコルレベルでドキュメントをキャッシュする点です。HTTPプロトコルはステートレスでスケーラブルなプロトコルですので、Squidも同様にスケーラブルかつアプリケーションの構成などにはほとんど依存しません。

　一方、先に触れたようにHTTPレベルでのキャッシュでは適切でない場合も多いでしょう。Webアプリケーションの世界では、アプリケーション内部が利用するデータの粒度でキャッシュを管理するキャッシュサーバを使うことができます。memcached[注13]がその一例です。

　memcachedはC言語で書かれた高速なネットワーク対応の分散キャッシュサーバで、ストレージにはOSのメモリを利用します。サーバでmemcachedを立ち上げ、専用のクライアントライブラリを利用してサーバと通信しプログラミング言語が規定するオブジェクトの取得/保存を行うことができます。クライアントライブラリは各言語用のものが多数公開されており、C言語、C++、Java、Perl、Ruby、PHP、Pythonほか、メジャーな言語はほとんどサポートされています。

　memcachedは、プログラム内部から利用するものです。プログラム内で特定のデータをファイルにキャッシュしたり、ローカルのメモリ上にキャッシュしたりということがよくありますが、それをネットワーク上のサーバにキャッシュできればいいなと思うことは多くあります。memcachedが提供するのはその類のソリューションです。

　ここでは詳細についての言及は避けますが、その利用のイメージとして簡単なサンプルPerlスクリプトを紹介しておきましょう。リスト2.2.2は配列オブジェクトをキャッシュサーバに保存して取得するだけの簡単なプログラムです。

　リスト2.2.2の実行結果は、

```
% perl memd.pl
256
```

[注13] URL http://www.danga.com/memcached/

となります。キャッシュから取り出された配列オブジェクトにアクセスしていますが、問題なく以前の状態が復元できているのが確認できます。

memcachedは(key, value)のペアであれば対象が言語に依存したオブジェクトであれ何であれ、保存することができます(シリアライズされて保存されます)。キーさえわかっていれば、別のプログラムからそのキャッシュを取得することも可能です。

memcachedには(クライアントライブラリの実装にもよりますが)耐障害性があります。どこか特定のホストで動作しているmemcachedがダウンすると、クライアントライブラリがそれを感知し、キャッシュサーバとしてそのサーバを利用するのを避けるなどの工夫が施されています。

リスト2.2.2 memcachedの利用例

```perl
#!/usr/bin/env perl
use strict;
use warnings;

use Cache::Memcached;

## 192.168.0.1:11211で動いているmemcachedをキャッシュサーバとする
my $memcached = Cache::Memcached->new({ servers => [ '192.168.0.1:11211' ] });

my $object = [ 1, 2, 4, 16, 256 ];

## オブジェクトをキー'object1'で保存
$memcached->set( 'object1' => $object );

## オブジェクトをキャッシュから取得
my $cached = $memcached->get('object1');

printf "%d\n", $cached->[4];
```

2.3 MySQLのレプリケーション
障害から短時間で復旧する

DBサーバが止まったら?

多くの場合、DB（*Database*）にはユーザ情報をはじめとしたサービス運用に必要不可欠なデータを格納していることでしょう。したがって、DBサーバがダウンしたり故障したりすると、サービス停止に直結する障害となってしまう可能性が非常に高く大きな問題につながります。

本節では、DBサーバが停止してしまった場合に、いかに早くDBサービスを復旧できるようにするか、その方法を考えてみたいと思います。

DBサーバが停止するケース

DBサーバのサービスが停止してしまう原因としては、いろいろなものがあります。たとえば、以下のような原因が挙げられます。

- DBサーバのプロセス（mysqld）が異常終了した
- ディスクがいっぱいになった
- ディスクが故障した
- サーバの電源が故障した

mysqldが異常終了してしまった場合は、mysqldを起動し直せば復旧できるでしょう。ディスクがいっぱいになった場合は、不要なデータやファイルを削除するかディスクの容量を増やせば復旧できます。

一方、ディスクや電源などハードウェアが故障した場合は、復旧までに時間がかかりがちです。なぜなら、故障部品の交換はDBサーバの設置場所まで移動する時間と交換作業そのものに時間がかかりますし、ディスク故障の場合はさらにその後データのリカバリ作業が待っているからです。

短時間で復旧する方法

さて、このようなハードウェア故障の場合でも、短時間でDBサービスを復旧するにはどういった方法が考えられるでしょうか。

仮に、まったく同じDBサーバが2台あれば、もし片方がハードウェア故障で使えなくなってももう片方をその代わりとしてすぐに切り替えることができます。このとき、同じサーバを2台用意するのは、ハードウェアやソフトウェアの構成・設定に関しては比較的簡単にできますが、短時間での復旧を目指す上で問題となるのは「DBのデータ」です。

ここで登場するのが、**レプリケーション**（*Replication*）というしくみです（図2.3.1）。一般的にレプリケーションとは、データをリアルタイムに他の場所へ複製することをいいます。複製をLANやインターネットなどネットワークを経由して行えば、物理的に異なるサーバの間でデータを同一に保つことができます。つまり、データのバックアップを物理的に異なるサーバへリアルタイムにとっている、ということになります。

まとめると、DBサーバを2台用意してデータをレプリケーションすれば、片方が故障しても短時間でDBサービスを再開できる、ということになります注14。以降では、「MySQLのレプリケーション」について、その特徴とレプリケーション構成を作る手順を紹介したいと思います。

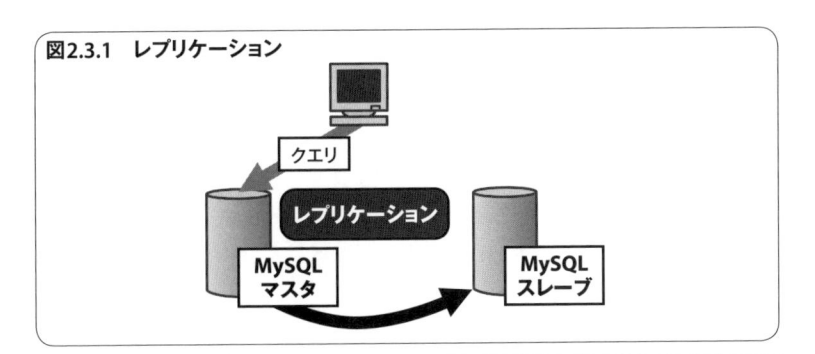

図2.3.1 レプリケーション

注14 とはいえ、できるだけサーバは壊れないほうがいいので、RAIDを導入するなどサーバ単体の堅牢性の向上も合わせて行うと、より安定した運用ができます。
　　 余談になりますが、Write Cacheを搭載したハードウェアRAIDを使うと、書き込み性能の向上も期待できるので一石二鳥です。ただし、製品によっては、BBU（Battery Backup Unit）も搭載しないとWrite Cacheが有効にならないので注意しましょう。

MySQLのレプリケーション機能の特徴と注意点

まずは、MySQLのレプリケーションの特徴やクセを見てみましょう。本節で使用するMySQLのバージョンは5.0.45です。

シングルマスタ、マルチスレーブ

マスタ(*Master*)とは、クライアントからの更新と参照の両方の種類のクエリを受け付けるサーバで、**スレーブ**(*Slave*)とはクライアントからの更新は受け付けず、データの更新はマスタとの連携でのみ行う役割のサーバのことをいいます。

MySQLのレプリケーション機能でサポートされているのは、1台のマスタと複数のスレーブという構成(シングルマスタ、マルチスレーブ)です。

複数のマスタが存在して、互いに互いのデータをレプリケーションするようなマルチマスタと呼ばれる構成には対応していません[注15]。一方、スレーブは複数存在することができるので、SELECT文などの参照系のクエリを複数のスレーブに分散させて性能向上を図る、といった構成を作ることもできます。これについては、2.4節で詳しく紹介したいと思います。

非同期のデータコピー

MySQLでサポートしているのは「非同期のデータレプリケーション」です。

非同期とは、マスタに対して行った更新系の処理が同時にスレーブに反映されるとは限らない(反映されるまでにタイムラグがある)ということです。

非同期ではなく同期レプリケーションをサポートしているRDBMSもありますが、非同期も同期も一長一短があるので、一概にどちらが優れていてどちらが劣っているということはできません。

レプリケーションされるデータの内容

MySQLのレプリケーションは「SQL文単位」で行われます。たとえば、あ

注15 ただし、更新がかかるテーブルやレコードの空間を分離するなどの工夫をすれば、マルチマスタ構成で運用することは可能です。

る1つのUPDATE文があるとして、それが1件更新するUPDATE文でも、100万件更新するUPDATE文でも、マスタからスレーブへ渡されるのは1つのUPDATE文になります。

　この方式はマスタとスレーブの間のやり取りが少なくて済むというメリットがあるのですが、反面、実行時まで結果がわからないクエリをレプリケートすると、マスタとバックアップとで保持するデータが異なってしまう可能性がある、という危険性もあります。

　たとえば、更新系のクエリで、ORDER BY句をともなわないLIMIT句がある場合、LIMIT句で選ばれる行はマスタとスレーブとで異なってしまう可能性があります。したがってこの場合、マスタとスレーブとで異なる行が更新される結果となってしまいます。この問題の致命的な点は、データの食い違いに気づきづらいという点です。運よく、UNIQUEなどの制約に違反すればレプリケーションがエラー停止し異常に気づくことができますが、そうでない限り誰にも気づかれずにひっそりとデータに食い違いが発生してしまっている可能性があります。

　SQL文単位のレプリケーションはほかにもいくつか潜在的な問題を抱えているのですが、この問題に特効薬はなく、問題のあるクエリを発行しないようにするしかありません。

　ただしMySQL 5.1.5以降ならば、「行単位のレプリケーション機能」を使うことでこの問題を解決できます。行単位のレプリケーションでは、マスタで実際に更新された行のデータがレプリケーションされるので、先ほどのLIMIT句のような実行時まで結果がわからないといった問題からは解放されるのです。

　さらにMySQL 5.1.8で「混在モード」というものが追加されました。これは、通常はSQL文単位のレプリケーションをしますが、場合に応じて行単位のレプリケーションを行ってくれる、というものです。

レプリケーションのしくみ

　以下の点を取り上げて、レプリケーションのしくみについて解説します。

2章 ワンランク上のサーバ/インフラの構築　冗長化、負荷分散、高性能の追求

- I/OスレッドとSQLスレッド
- バイナリログとリレーログ
- ポジション情報

スレーブのI/OスレッドとSQLスレッド

　スレーブでは、レプリケーションのために2つのスレッドが働いています。「I/Oスレッド」と「SQLスレッド」です。

　I/Oスレッドは、マスタから得たデータ（更新ログ）を「リレーログ」と呼ばれるファイルにひたすら記録します。他方、SQLスレッドはリレーログを読み取ってひたすらクエリを実行します。

　なぜ2つのスレッドに分かれているかというと、レプリケーションの遅延を少なくするためです。もし、I/OとSQLスレッドの仕事を1つのスレッドで行っていた場合、処理に時間のかかるSQLがあると、その間SQL文の処理にかかりっきりになるためマスタからのデータのコピーができなくなってしまいます。このような事態を避けるために、2つのスレッドで仕事を分担しているわけです。

バイナリログとリレーログ

　マスタには「バイナリログ」、スレーブには「リレーログ」と呼ばれるファイルが作成されます。

　バイナリログにはデータを更新する処理のみが記録され、参照系のクエリなどは記録されません。また、バイナリログはレプリケーションのほかにも、フルバックアップからの更新分のみを保管したい、といった場合にも使われます。バイナリログはテキスト形式ではないので直接エディタで開いて見ることはできませんが、`mysqlbinlog`コマンドでテキスト形式に変換することができます。

　リレーログとは、スレーブのI/Oスレッドが、マスタから更新ログ（更新系のクエリを記録したデータ）を受け取り、スレーブ側に保存したものです。したがって、その内容はバイナリログと同じです。ただ、バイナリログと違い、必要がなくなるとSQLスレッドによって自動的に削除されるので、手動で削除する必要はありません。

ポジション情報

スレーブは、どこまでレプリケーションしたか、という情報を覚えています。ですので、スレーブのmysqldをいったん終了してしばらくしてから起動しても、終了した時点からデータのレプリケーションを再開できます。

これらの、マスタのホスト名、ログファイル名、ログファイル中の処理したポイントといった情報のことを「ポジション情報」といいます。このポジション情報は「master.info」というテキスト形式のファイルで管理されていて、SHOW SLAVE STATUSというSQL文で確認することができます。

レプリケーション構成を作るまで

それでは、レプリケーションの構成を作る流れを追って説明します。

レプリケーションの条件

MySQLでレプリケーション構成を作るにあたっては、以下のような前提条件があります。

- マスタは複数のスレーブを持つことができる
  1つのマスタの配下には、複数のスレーブを配置することができる
- スレーブはマスタをただ1つ持つことができる
  スレーブは複数のマスタとレプリケートすることはできない。ただし、スレーブは他のサーバのマスタとなることはできる
- すべてのマスタ、スレーブの中で一意なserver-idを指定しなければならない
  server-idは、レプリケーション構成内のサーバを識別するためのもので、互いに異なる値を指定する必要がある
- マスタはバイナリログを出力しなければならない
  更新系のクエリをスレーブに伝えるため、マスタではバイナリログを有効にする必要がある

my.cnf

MySQLの設定ファイル「my.cnf」で、レプリケーションのために必要な設定項目はリスト2.3.1のとおりです。

server-idは、DBサーバごとに個別の値にする必要があります。1～4294967295までの整数値を指定できます。リスト2.3.1❶では1を指定しているので、これをマスタのmy.cnfとした場合、スレーブのserver-idは1ではない値（2など）にする必要があります。

リスト2.3.1❷log-binと❸log-bin-indexは、バイナリログの有効化およびバイナリログのファイル名とその一覧のファイル名の指定です。❹relay-logと❺relay-log-indexも同様に、リレーログの有効化とそのファイル名の指定です。

最後の❻log-slave-updatesは、スレーブでもバイナリログを出力するように指示するための設定です。この指定がないと、スレーブはバイナリログを出力しません。しかし、MySQLのレプリケーションではマスタはバイナリログを出力しなければならないので、スレーブをマスタに昇格させるステップをスムーズに進められるように、あらかじめスレーブでもバイナリログを出力させておいたほうがいいでしょう。

では、リスト2.3.1のmy.cnfを使って、マスタとなるサーバでmysqldを起動しましょう。

レプリケーション用ユーザの作成

スレーブがマスタに接続するためのユーザをマスタに作成します。最低限、与えなければならないのはREPLICATION SLAVE権限だけです。このユーザはレプリケーション専用とし、他の権限は与えるべきではありません。

たとえば、ユーザ名「repl」、パスワード「qa55wd」で、192.168.31.0/24のネットワークにスレーブが存在する場合は、以下のようにマスタで実行します。

リスト2.3.1　my.cnf

```
[mysqld]
server-id       = 1          ←❶
log-bin         = mysql-bin  ←❷
log-bin-index   = mysql-bin  ←❸
relay-log       = relay-bin  ←❹
relay-log-index = relay-bin  ←❺
log-slave-updates            ←❻
```

```
mysql> GRANT REPLICATION SLAVE ON *.* TO repl@'192.168.31.0/255.255.255.0'
 IDENTIFIED BY 'qa55wd';
```

レプリケーション開始時に必要なデータ

　スレーブを新たに追加する場合や、故障したスレーブの代替機を復帰投入する場合のスレーブの初期データは、マスタのフルダンプだけでなく、そのフルダンプがマスタのバイナリログでどの時点のものなのか、というポジション情報も必要です。したがって、mysqldumpなどでとったデータのフルダンプだけでは、スレーブを構築することはできません。

　便宜的に、このフルダンプ＋ポジション情報のセットのことをここでは「スナップショット」（*Snapshot*）と呼ぶことにします。

　さてスナップショットを採取するには、もしマスタのmysqldを停止することが可能ならば、まずmysqldを停止してからMyISAMやInnoDBのデータファイルがあるMySQLのデータディレクトリをまるごとtarなどでコピー注16するか、LVM（*Logical Volume Manager*）を使っているなら、そのスナップショット機能を使うのが手っ取り早い方法です。tarを使う場合は、--excludeオプションで、不要なファイル（バイナリログなど）をコピー対象から除外して、極力短時間でコピーが終わるようにしましょう。

　その際に気をつけなければならないのは「ポジション情報をメモする」のを忘れない、ということです。

　mysqldを停止した場合は、そのときのマスタのバイナリログファイルの名前をメモしておきます。たとえばファイル名が「mysql-bin.000002」の場合は、mysqldの起動時にバイナリログは次の番号のものに切り替えられるので、ポジション情報は「mysql-bin.000003の最初」注17となります。

　mysqldを停止できない場合は、更新系のクエリを止めた状態にした上で、フルダンプをとり、SHOW MASTER STATUSの結果をメモしておけばOKです。

　また、採取したスナップショットはディスクが許す限り保存しておいたほうがいいでしょう。なぜなら、スナップショットと採取時点からのマス

注16　GNU tarでは-zオプションで同時にgzip圧縮ができますが、データサイズが大きいと圧縮処理に時間がかかりますので、停止時間を短く収めるためには圧縮せずにtarだけでコピーするのがお勧めです。
注17　バイナリログの先頭のポジションは、0ではなく「4」なので注意してください。

タのバイナリログがあれば、いくら古いものであっても、それを元にスレーブが作れるので、後々スレーブを新規追加する場合や故障機を復帰する場合に役に立つからです。

レプリケーションの開始

では、スナップショットを元にスレーブを作ってみます。もしスレーブでmysqldが稼働中であれば停止してから、先ほど説明した手順で採取したスナップショットをMySQLのデータディレクトリと入れ替えるように展開します。これで、マスタとスレーブとが同じデータを持っている状態になりました。

ではさっそくスレーブのmysqldを起動したい、ところなのですが、その前にマスタとスレーブのmy.cnfを比較しましょう。

マスタ、スレーブのmy.cnfの比較

確認するポイントは「server-id」です。server-idだけはマスタとスレーブとで異なる値にしなければなりません。それからInnoDBを使っている場合は、innodb_data_file_pathで指定しているデータファイルの名前、数、サイズがマスタとスレーブとで同じになっている必要があります。

まとめると、マスタとスレーブのmy.cnfは、server-idだけが異なっているようにすればOKということになります。

スレーブの動作開始＆確認

確認できたらスレーブでmysqldを起動します。起動しただけではまだスレーブとして動作していませんので、スレーブで以下を実行します。

```
CHANGE MASTER TO     ←❶マスタとの関係を指示
  MASTER_HOST     = 'my5-1',
  MASTER_USER     = 'repl',
  MASTER_PASSWORD = 'qa55wd',
  MASTER_LOG_FILE = 'mysql-bin.000003',
  MASTER_LOG_POS  = 4;

SLAVE START;         ←❷レプリケーションの開始
```

❶ CHANGE MASTER TO の「MASTER_LOG_FILE」と「MASTER_LOG_POS」には、スナップショットを採取したときの位置情報を指定します。

　うまくレプリケーションが開始できたかどうか確認するには、スレーブで SHOW SLAVE STATUS を実行して、その結果の「Slave_IO_Running」と「Slave_SQL_Running」が両方とも Yes になっていれば OK です。もし、何かしらのエラーがある場合は、「Last_Error」や MySQL のエラーログファイルにエラーの内容が表示されるはずですので、問題を取り除いてから再度 SLAVE START を実行します。

レプリケーションの状況確認

　最後にレプリケーションの状況を確認する方法を紹介します。これらは、レプリケーションがうまくいかない場合の原因特定や、レプリケーションの状態監視で役に立ちます。

マスタの状況確認

　まずは、マスタの状況を確認するための SQL 文です。

●── SHOW MASTER STATUS

　SHOW MASTER STATUS は、マスタのバイナリログの状況を確認するのに使います。実行すると、**図 2.3.2** のように表示されます。項目の内容は**表 2.3.1**のとおりです。

●── SHOW MASTER LOGS

　SHOW MASTER LOGS は古いものも含めて、現在マスタに存在するすべてのバイナリログのファイル名が表示されます。実行結果は**図 2.3.3** のようになります。

　バイナリログは延々と増えていくので、定期的に削除しなければなりません。しかし、むやみに削除するとレプリケーションが止まってしまうので、後述する SHOW SLAVE STATUS で処理済みのバイナリログのファイル名を確認して削除します。スレーブが複数台ある場合は、安全に削除できる

のはすべてのスレーブで処理済みとなっているバイナリログである点に気をつけてください。また、削除にはファイルシステム上のファイルを直接削除するのではなく、マスタで PURGE MASTERLOGS 文を発行して削除します。たとえば、

```
PURGE MASTER LOGS TO 'mysql-bin.000003';
```

と実行した場合は、mysql-bin.000003 は残り、それより古い mysql-bin.000002 と 000001 が削除されます。RESET MASTER 文でもバイナリログの

図2.3.2　SHOW MASTER STATUSの実行例

```
mysql> SHOW MASTER STATUS\G
*************************** 1. row ***************************
            File: mysql-bin.000006
        Position: 98
    Binlog_Do_DB:
Binlog_Ignore_DB:
```

表2.3.1　SHOW MASTER STATUSの項目

項目名	内容
File	使用中のバイナリログのファイル名
Position	使用中のバイナリログの位置情報
Binlog_Do_DB	バイナリログに記録するように指定されているDB名
Binlog_Ignore_DB	バイナリログに記録しないように指定されているDB名

図2.3.3　SHOW MASTER LOGSの実行例

```
mysql> SHOW MASTER LOGS;
+------------------+-----------+
| Log_name         | File_size |
+------------------+-----------+
| mysql-bin.000001 |       117 |
| mysql-bin.000002 |       463 |
| mysql-bin.000003 |       343 |
| mysql-bin.000004 |       242 |
| mysql-bin.000005 |       117 |
| mysql-bin.000006 |        98 |
+------------------+-----------+
```

削除ができますが、この文を実行するとすべてのバイナリログがマスタから削除されるのでレプリケーションが止まってしまいます。レプリケーションの運用中は、RESET MASTERではなくPURGE MASTER LOGSを使ってバイナリログを削除しましょう。

スレーブの状況確認

次は、スレーブの状況を確認するためのSQL文です。

● —— SHOW SLAVE STATUS

SHOW SLAVE STATUSでは、図2.3.4のようにスレーブのさまざまな情報を確認することができます。項目の内容は表2.3.2のとおりです。SHOW SLAVE STATUSの内容はMySQLのバージョンによってたびたび変わるので、最新の情報はMySQL ABのリファレンスマニュアルを参照してください。

項目がたくさんありますが、いくつか注意点を挙げておきます。

ログファイル名と位置情報の項目がいくつかあります。Master_Log_FileにはRead_Master_Log_Posが対応し、Relay_Log_FileにはRelay_Log_Posが、Relay_Master_Log_FileにはExec_Master_Log_Posが対応します。

I/Oスレッドが正常動作していればSlave_IO_Runningが「Yes」に、SQLスレッドが正常動作していればSlave_SQL_Runningが「Yes」になっています。どちらか片方でも「Yes」ではない場合は、レプリケーションは「止まっている」状態となりますので、スレーブの動作を監視する場合はこの項目を確認すればよいでしょう。

Last_Errorにはエラーログファイルに記録されるようなエラーメッセージも表示されるので、Last_Errnoが正常を示す「0」でも、Last_Errorにはエラーメッセージが表示されている、ということがあり得ます。スレーブの状態を監視する際は、片方だけでなくLast_ErrnoとLast_Errorの両方を確認しましょう。

図2.3.4　SHOW SLAVE STATUSの実行例

```
mysql> SHOW SLAVE STATUS\G
*************************** 1. row ***************************
             Slave_IO_State: Waiting for master to send event
                Master_Host: my5-1
                Master_User: repl
                Master_Port: 3306
              Connect_Retry: 60
            Master_Log_File: mysql-bin.000006
        Read_Master_Log_Pos: 98
             Relay_Log_File: relay-bin.000116
              Relay_Log_Pos: 235
      Relay_Master_Log_File: mysql-bin.000006
           Slave_IO_Running: Yes
          Slave_SQL_Running: Yes
            Replicate_Do_DB:
        Replicate_Ignore_DB:
         Replicate_Do_Table:
     Replicate_Ignore_Table:
    Replicate_Wild_Do_Table:
Replicate_Wild_Ignore_Table:
                 Last_Errno: 0
                 Last_Error:
               Skip_Counter: 0
        Exec_Master_Log_Pos: 98
            Relay_Log_Space: 235
            Until_Condition: None
             Until_Log_File:
              Until_Log_Pos: 0
         Master_SSL_Allowed: No
         Master_SSL_CA_File:
         Master_SSL_CA_Path:
            Master_SSL_Cert:
          Master_SSL_Cipher:
             Master_SSL_Key:
      Seconds_Behind_Master: 0
```

表2.3.2　SHOW SLAVE STATUSの項目（一部）

項目名	内容
Master_Host	マスタのホスト名
Master_User	マスタへの接続に使用するユーザ名
Master_Port	マスタのポート番号
Connect_Retry	マスタと接続できなかった場合に、スレーブが再接続を試みるまでの待機秒数
Master_Log_File	スレーブのI/Oスレッドが現在処理中のマスタのバイナリログファイル名
Read_Master_Log_Pos	I/Oスレッドが読み込んだマスタのバイナリログの位置
Relay_Log_File	スレーブのSQLスレッドが現在処理中のスレーブのリレーログファイル名
Relay_Log_Pos	SQLスレッドが実行完了したスレーブのリレーログの位置
Relay_Master_Log_File	SQLスレッドが最後に実行したクエリが記録されていたマスタのバイナリログファイル名
Slave_IO_Running	I/Oスレッドが稼働中かどうか
Slave_SQL_Running	SQLスレッドが稼働中かどうか
Replicate_Do_DB	レプリケートするように指定されているDB名
Replicate_Ignore_DB	レプリケートしないように指定されているDB名
Last_Errno	最後に実行したクエリのエラー番号。「0」ならば成功
Last_Error	最後に実行したクエリのエラーメッセージなど。空文字はエラーがないことを示す
Skip_Counter	最後にSQL_SLAVE_SKIP_COUNTERを使用したときの値。使用していなければ「0」になる
Exec_Master_Log_Pos	SQLスレッドが最後に実行したクエリの、マスタのバイナリログでの位置
Relay_Log_Space	存在するリレーログファイルのサイズ。単位はバイト
Seconds_Behind_Master	I/Oスレッドに対してSQLスレッドの処理がどのくらい遅れているかを示している。単位は秒。マスタとスレーブとの間のネットワークが十分に速い状況下ならば、マスタに対してスレーブがどのくらい遅延しているかの指標になる

2.4 MySQLのスレーブ＋内部ロードバランサの活用例

MySQLのスレーブの活用方法

　MySQLのレプリケーション構成でのスレーブは、リアルタイムバックアップのためと考えればとても重要な役割を果たしているわけですが、せっかくなのでもう少し活用したいところです。本節では、MySQLのスレーブの活用方法について考えます。

スレーブ参照

　まずはじめにぱっと思いつき、そして実際によく使われているのは、更新系のクエリ（INSERT、UPDATE、DELETE）はマスタに、参照系のクエリ（SELECT）はスレーブに、とサーバを使い分けて負荷を分散する活用方法でしょう。

　さらにスケールアウトするには、複数のスレーブを配置するという方法があります。MySQLのレプリケーションはマスタは1台だけですが、スレーブは何台あってもOKです。そこで、スレーブを複数台立てて、参照系のクエリを複数のスレーブで分散するわけです。

複数のスレーブに分散する方法

　複数スレーブで問題になるのは、どのようにクエリを分散するかです。ここでは2つの方法について考察してみたいと思います。

●——❶アプリケーションで分散する

　1つめは、Webアプリケーション側で分散処理を行う方法です。次のような実装をすれば、アプリケーションで分散することができます。

- スレーブ群のホスト名の一覧を持っている
- 分散先のスレーブサーバを決定するロジックを実装する
- スレーブの死活監視を行い、ダウンしているスレーブには分散しないような処理を実装する

最近ですと、O/Rマッパを使ってDBにアクセスすることが多いと思いますので、O/Rマッパの層にこのような分散処理を実装するのが良い作戦でしょう。

❷内部ロードバランサで分散する

2つめの案はロードバランサを使う方法です。ロードバランサというと、外部のクライアントとWebサーバとの間(つまりサーバファームの出入口)に置くものと思いがちですが、せっかくLinuxでロードバランサを作れるのですからサーバファームの内部にも置いてしまえ、というのがこの2つめの案です。

アプリケーションで分散するのと比べたメリットを挙げてみます。

- **アプリケーションはスレーブの台数を気にしなくていい**
  スレーブの台数の増減はロードバランサで吸収できるので、APサーバそれぞれでスレーブの一覧を管理する必要がなくなる
- **アプリケーションはスレーブの状態を気にしなくていい**
  死活監視と分散グループからの除外・復帰はロードバランサがやってくれるので、アプリケーションでの死活監視や分散の処理は必要なくなる
- **より均一な分散ができるようになる**
  「一番コネクション数が少ないスレーブに分散する」といった分散方法がとれるので、より均等に負荷を分散することができる。アプリケーションで分散する場合は、プロセスを超えて、もしくはAPサーバを超えてコネクション数を数えるのは容易ではないので、均等に分散することは困難である

このように、アプリケーション側の処理が減るのに加え、アプリケーションはスレーブ群の状態を知らなくてよくなるというメリットもあります。たとえば、新しいスレーブを追加する場合は、アプリケーション側の作業は一切必要なく、ロードバランサより下の部分の作業で完結することができます。

章 ワンランク上のサーバ/インフラの構築 冗長化、負荷分散、高性能の追求

というわけで、本節ではこの内部ロードバランサ案について掘り進めていきたいと思います。

スレーブ参照をロードバランサ経由で行う方法

それでは、内部ロードバランサを経由したスレーブ参照について解説します。

概略図

図2.4.1がここで関係する部分の構成図です。

- AP：クエリを発行するWebアプリケーション
- db100：MySQLのDBサーバ。レプリケーションのマスタ
- db101、db102：MySQLのDBサーバ。レプリケーションのスレーブ
- db100-s：スレーブ群を束ねる仮想スレーブの名前
- ll1、ll2：内部用のロードバランサ。ll1とll2とでVRRPによるActive/Backup

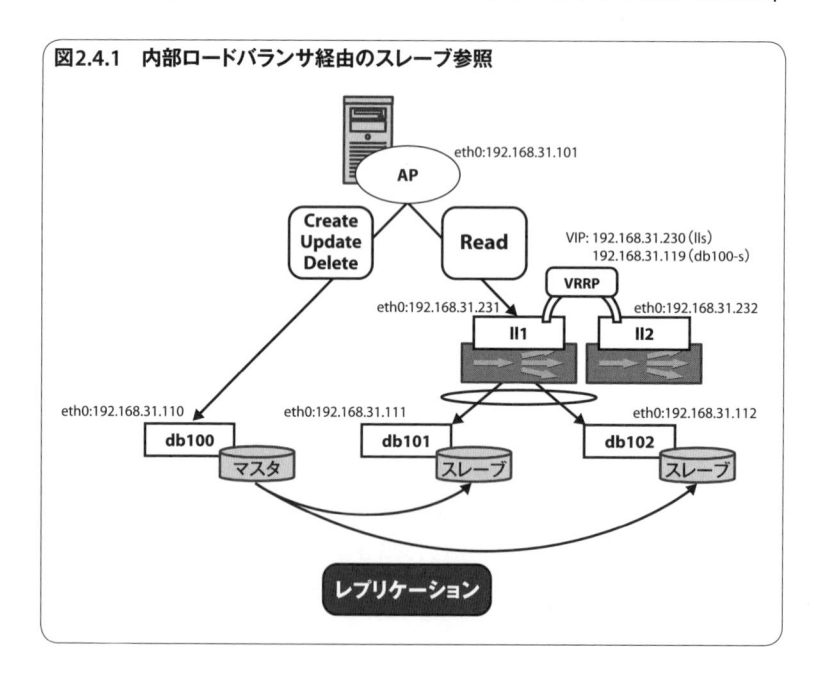

図2.4.1　内部ロードバランサ経由のスレーブ参照

構成にしていて、そのVIPはlls(192.168.31.230)とする

　MySQLはレプリケーション構成にしていて、マスタ(db100)とスレーブが2台(db101、db102)あるものとします。クライアントとなるAPは、更新系のクエリ(Create、Update、Delete)はマスタに、参照系のクエリはスレーブに対して発行します。スレーブに対しては、直接接続するのではなく、内部ロードバランサ(lls)を経由してアクセスします。内部ロードバランサllsは、スレーブ群の死活状態に応じて、適切なスレーブにリクエストを振り分けます。

　使用するMySQLのバージョンは5.0.45、keepalivedは1.1.15です。

内部ロードバランサの設定

　lls(ll1とll2)のkeepalived.confはリスト2.4.1のようになります。

　まず「basic」のセクションを見てみます。このセクションでは、llsがロードバランサとして振る舞うための基本的な設定をしています。注意しなければならないのは、リスト2.4.1 ❶のvirtual_router_idで指定するVRID(*Virtual Router ID*、VRRPルータのグループの識別子)です。

　VRRPでは、VRIDが同じノード(ルータ)のグループで仮想ルータを構成します。したがって、同一のネットワークセグメントでは、仮想ルータグループごとに異なるVRIDをつけなければなりません。もし、外部ロードバランサなど、すでに仮想ルータグループが存在している場合はvirtual_router_idが重複しないようにしなければなりません。参考までに、tcpdumpを使うとVRRPパケットを覗くことができるので、図2.4.2のようにして実際に使われているVRIDを観察することができます。

　basicセクションで見てほしいところがもう1つあります。リスト2.4.1 ❷のvirtual_ipaddressです。ここでは、内部ロードバランサ自身の仮想ルータアドレス(192.168.31.230)に加えて、仮想スレーブ(db100-s)用のIPアドレス(192.168.31.119)も設定しています。

　続いて「MySQL slave」のセクションですが、とくに変わったことはしていません。virtual_server_groupで仮想スレーブ用のIPアドレスとポート番号を指定して、続くvirtual_serverでリアルサーバ(スレーブ)の指定をしてい

2章 ワンランク上のサーバ/インフラの構築　冗長化、負荷分散、高性能の追求

リスト2.4.1　llsのkeepalived.conf

```
### basic section
vrrp_instance VI {
  state BACKUP
  interface eth0
  garp_master_delay 5
  virtual_router_id 230    ←❶
  priority 100
  nopreempt
  advert_int 1
  authentication {
    auth_type PASS
    auth_pass himitsu
  }
  virtual_ipaddress {
    192.168.31.230/24 dev eth0     ←❷
    192.168.31.119/24 dev eth0
  }
}
### MySQL slave section
virtual_server_group MYSQL100 {
  192.168.31.119 3306
}
virtual_server group MYSQL100 {
  delay_loop    3
  lvs_sched     rr
  lvs_method    DR      ←❸
  protocol      TCP

  real_server  192.168.31.111 3306 {
    weight 1
    inhibit_on_failure
    TCP_CHECK {
      connect_port 3306
      connect_timeout 3
    }
  }
  real_server  192.168.31.112 3306 {
    weight 1
    inhibit_on_failure
    TCP_CHECK {
      connect_port 3306
      connect_timeout 3
    }
  }
}
```

図2.4.2　tcpdumpでVRRPパケットを覗く

```
lls# tcpdump -n proto \\vrrp
00:59:42.164341 IP 192.168.31.231 > 224.0.0.18: VRRPv2, Advertisement,
vrid 230, prio 100, authtype simple, intvl 1s, length 24
```

ます。この例では、リアルサーバの死活監視は、TCP_CHECKでTCPの3306番ポートが開いているかどうかで行っています。より厳密に監視を行うならば、実際にクエリを発行して意図した結果が得られたかどうかを確認するスクリプトをMISC_CHECKで指定するのがいいでしょう。

MySQLスレーブの設定

内部ロードバランサから見るとリアルサーバとなる、MySQLのスレーブサーバでもちょっと設定が必要です。

MySQLのサービス的にはとくに設定することはないのですが、前出のリスト2.4.1❸のとおり「DSR」で分散するように設定したので[注18]、仮想スレーブのIPアドレス宛のパケットを受け入れるようにしなければなりません。具体的には、スレーブのそれぞれ（db101、db102）で、以下のコマンドを実行します。

```
iptables -t nat -A PREROUTING -d 192.168.31.119 -j REDIRECT
```

スレーブ参照のロードバランスを体験

以上で設定は終わりました。では、ロードバランスの体験へと進みましょう。ここでは確認用に、分散対象となるスレーブのdb101とdb102のserver_id[注19]は、ホスト名に合わせて101と102としているものとします。

図2.4.3　スレーブ参照のロードバランスを体験している様子

```
w101$ check_lb_slave() {
> echo 'SHOW VARIABLES LIKE "server_id"' | mysql -s -hdb100-s
> }
w101$ check_lb_slave
server_id     101
w101$ check_lb_slave
server_id     102
w101$ check_lb_slave
server_id     101
```

注18　DSR構成にするには、lvs_methodに「DR」と指定します。「DSR」ではありません（1.3節を参照）。
注19　my.cnfで指定するMySQLのパラメータです。レプリケーションをするときなどで、サーバを識別するために使われます。2.3節で説明しています。

この server_id を問い合わせるクエリを仮想スレーブ(db100-s)に対して発行して、ちゃんと分散されるか確認してみましょう(図2.4.3)。

同じサーバ(db100-s)にクエリを発行しているにもかかわらず、結果の server_id の値が異なることから、ちゃんとロードバランスされているのが確認できます。

内部ロードバランサの注意点……分散方法はDSRにする

MySQLのスレーブ参照に限らず、外部ロードバランスにはない内部ロードバランサ特有の注意点があります。それは「分散方法はNAT(lvs_method NAT)ではなくDSR(lvs_method DR)にする」です。

なぜならNATにした場合、クライアントから見ると、パケットを送ったのとは違う相手から応答パケットが返ってくるように見えるので、戻りのパケットを受理できないからです。

もう少し詳しく説明すると、まずクライアントがVIPを終点アドレスとするリクエストパケットを発信します。NATの場合、それを受け取ったロードバランサは、終点アドレスをリアルサーバのIPアドレスに書き換えてリアルサーバに転送します。リアルサーバはパケットを受け取って応答を返しますが、戻りのパケットの始点アドレスは自分(リアルサーバ)のアドレスとなります。この戻りのパケットが、ロードバランサを経由すればそのときに始点アドレスがVIPに書き換えられるので問題は起こらないのですが、リアルサーバとクライアントが同じネットワークに存在するときは、ロードバランサを介す必要なく直接クライアントにパケットが届いてしまい、結果的にVIP宛に送ったパケットの応答が、VIPとは異なるところ(リアルサーバのIPアドレス)から返ってきているように見えてしまうわけです。

ピンと来たかもしれませんが、このパケットの流れはまさにDSRです。したがって、分散方法をDSRにすればなんの問題もなく応答パケットがちゃんと受理できます。NATでも一捻りすればできないことはないのですが、DSRのほうがロードバランサの負荷が軽減されることもあり、内部ロードバランサの場合は苦労してNAT構成にする必要はないでしょう。

2.5 高速で軽量なストレージサーバの選択

ストレージサーバの必要性

　大容量コンテンツ（動画や音声など）を配信するサービスでは、コンテンツファイルをどこに格納するかが最重要課題となる場合があります。とくに負荷分散環境では複数台のWebサーバに同じファイルを格納しなければいけませんが、ファイルの数やサイズが膨大になってくると以下のような問題に直面します。

- 全Webサーバにデプロイするのは時間がかかる
- 全Webサーバに大容量なハードディスクを搭載しなければいけない
- 全Webサーバでファイルの整合性がとれているかを検証するのが困難
- Webサーバの新規投入が困難になる（ファイルコピーに時間がかかる）

　すべてのデータをMySQLなどのDBサーバへ格納できれば楽ですが、運用の都合やメンテナンス性を考慮した結果「ファイルとして扱いたい」という結論に落ち着くケースも多々あります。このような場合、大容量なストレージサーバにファイルを格納し、各WebサーバはNFSマウントをしてファイルを読み出すという構成が一般的です。

　しかし、システムを管理する側の人間にとっては「できるだけストレージサーバは使いたくない」というのが本音です。その理由を以下に挙げます。

- ストレージサーバに障害が発生すると被害が広範囲に及ぶため
- 万一データが消失すると復旧に多大な時間と労力がかかるため
- ストレージサーバはボトルネックになりやすいため
- 商用の製品は高価なため

　ストレージサーバはボトルネックになりやすく、単一故障点ともなりう

2章 ワンランク上のサーバ/インフラの構築 冗長化、負荷分散、高性能の追求

るため、トラブルが発生した時の状況を想定すればするほど導入に対しては慎重になるものです。実際にストレージサーバにトラブルが発生するとどのようなことが起こるのかを、もう少し詳しく考えてみます。

ストレージサーバは単一故障点になりやすい

　Webサーバがストレージサーバを NFS マウントして利用している場合、ストレージサーバが何らかの原因で停止すると大変な事態に陥ります。man nfsから引用して紹介します。

soft　NFSへのファイル操作がメジャータイムアウトとなった場合、呼び出したプログラムに対しI/Oエラーを返す。デフォルトでは、ファイル操作を無期限に再試行し続ける。
hard　NFSへのファイル操作がメジャータイムアウトとなった場合、コンソールに"server not responding"と表示し、ファイル操作を無期限に再試行し続ける。これがデフォルトの動作である。
intr　NFSへのファイル操作がメジャータイムアウトとなり、かつそのNFS接続がhardマウントされている場合、シグナルによるファイル操作の中断を許可し、中断された場合には呼び出したプログラムに対してEINTRを返す。デフォルトではファイル操作の中断を許さない。

……man nfsより引用。

　つまり、ストレージサーバが停止している間、WebサーバはNFSへのファイル操作を無期限に再試行し続けます。その結果、Webサーバはファイル操作待ちのプロセスでいっぱいになり、他のページも閲覧できない状態（サービス停止）に陥ってしまいます。また、ファイル操作を中断できない（intrが指定されていない）状況下では、Apacheを再起動することすらままならない状況になります。

　マウントオプションにsoftとintrを指定することである程度改善はできますが、NFSはオペレーティングシステムの機能（ファイルシステム）として実装されているため、Webアプリケーションからタイムアウト時間を調整したり、ファイル操作を中断したりはできません。そのため、ファイル操作がタイムアウトになるのを待っている間にWebサーバのプロセスがいっぱいになると、サービス停止に陥ってしまいます。

ストレージサーバはボトルネックになりやすい

　ストレージサーバは単一故障点になりやすいだけでなく、ボトルネックにもなりやすいという問題があります。Webサーバは10台、20台とスケールすることができますが、NFSサーバはスケールできません。そのため、ここがボトルネックになってしまうと、それを改善するのは非常に困難です。図2.5.1のようにNFSサーバを増設してディレクトリを分けて対応する方法も考えられますが、実はこれでは解決できない場合が多々あります。なぜなら、アクセスが集中するコンテンツというのは、更新されたばかりの新しいものや、なんらかのプロモーションの効果によるものが多いためです。つまり、アクセスが集中している状況では、大勢のユーザが同じデータを要求しているので、ディレクトリごとにNFSサーバを分けたとしても、結局は同じNFSサーバに対してアクセスが集中してしまいます。

　しかし、負荷の問題だけを考慮するならば図2.5.2のように、Webサーバごとにマウントする NFS サーバを分けることで対応は可能です。ただし、この構成にすると、複数のNFSサーバでファイルの整合性を保たなければならないという問題が残ります。コンテンツを展開するときは、すべてのNFSサーバに同じファイルを転送しなければいけません。ファイルの数が数千個や数万個の規模にもなると、すべてのサーバの内容が同じかどうかをチェックすることは非常に困難になります。

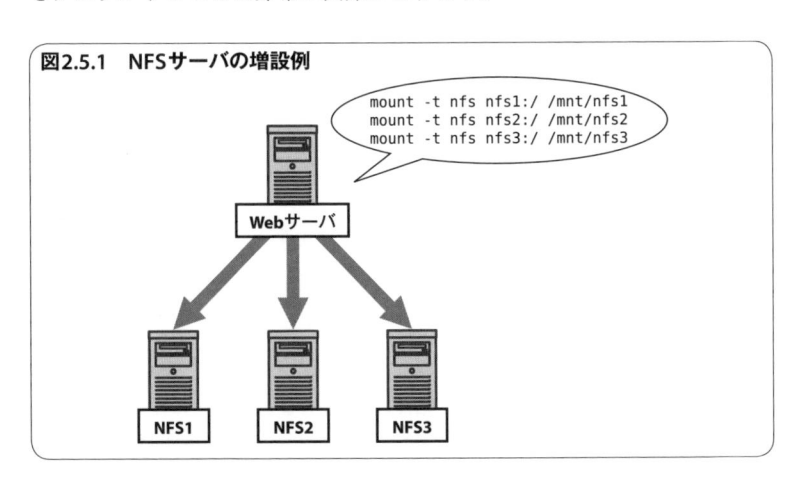

図2.5.1　NFSサーバの増設例

```
mount -t nfs nfs1:/ /mnt/nfs1
mount -t nfs nfs2:/ /mnt/nfs2
mount -t nfs nfs3:/ /mnt/nfs3
```

Webサーバ → NFS1, NFS2, NFS3

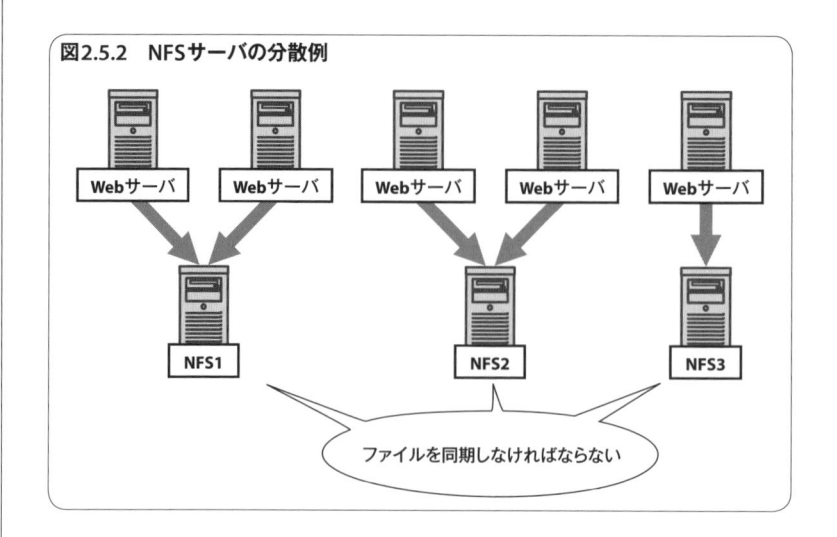

図2.5.2　NFSサーバの分散例

（図：5台のWebサーバが3台のNFSサーバ（NFS1、NFS2、NFS3）にアクセスし、「ファイルを同期しなければならない」という吹き出し）

理想的なストレージサーバ

　少し話を整理してみましょう。結局どんなストレージサーバが理想的かというならば、

- 大量のアクセスが来てもボトルネックにならないくらい速くしたい
- 複数台のサーバにファイルを同期するのは避けたい
- 単一故障点になるのは避けたい
- できればオープンソースで実現したい

といった要求を満たしてくれるものになります。

負荷を軽くする工夫

　多くのWebサイトにおいて、ストレージサーバに求めるものは「読み込み速度」と「ディスク容量」でしょう。実は意外と、「書き込み」に対する性能は求められていません。

　高速な書き込みが必要なデータは、「セッション情報」や「個人情報」などが大半を占めています。セッション情報は一時的なデータなのでmemcachedなどのメモリベースのキャッシュサーバを使えばよく、個人情報はDBに

格納すればいいデータです。つまり、ストレージサーバは、動画や画像など比較的サイズが大きめのデータをできるだけたくさん格納することができて、必要なものを高速に読み出すことができればいいわけです。

ここで、「これはWebサーバでいいのではないか」という考え方が浮かんだでしょうか。ストレージサーバだからといって、NFSを使わなければならないということはありません。また、Webアプリケーションでよく利用されるプラットフォーム、たとえばJavaやPHPなどでは、Webサーバ上のファイルを普通のファイルと同じように扱うことができるので、HTTP経由でファイルを扱うことに抵抗を感じる開発者も少ないでしょう。

HTTPをストレージプロトコルとして利用する

以上の点から、ストレージサーバ上で小さくて軽いWebサーバを動かすだけでパフォーマンスの問題は解決できそうです。そこで、図2.5.3のようなシステムを構築しました。図2.5.3の「WS」というサーバがストレージサーバです。ファイルの書き込みにはNFSを使いますが、すべてのサーバでマウントする必要はありません。ファイルをアップロードするサーバだけ

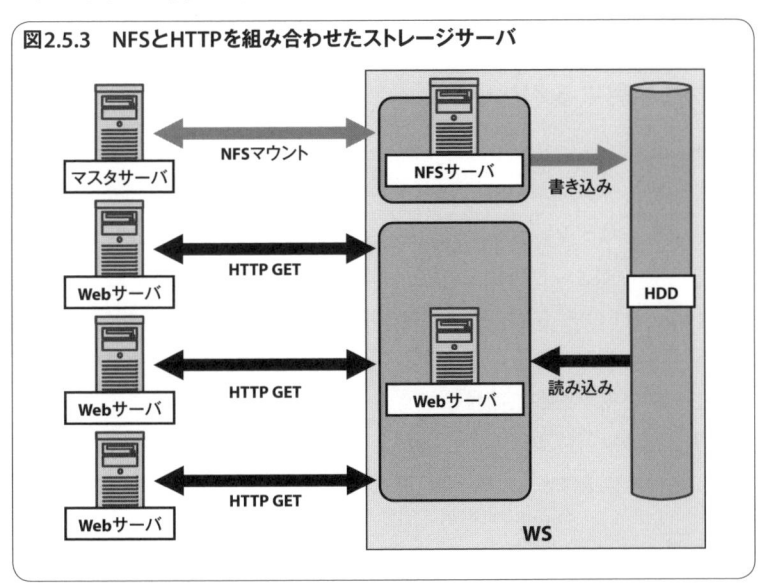

図2.5.3　NFSとHTTPを組み合わせたストレージサーバ

2.5 高速で軽量なストレージサーバの選択

がマウントしていれば事足ります。図2.5.3の「マスタサーバ」がこれに相当します。他のサーバ（Webサーバ）はNFSを利用しません。WSからHTTP経由でファイルを取得します。

軽量なWebサーバの選択

WSで使うWebサーバは、できるだけ小さくて軽くて速いものがよいでしょう。Apacheほど高機能でなくてかまいません。CGIやSSIのような動的生成の機能は不要で、いかに高速に静的なファイルを転送できるかが肝になります。筆者の環境では、thttpd[注20]を利用してHTTPをサポートすることで、性能を向上させることができました。とくに、アクセス集中時の処理性能は期待以上のものがありました。

冒頭でも少し触れましたが、アクセスが集中するときというのは「大勢のユーザが同じデータを要求しているとき」なので、同じデータが繰り返し読み出されるようなアクセスパターンとなります。これらのデータはほとんどがストレージサーバのメモリ上にキャッシュされます。thttpdはメモリにキャッシュされているデータをひたすら転送するだけでいいため、ストレージサーバのディスクI/Oにはほとんど負荷がかかりません。そのため、現状ではストレージサーバがボトルネックになる気配はありません。

HTTPを利用するメリット

NFSに比べると、HTTPはサーバとクライアントの結合が疎であるといえます。WebサーバがNFSマウントしている場合、NFSサーバが停止するとファイルシステムレベルで処理を停止してしまうため、Apacheを再起動することもままならない状況に陥ってしまいます。

しかし、HTTPならば、Webアプリケーション側で自由にタイムアウトを設定することができるので、ストレージサーバの異常を検出してエラーメッセージを返すことが簡単にできるようになります。そのため、ストレージサーバの障害によってサイトが全停止してしまう危険性を多少は回避することができます。

注20　URL http://www.acme.com/software/thttpd/

残る課題

ここまでで「大量のアクセスが来てもボトルネックにならないくらい速いストレージサーバ」ができあがりました。残る問題は「単一故障点になるのは避けたい」と「複数台のサーバにファイルを同期させたくない」という二つです。これらの問題（というかわがまま？）は互いに相反するものです。単一故障点にしたくなければサーバを増やさなければいけない、しかし複数台のサーバにファイルを同期したくない、という問題を合わせて解決するためには、より高度な策が必要です。

この矛盾した要件を解決する手段については、後ほど3.2節で考えます。

Columun 小さくて軽いWebサーバの選択

ストレージサーバで利用するWebサーバとして、以下のソフトウェアを検証しました。

- khttpd（図A）
  URL http://www.fenrus.demon.nl/
- thttpd（図B）
  URL http://www.acme.com/software/thttpd/
- lighttpd（図C）
  URL http://www.lighttpd.net/

図A　khttpd

2章 ワンランク上のサーバ/インフラの構築 冗長化、負荷分散、高性能の追求

　まず、khttpdですが、これはLinuxのカーネルモジュールとして実装されたWebサーバです。さすがにカーネル空間で動作するだけあって、ほかを圧倒するほどの性能がでました。しかし、動作が不安定でカーネルごとハングアップすることもあったので次期バージョンで改善されることを期待していましたが、カーネル2.5の途中でソースツリーから削られてしまい、2.6では跡形もなくなってしまったため利用を断念しました。この発想はとてもおもしろいのですが、カーネル空間でアプリケーションプロトコルを処理するのはさまざまな問題があったようです。

　thttpdとlighttpdは、どちらも「小さくて、速くて、軽い」を目的としたWebサーバソフトウェアです。このどちらを使うかは非常に悩みました。筆者が検証した時点（2004年頃かな）では、性能的にはほとんど差がありませんでした。当時からlighttpdのほうが機能は豊富でしたが、「thttpdのほうがシンプルでとり回しが楽そう」という理由から筆者はthttpdを選択しました。

図B　thttpd

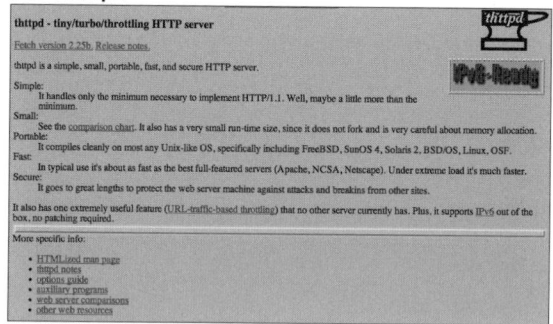

図C　lighttpd

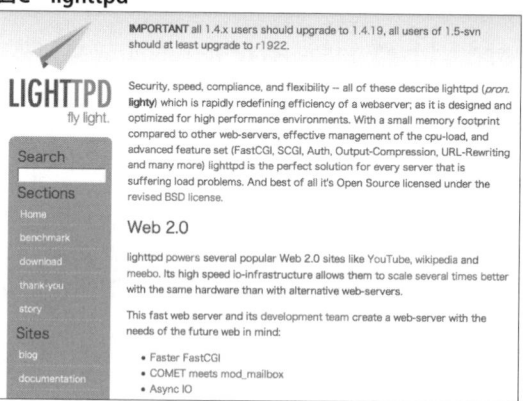

3章

止まらないインフラを目指すさらなる工夫

DNSサーバ、ストレージサーバ、ネットワーク

3.1
DNSサーバの冗長化 p.102

3.2
ストレージサーバの冗長化 p.109
DRBDでミラーリング

3.3
ネットワークの冗長化 p.120
Bondingドライバ、RSTP

3.4
VLANの導入 p.131
ネットワークを柔軟にする

3章 止まらないインフラを目指すさらなる工夫 DNSサーバ、ストレージサーバ、ネットワーク

3.1 DNSサーバの冗長化

DNSサーバの冗長化の重要性

DNSサーバの障害はなかなか起きませんが、いざ起こると原因が判明するまでに時間と手間がかかる問題です。止まらないインフラを目指すために、DNSサーバの冗長化対策は重要です。本節では、以下の点を順に取り上げながらDNSサーバの冗長化について考えます。

- レゾルバライブラリを利用した冗長化と、性能低下の危険性
- サーバファームにおけるDNSの冗長化
  - ➡ VRRPを利用した構成
  - ➡ DNSサーバの負荷分散

レゾルバライブラリを利用した冗長化と、問題

DNSを冗長化するには、図3.1.1のように /etc/resolv.conf に複数のDNS

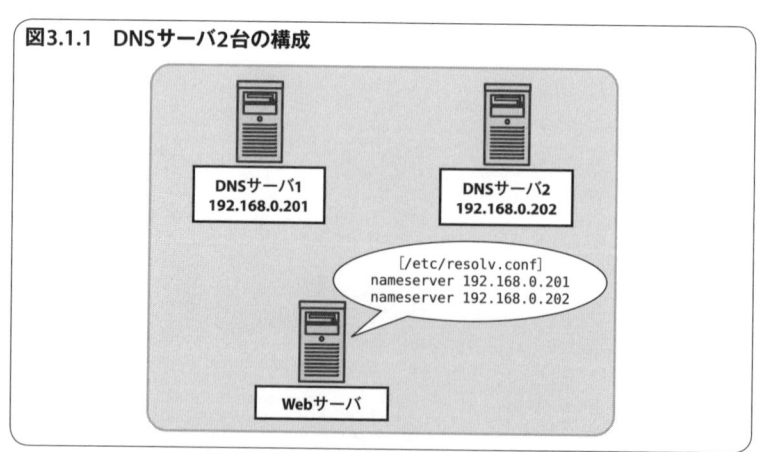

図3.1.1 DNSサーバ2台の構成

DNSサーバ1 192.168.0.201
DNSサーバ2 192.168.0.202

```
[/etc/resolv.conf]
nameserver 192.168.0.201
nameserver 192.168.0.202
```

Webサーバ

サーバを指定する方法が手軽です。さまざまなアプリケーションが名前解決のために利用しているレゾルバライブラリは、/etc/resolv.confを参照して問い合わせ先のDNSサーバを取得します。man resolv.confでは以下のように説明されています。DNSサーバを複数指定できるという点がポイントです。

nameserver ネームサーバのIPアドレス
レゾルバが問い合わせをするネームサーバの（ドット表記の）インターネットアドレス。このキーワード1つごとに1台ずつ、MAXNS台（現状では3台、<resolv.h>を参照）　までのネームサーバをリストできる。複数のサーバが指定された場合、レゾルバライブラリはリストされた順に問い合わせを行う。nameserverエントリがない場合、デフォルトではローカルマシン上のネームサーバが使われる（ここで使われるアルゴリズムは以下のようなものである。はじめにネームサーバに問い合わせを試みる。この問い合わせがタイムアウトになった場合、次のネームサーバに問い合わせを試みる。これをネームサーバがなくなるまで続ける。それでも応答がない場合は、リトライ最大回数に達するまですべてのネームサーバに問い合わせを繰り返す）

……man resolv.confより引用。

レゾルバライブラリの問題点

　DNSサーバを複数指定しておくことで、片方のDNSサーバがダウンしても名前解決できる構成になります。

　しかし、「問い合わせがタイムアウトになった場合、次のネームサーバに問い合わせを試みる」という挙動には少々問題があります。最初に指定されているDNSサーバがダウンすると、タイムアウト（デフォルトは5秒）を待ってから次のサーバへ問い合わせをします。この「待ち時間」は、サーバファームにとって深刻な性能低下を引き起こす要因となります。わかりやすい例として、メールサーバの動作で説明します。

性能低下の危険性……メールサーバの例

　メールサーバがメールを送信する際には、以下の2回のDNS問い合わせをします。

❶宛先アドレスのドメインパートに対してMXレコードの問い合わせをする
❷MXの結果からAレコードを問い合わせて送信先サーバのIPアドレスを取得する

3章 止まらないインフラを目指すさらなる工夫　DNSサーバ、ストレージサーバ、ネットワーク

　たとえば、1時間で1000通のメールを配送しなければならないメールサーバがあるとします。この場合、最低でも3秒に1通のペースでメールを送信できなければなりません。/etc/resolv.confに指定されているDNSサーバの片方が停止すると、1回のDNS問い合わせに5秒のタイムアウトが発生するようになります。すると、1通のメールを送信するのに10秒かかるので、1時間で処理できるメールの数は単純計算で360通程度となり、要求性能の半分以下の処理しかできなくなってしまいます。

　この例は少々極端ですが、要するにどんなに高スペックなサーバを導入していても、1台のDNSサーバの障害によって性能低下を引き起こす危険性があるということです。

DNS障害の影響は大きい

　「性能は低下するがエラーにならない」という状況は、障害の発見を遅らせてしまう要因になります。上記の例の場合、メールサーバの配送性能が著しく低下しているにもかかわらず、配送自体は完了するのでシステム停止とはなりません。メールサーバの管理者が性能低下に気づき、原因を調べようとメールサーバの設定をいくら見直したところで異常は見つからないことでしょう。

　DNSサーバの障害は、影響範囲が大きい割に障害個所の特定に時間がかかってしまう場合が多いので注意が必要です。

サーバファームにおけるDNSの冗長化

　前述のレゾルバライブラリ（DNSクライアント）がDNSサーバの異常を検出するには、タイムアウトを待つ以外に方法がありません。そのため、レゾルバライブラリを利用した冗長化をサーバで利用するのは避けたほうがいいでしょう。

　サーバファームにおいてDNSを冗長化する場合は、DNSサーバ側で無停止となるような施策を施します。以降、VRRP（1.4節を参照）を利用した構成とロードバランサを利用した構成を紹介します。

VRRPを利用した構成

図3.1.2はVRRPでDNSサーバを冗長化した構成です。図3.1.2中のWebサーバやメールサーバには/etc/resolv.confにVIP（192.168.0.200）だけを設定します。そして2台のDNSサーバのうち、どちらか片方がVIPを持つことで冗長化します。

図3.1.2の構成は、1章で紹介した「keepalived」を利用して構築できます。各DNSサーバにはあらかじめkeepalivedをインストールしておきます。そしてkeepalived.confをリスト3.1.1のようにして起動すると、どちらか片方（先に起動したほう）がActiveサーバとなりVIP（192.168.0.200）が割り当てられます。両方のサーバが起動している状態でActiveサーバをシャットダウンすると、正常にフェイルオーバすることを確認できます。

この状態ではActiveサーバのkeepalivedが停止するとフェイルオーバしますが、DNSサービス[注1]が停止してもフェイルオーバしません。そこで、リスト3.1.2のようなヘルスチェックスクリプトを動かします。リスト3.1.2のスクリプトは、5秒ごとにdigコマンドを使って自分自身にDNS問い合わせをし、digコマンドが異常終了したらkeepalivedを停止します。これに

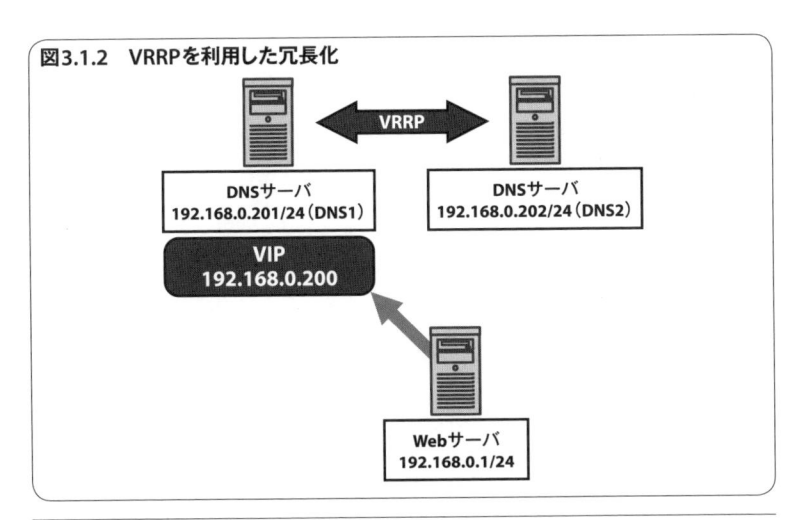

図3.1.2　VRRPを利用した冗長化

```
        VRRP
DNSサーバ ←――――→ DNSサーバ
192.168.0.201/24(DNS1)   192.168.0.202/24(DNS2)

    VIP
192.168.0.200
         ↑
    Webサーバ
   192.168.0.1/24
```

注1　BIND（Berkeley Internet Name Domain、URL http://www.isc.org/products/BIND/）やtinydns（URL http://cr.yp.to/djbdns/tinydns.html）など。

よって、DNSサーバが利用できなくなった場合でもフェイルオーバするようになります。

DNSサーバの負荷分散

Active/Backup構成では、2台のDNSサーバのうち1台しか仕事をしていません。このままではサーバリソースを活用したいので、負荷分散して図3.1.3のようなActive/Active構成にします。

リスト3.1.1　DNSサーバのkeepalived.conf

```
vrrp_instance DNS {
  state BACKUP
  interface eth0
  garp_master_delay 5
  virtual_router_id 200
  priority 100
  nopreempt
  advert_int 1
  authentication {
    auth_type PASS
    auth_pass HIMITSUDESU
  }
  virtual_ipaddress {
    192.168.0.200/24 dev eth0
  }
}
```

リスト3.1.2　dns-check.sh

```
#!/bin/sh
while true; do
  /usr/bin/dig +time=001 +tries=3 @127.0.0.1 localhost.localnet
  if [ "0" -ne "$?" ]; then
    /etc/init.d/keepalived stop
    exit
  fi
  sleep 5
done
```

Active/Backup構成と異なる点は、ロードバランサを利用する点です。Active/Backup構成ではDNSサーバにkeepalivedをインストールしてVIPを割り当てましたが、Active/Active構成ではロードバランサがVIPを持ちます。Webサーバの設定は変える必要ありません。先ほどと同様に、VIPを/etc/resolv.confに設定しておけばOKです。また、同一サブネット上で負荷分散する場合はNAT構成にできないため、DSR構成にする必要があります。したがって、各DNSサーバではVIP宛のパケットを処理できるように、ループバックインタフェースにVIP（192.168.200/32）を割り当てるか、iptablesを使ってリダイレクトするなどの対応が必要です。

ロードバランサは、Linuxで「IPVS」と「keepalived」を使って構築します。この構成のkeepalived.confがリスト3.1.3です。keepalivedではDNSのヘルスチェック機能がサポートされていないので、MISC_CHECKを使ってdigコマンドを実行してヘルスチェックをします。

まとめ

DNSサーバは、目につかないところで多くの重要な仕事をしています。また、DNSサーバ用のソフトウェアは安定しているものが多く、滅多なこ

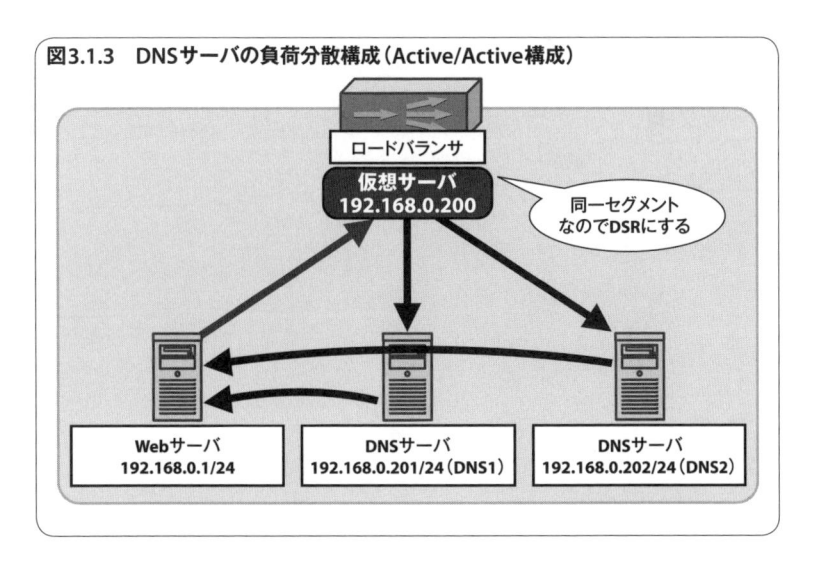

図3.1.3　DNSサーバの負荷分散構成（Active/Active構成）

3章 止まらないインフラを目指すさらなる工夫　DNSサーバ、ストレージサーバ、ネットワーク

とでは止まったり落ちたりしません。そのため、DNSサーバの障害はあまり想定されないかもしれません。

しかし、DNSサーバの障害は、原因が判明するまでに時間と手間がかかることが多いため、万一の際に余計な労力がかかることのないように、しっかりとした対策をとっておきたいところです。

リスト3.1.3　ロードバランサのkeepalived.conf

```
virtual_server_group DNS {
  192.168.0.200 53
}
virtual_server_group DNS {
  delay_loop 5
  lvs_sched   rr
  lvs_method DR
  protocol   UDP
  real_server 192.168.0.201 53 {
    weight 1
    MISC_CHECK {
      misc_path "/usr/bin/dig +time=001 +tries=3 @192.168.0.201
                 localhost.localnet"
      misc_timeout 5
    }
  }
  real_server 192.168.0.202 53 {
    weight 1
    MISC_CHECK {
      misc_path "/usr/bin/dig +time=001 +tries=3 @192.168.0.202
                 localhost.localnet"
      misc_timeout 5
    }
  }
}
```

3.2 ストレージサーバの冗長化
DRBDでミラーリング

ストレージサーバの故障対策

　ストレージサーバには大量のファイルが格納されます。そのため、ハードディスク故障によりデータが消失すると、復旧は大変です。復旧作業はバックアップのリカバリが常套手段ですが、すべてのファイルのリカバリには大変時間がかかります。また、ストレージサーバの障害は影響範囲が広範囲に及ぶことが多いので、RAIDを利用してハードディスク故障によってデータが消失しない構成にするのが一般的です。

　さらに、故障するのはハードディスクとは限りません。もしRAIDコントローラが故障した場合、運が良ければ予備のRAIDコントローラと交換するだけで復旧するかもしれませんが、壊れた拍子にハードディスクに予期しないデータを書き込んでしまい、データを消失する危険性があります。

　ディスクに比べれば故障頻度は極めて低いですが、このような障害からもデータを保護するために、ストレージサーバを2台用意して冗長化することを考えます。

ストレージサーバの同期は困難

　ストレージサーバを冗長化するには、2台のサーバでデータを同期し続ける必要があります。その手段として最初に考えたのは「データをアップロードするときには必ず両方のサーバにアップロードする」という運用にすることです。しかし、データの整合性をとり続けるのは意外と難しいものです。アップロードプログラムなどの不具合で、片方のサーバにしかファイルが転送されないこともあるかもしれませんし、作業ミスによって片方のサーバのデータのみを更新してしまうこともあるかもしれません。

3章 止まらないインフラを目指すさらなる工夫　DNSサーバ、ストレージサーバ、ネットワーク

　ファイル数が少なくてデータ量が小さければ、簡単なスクリプトで機械的に整合性をチェックすることは可能でしょう。しかし、ファイル数が何百万個、何千万個もあり、データサイズが数百GB（*Gigabyte*）にも及ぶデータをチェックするのは困難です。整合性のチェックができない状況のまま、同期を運用に依存し続けるのは信頼性の面で大きな不安が残ります。

DRBD

　2台のサーバにおいて、ファイル単位でディスクを同期したり整合性のチェックをすると、ファイル数が多くなるほどディレクトリの検索や比較に時間がかかります。また、その際にはハードディスクに過度な負荷がかかるので、サーバ全体のパフォーマンスが大幅に低下します。**DRBD**（*Distributed Replicated Block Device*）[注2]というソフトウェアを利用すると、この問題を解決することができます。

　DRBDのサイトから引用して紹介します。

> DRBDは、ハイアベイラビリティ（HA）クラスタを構成するときに有用なブロックデバイスを提供します。可能であれば専用のネットワークを使って、2台のコンピュータのブロックデバイスの間でデータをミラーします。ネットワーク越しのRAID 1と考えるのがわかりやすいでしょう。
>
> ……http://www.drbd.jp/ より引用。

DRBDの構成

　DRBDは、図3.2.1のようなしくみで**マスタサーバ**と**バックアップサーバ**があり、以下の2つで構成されています。

- カーネルモジュール（デバイスドライバ）
- ユーザランドツール（制御プログラム）

　ファイル単位でデータを転送するのではなく、ブロックデバイスに対する更新をリアルタイムに転送します。ファイルの作成や更新をする際に、DRBDやバックアップサーバの存在を意識する必要はありません。

注2　URL http://www.drbd.org/
　　　URL http://www.drbd.jp/（日本語）

DRBDのミラーリングはActive/Backup構成です。Active側のブロックデバイスに対しては読み書きできますが、Backup側のブロックデバイスにはアクセスできません。ただし、バージョン8.0.0以降では、OCFS（*Oracle Cluster File System*）やGFS（*Global File System*）などのクラスタファイルシステムとの組み合わせによる、Active/Active構成がサポートされました。2008年5月現在の最新バージョンは8.2.5ですが、筆者の環境では0.7系で運用しています。これは、最初に導入した時点での最新バージョンが0.7系だったためです。

　以降で紹介する構成は、筆者のシステムで稼働実績のあるDRBD 0.7系で構築したものですが、8.2系で変更された機能や設定についても随時補足しながら説明していきます。なお、DRBD 0.7系は2008年の10月でメンテナンスが終了予定です。これから導入しようと考えている方は、最新バージョンを利用してください。

DRBDの設定と起動

　リスト3.2.1は、DRBDの動作に最低限必要な設定です。これを、/etc/

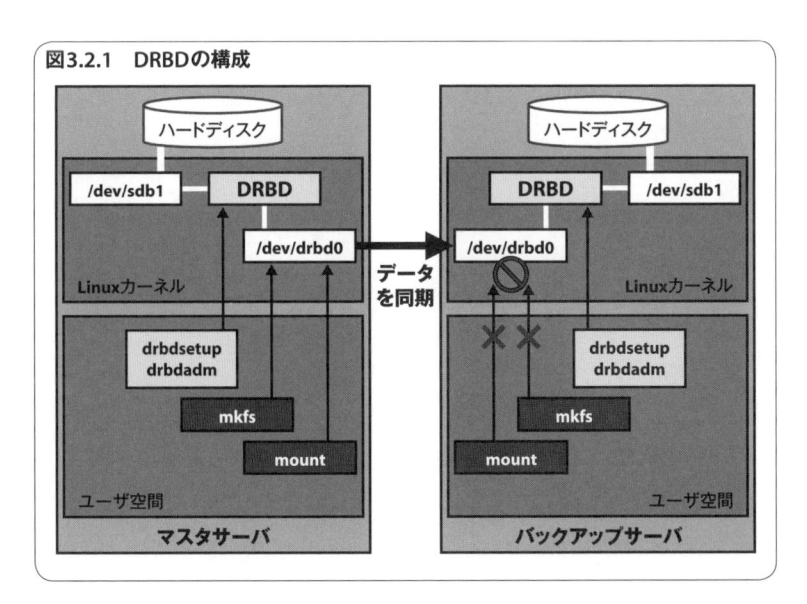

図3.2.1　DRBDの構成

```
マスタサーバ                                    バックアップサーバ
┌─────────────────────┐                      ┌─────────────────────┐
│  ハードディスク       │                      │  ハードディスク       │
│       │              │                      │       │              │
│  /dev/sdb1 ── DRBD   │                      │   DRBD ── /dev/sdb1  │
│              │       │                      │    │                 │
│         /dev/drbd0   │ ──データを同期──→    │ /dev/drbd0  ⊘        │
│              ↑       │                      │    ↑  ✕ ✕            │
│  Linuxカーネル        │                      │  Linuxカーネル        │
│                      │                      │                      │
│       drbdsetup       │                      │       drbdsetup       │
│       drbdadm         │                      │       drbdadm         │
│              ↑       │                      │              ↑       │
│          mkfs         │                      │          mkfs         │
│              ↑       │                      │              ↑       │
│         mount         │                      │         mount         │
│  ユーザ空間           │                      │  ユーザ空間           │
└─────────────────────┘                      └─────────────────────┘
```

3章 止まらないインフラを目指すさらなる工夫 DNSサーバ、ストレージサーバ、ネットワーク

drbd.confというファイル名でマスタとバックアップの両方のサーバに作成します。

リスト3.2.1はシンプルですが、最低限必要な設定はこれだけです。各項目の意味は表3.2.1のとおりです。

DRBDのマスタサーバを起動する

それではDRBDを動かしてみましょう。まずはマスタサーバ上で以下の作業をします。図3.2.2は実際のオペレーションの様子です。

❶ DRBDを起動する
❷ プライマリ状態にする
❸ /dev/drbd0にファイルシステムを作る
❹ /dev/drbd0を/mnt/drbd0にマウントする

DRBDを起動すると、まずはミラーリングの相手に接続しようとします。しかし、最初のセットアップ時は相手がいないため「To abort waiting enter 'yes'」というメッセージが出てタイムアウト待ちになるので「yes」と入力して中断します。また、起動直後のDRBDは「セカンダリ状態」になっています。これは、プライマリ状態なDRBDからデータが流れてくるまで待機

リスト3.2.1　drbd.conf

```
resource r0 {
  protocol A;
  on ws1 {
    device    /dev/drbd0;
    disk      /dev/sdb1;
    address   192.168.0.201:7789;
    meta-disk internal;
  }
  on ws2 {
    device    /dev/drbd0;
    disk      /dev/sdb1;
    address   192.168.0.202:7789;
    meta-disk internal;
  }
}
```

している状態で、この状態ではブロックデバイスに対して書き込みも読み込みもできません。

ファイルシステムを作ってマウントするためには、drbdadmコマンドで「プライマリ状態」へ切り替える必要があります。プライマリ状態への切り替えにはdrbdadmのprimaryコマンドを使いますが、今回のような初期構築時に限り、0.7系では--do-what-I-sayオプション、8.2系では-oオプションをつけなければいけません。プライマリ状態に切り替われば、/dev/drbd0を /dev/sdb1 と同じように扱えるようになります。

DRBDのバックアップサーバを起動する

同様にバックアップサーバでDRBDを起動します。するとマスタサーバからバックアップサーバへの同期が始まります。この状況は図3.2.3のよう

表3.2.1 drbd.confの設定項目

項目	説明
resource	リソースを定義するブロック。ここでは「r0」という名前のリソースを定義している
protocol	データ転送プロトコルを指定する。指定できる値はA、B、Cの3つで、それぞれ以下のような特徴がある ・protocol A：ローカルディスクへの書き込みが終わり、TCPバッファへデータを送出した時点で書き込み操作完了とする（パフォーマンス重視の非同期転送） ・protocol B：ローカルディスクへの書き込みが終わり、リモートホストへデータが到達した時点で書き込み操作完了とする（AとCの中間） ・protocol C：リモートホストのディスクにも書き込みが終わった時点で書き込み操作完了とする（信頼性重視の同期転送）
on	ホストごとのリソースを定義するブロック。ここで指定しているws1とws2はホスト名である。uname -nの結果と一致するかどうかで自分自身の設定かどうかを判断している
device	DRBDの論理ブロックデバイスを指定する。ここで指定したブロックデバイスに対してmkfsやmountを行う
disk	ミラーリングしたい物理デバイスを指定する。ブロックデバイスであればなんでも指定できるが、ループバックデバイスを指定するとハングアップするので注意が必要
address	データを同期するために待ち受けるIPアドレスとポート番号を指定する。ポート番号はリソースごとにユニークでなければならない
meta-disk	メタデータを格納するデバイスを指定する。internalを指定した場合、diskで指定したブロックデバイスの128MBをメタデータ用に確保する。8.2系ではブロックデバイスのサイズに応じてメタデータのサイズが変わる

3章 止まらないインフラを目指すさらなる工夫 DNSサーバ、ストレージサーバ、ネットワーク

にして確認することができます。同期が終わればセットアップ完了です。マスタサーバの/mnt/drbd0/にファイルを作るなどしてデータを書き込むと、それはバックアップサーバにも転送されています。

図3.2.2　DRBDの動作

```
ws1:~# /etc/init.d/drbd start
Starting DRBD resources:    [ d0 s0 n0 ].
..........
******************************************************************
 DRBD's startup script waits for the peer node(s) to appear.
 - In case this node was already a degraded cluster before the
   reboot the timeout is 0 seconds. [degr-wfc-timeout]
 - If the peer was available before the reboot the timeout will
   expire after 0 seconds. [wfc-timeout]
   (These values are for resource 'r0'; 0 sec -> wait forever)
 To abort waiting enter 'yes' [  5]:yes

ws1:~# drbdadm -- --do-what-I-say primary all    (0.7系
ws1:~# drbdadm -- -o primary all                 (8.2系
ws1:~# mkfs /dev/drbd0
mke2fs 1.40-WIP (14-Nov-2006)
<中略>
This filesystem will be automatically checked every 38 mounts or
180 days, whichever comes first.  Use tune2fs -c or -i to override.
ws1:~# mount /dev/drbd0 /mnt/drbd0/
```

図3.2.3　DRBDの同期を確認

```
ws2:~# /etc/init.d/drbd start
Starting DRBD resources:    [ d0 s0 n0 ].
ws2:~# cat /proc/drbdop
version: 0.7.25 (api:79/proto:74)
GIT-hash: 3a9c7c136a9af8df921b3628129dafbe212ace9f build by root@ws2,
2007-12-31 22:20:38
 0: cs:SyncTarget st:Secondary/Secondary ld:Inconsistent
    ns:0 nr:528 dw:528 dr:0 al:0 bm:0 lo:0 pe:0 ua:0 ap:0
        [>...................] sync'ed:  0.7% (666832/667360)K
        finish: 0:27:47 speed: 264 (264) K/sec
```

DRBDのフェイルオーバ

DRBDはマスタサーバでトラブルが発生したからといって、バックアップサーバが自動的にマスタサーバにはなりません。そのため、keepalivedを利用してフェイルオーバできるようにします。

手動で切り替える

自動でフェイルオーバさせる前に、まずは手動で切り替えてみましょう。フェイルオーバするためには、マスタサーバのDRBDをセカンダリ状態にします。しかし、ブロックデバイスがマウントされていると失敗するので、NFSサーバを停止してアンマウントしておきます。この処理をシェルスクリプトにしたものが**リスト3.2.2**です。これを /usr/local/sbin/drbd-backup として両方のサーバに保存します。

バックアップサーバをマスタサーバにする場合は、DRBDをプライマリ状態にし、ブロックデバイスをマウントしてNFSサーバを起動します。これをスクリプトにしたものが**リスト3.2.3**です。これを /usr/local/sbin/drbd-master として両方のサーバに保存します。

データが同期されていることを確認しやすくするために、マスタサーバの /mnt/drbd0/ に適当なファイルを作っておきます。次に、マスタサーバで **drbd-backup** コマンドを実行し、両方のサーバをセカンダリ状態にします。そして、バックアップサーバで **drbd-master** コマンドを実行すると、プ

リスト3.2.2　drbd-backup

```sh
#!/bin/sh
/etc/init.d/nfs-kernel-server stop
umount /mnt/drbd0
drbdadm secondary all
```

リスト3.2.3　drbd-master

```sh
#!/bin/sh
drbdadm primary all
mount /dev/drbd0 /mnt/drbd0
/etc/init.d/nfs-kernel-server start
```

ライマリ状態に遷移して/dev/drbd0が/mnt/drbd0/にマウントされます。

そこには、先ほどマスタサーバで適当に作ったファイルがあるはずです。マスタサーバに障害が発生したときに、この一連の処理が自動的に走るようにするとフェイルオーバできます。続いて、keepalivedのVRRP機能と組み合わせて、NFSサーバを冗長化する方法を紹介します。

keepalivedの設定

図3.2.4は、NFSサーバをVRRPで冗長化した例です。リスト3.2.4はこの構成におけるkeepalivedの設定です。VIPは192.168.0.200で、NFSクライアントは192.168.0.200:/mnt/drbd0/をNFSマウントしています。サーバがフェイルオーバしても、NFSクライアントはリマウントする必要ありません。

ここではじめて登場するパラメータを表3.2.2にまとめておきます。

notify_masterとnotify_backupに先ほど作ったリスト3.2.2、リスト3.2.3を指定することで、フェイルオーバ時にDRBDの状態を変更できるようにしています。この設定により、バックアップサーバがマスタサーバに切り替わる際にdrbd-masterが実行されてフェイルオーバします。

しかし、keepalivedが終了するときにはnotify_masterやnotify_backupの

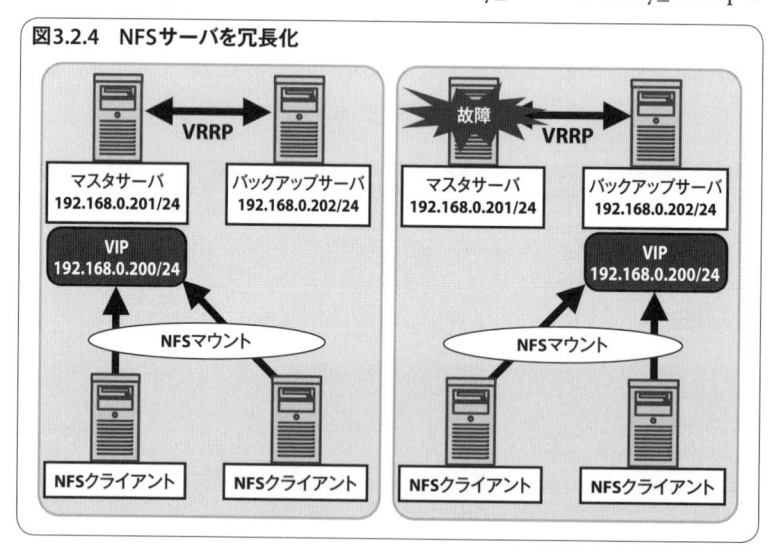

図3.2.4　NFSサーバを冗長化

スクリプトは実行されません。そのため、マスタサーバのkeepalivedが停止すると、マスタサーバのDRBDがプライマリ状態のままフェイルオーバしようとするので、バックアップサーバのdrbd-masterはエラーになります。したがって、keepalivedが終了したときには必ずdrbd-backupのスクリプトを実行するようにしなければなりません。

リスト3.2.4　keepalived.conf（DRBD用）

```
vrrp_instance DRBD {
  state BACKUP
  interface eth0
  garp_master_delay 5
  virtual_router_id 200
  priority 100
  nopreempt
  advert_int 1
  authentication {
    auth_type PASS
    auth_pass HIMITSU
  }
  virtual_ipaddress {
    192.168.0.200/24 dev eth0
  }
  notify_master "/usr/local/sbin/drbd-master"
  notify_backup "/usr/local/sbin/drbd-backup"
  notify_fault  "/usr/local/sbin/drbd-backup"
}
```

表3.2.2　keepalived.confの設定項目（新出）

項目	説明
nopreempt	VRRPのプリエンプティブモードを無効にする。プリエンプティブモードについての詳細は1章を参照(不要なフェイルオーバを避けるために指定する)
notify_master	VRRPがマスタ状態になったときに実行したいコマンドを指定する
notify_backup	VRRPがバックアップ状態になったときに実行したいコマンドを指定する
notify_fault	ネットワークインタフェースがリンクダウンしたときに実行したいコマンドを指定する

keepalivedをdaemontoolsで制御する

　この問題を解決するために、keepalivedの起動スクリプトをリスト3.2.5のようにします。ただし、これは/etc/init.d/keepalivedではなく、daemontoolsで利用するrunスクリプトです。詳しくは5.4節で解説しますが、daemontoolsではこのようなスクリプトからデーモンの起動を制御します。ここでは、keepalivedの終了をwaitで待ち続け、waitから抜けたらdrbd-backupスクリプトを実行するようになっています。superviseから送られるシグナルは、trapコマンドを経由してkeepalivedに渡しているので、keepalivedをdaemontoolsで直接制御しているのと同じオペレーションで運用することができます。このしくみによって、keepalivedがどのような理由で停止しても必ずdrbd-backupスクリプトが実行されます。

NFSサーバをフェイルオーバする際の注意点

　DRBDでミラーリングするデバイスをNFSで共有するためには、マスタサーバでNFSサーバを起動しなければいけません。しかし、NFSサーバの冗長化は、Webサーバやメールサーバの冗長化とは別の問題があるので注意が必要です。フェイルオーバによって新しくマスタになったNFSサーバは、どのクライアントからもマウントされていません。しかし、NFSクライアントはサーバが切り替わったことに気づかないため、すでにマウント

リスト3.2.5　keepalivedの起動スクリプト

```
#!/bin/sh
[ -f /var/run/vrrp.pid ] && exit
exec 2>&1
trap 'kill -TERM $PID' TERM
trap 'kill -HUP  $PID' HUP
trap 'kill -INT  $PID' INT
/usr/local/sbin/keepalived -n -S 1 --vrrp &
PID=$!
wait $PID
/usr/local/sbin/drbd-backup
```

済みだと思ってファイルアクセスをします。その結果、NFSサーバでは「マウントしていないクライアントからファイルアクセスの要求がきた」と判断し、アクセスを拒否してしまいます。これを解決するには以下の方法があります。

- **/var/lib/nfs/ を同期する**
NFSサーバの接続情報は/var/lib/nfs/配下に格納される。DRBDでこのボリュームをミラーリングすることにより、フェイルオーバしても接続情報を引き継ぐことができる。ただし、ディストリビューションによっては、NFSサーバの起動スクリプトの中でexportfsコマンドで接続情報をクリアしていることがある。その場合は、接続情報をクリアしない起動スクリプトを別に作成し、フェイルオーバの際はそのスクリプトからNFSサーバを起動するなどの工夫が必要である

- **nfsdファイルシステムを利用する**
nfsdファイルシステムは、NFSサーバを冗長化するために作られたLinux固有の機能である。mount -t nfsd nfsd /proc/fs/nfsdをした状態で起動されたNFSサーバは、/var/lib/nfs/ディレクトリを利用しなくなる。さらに、見ず知らずのNFSクライアントからアクセス要求があった場合でも、すでにマウント済みであるかのように処理を行う。カーネル2.6系のLinuxを使っている場合は、こちらを利用すると便利である

バックアップの必要性

　DRBDでディスクをミラーリングしていても、100％の安全が保証されるわけではありません。たとえば、誰かが間違えて消してしまったファイルは元に戻すことができません。DRBDの利点であるミラーリングは、オペレーションミスでファイルを消してしまっても即座にバックアップへ反映してしまうという弱点ともなります。そのため、毎日でなくてもいいですし、時間がかかってもいいので、最悪の事態に備えてバックアップは必ず取っておきましょう。

3.3 ネットワークの冗長化
Bondingドライバ、RSTP

L1/L2構成要素の冗長化

1章、2章、そして3章の前節まではすべて、OSI参照モデルでいうところのレイヤ3（L3 = IP層）からレイヤ7（L7 = アプリケーション層）を冗長化する話でした。しかしながら、それよりも下の物理的なネットワーク（L1 = 物理層）やEthernetのレベルでの通信（L2 = データリンク層）が故障すれば、その上に載っているものが正常であったとしても、全体としては故障してしまいます。

本節ではL1とL2の構成要素が故障してもシステムが停止しないよう、これらを冗長化する方法について述べます。L1/L2を冗長化しておけば故障を回避するだけでなく、システムをメンテナンスをする上でもより大胆なことができるようになります[注3]。

故障するポイント

L1/L2の構成要素で故障するものとしては、次のものが考えられます。

❶LANケーブル
❷NIC（ネットワークカード）
❸ネットワークスイッチのポート
❹ネットワークスイッチ

LANケーブルの故障には断線やコネクタの接触不良などがあります。NICの故障は、筆者が経験したケースではリンクのアップとダウンを繰り返す

注3　たとえば筆者が管理する環境では、すべてのスイッチとロードバランサ兼ルータを無停止で置き換える、といった荒業を行ったこともあります。

というものがありました。NIC同様スイッチの特定のポートだけが故障することもあります。またスイッチの故障としては、スイッチがまるごと故障することもあります。故障とは少々違いますが、誤ってスイッチの電源を落としてしまうこともあります。

さて、これら故障する要素を改めて見てみると、❶〜❸はサーバとスイッチの間の接続の故障としてまとめられます。ここではこれを「リンク故障」と呼ぶことにします。

またスイッチ同士を結ぶスイッチ間接続にも❶と❸の故障は起こり得ます。これを「スイッチ間接続の故障」と呼ぶことにします。

❹のネットワークスイッチの故障は「スイッチ故障」と呼ぶことにします。

以下では、これらの故障を回避するためにはどうすればいいのかを、それぞれ説明していきます。

リンクの冗長化とBondingドライバ

リンク故障を回避するためには、サーバとスイッチの間の接続を冗長化します。つまり、サーバにNICを複数用意して、LANケーブルも同じ数だけ接続します。しかし、単に複数のNICを用意しただけだと、それらを使って通信するためにはそれぞれのNICに対して別のIPアドレスを振る羽目に陥ります。そうすると、ネットワークに接続された各マシンは通信するたびに通信相手のどのNICが使えるかを診断し、その結果に従って送信先アドレスを切り替えなければいけません。これは不可能とはいいませんが、かなり不便です。これを解決するためのしくみとして、LinuxにはBondingドライバが用意されています。

Bondingドライバ

Bondingドライバ[注4]は、Linuxに用意されているネットワークドライバの1つです。Bondingドライバは複数の物理的なネットワークカード（物理

注4　BondingドライバについてはLinuxカーネルの付属文書が一次情報になります。kernel.orgなどから配布パッケージを入手しその中のlinux-2.6.X.X/Documentation/networking/bonding.txtを参照してください。また、次の講演資料も参考になります。
・「bonding機能紹介と展望」URL http://osdn.jp/event/kernel2005/pdf/nec.pdf

3章 止まらないインフラを目指すさらなる工夫 DNSサーバ、ストレージサーバ、ネットワーク

NIC)をまとめて、1つの論理的なネットワークカード(論理NIC)として扱えるようにします。

この論理NICはアドレスを付与する対象のNICとしてはもちろん、LinuxカーネルのIPエイリアス機能やVLAN(*Virtual LAN*)機能、ブリッジ機能等の対象NICとしても指定できます。論理NICを通じた通信は、Bondingドライバが設定に従って配下の物理NICに割り振ります。また配下の物理NICが故障していないかをチェックして、故障していればその物理NICは使わないようにします。

Bondingドライバが複数ある物理NICの中から通信に使うものを選択する方法は、いくつかの中から選べます。選択肢を表3.3.1に示します[注5]。いずれのモードでも、物理NICが故障すればそのNICは使われなくなります。

Bondingドライバのもう1つ別の重要なパラメータに、物理NICの故障検出方法があります。これはMII(*Media Independent Interface*)監視と、ARP(*Address Resolution Protocol*)監視の2種類から選択できます。

MII監視は物理NICがリンクダウン(*Link Down*)すれば故障したとみなすものです。これは低コストかつ短時間で故障のチェックができますが、反

表3.3.1 Bondingドライバの動作モード※

モード	動作
balance-rr	送信するパケットごとに使用する物理NICを切り替える(ラウンドロビン)
active-backup	1つめの物理NICが使えるうちはそのNICのみを使う。そのNICが故障すれば次のNICを使う
balance-xor	送信元と送信先のMACアドレスをXORして使用する物理NICを決める
broadcast	送信パケットはコピーされて、すべての物理NICに対して同じものが送り出される
802.3ad	IEEE 802.3adプロトコルを使い、スイッチとの間で動的にアグリゲーションを作成する
balance-tlb	物理NICの中で最も負荷の少ない物理NICを選んで送信する。受信は特定の物理NICを使って受信する
balance-alb	送信も受信も、負荷の少ない物理NICを使う

※ linuxカーネル2.6.24付属のbonding.txtより。

注5 これらのモードの中では、active-backupが一番癖がなく使いやすいです。筆者が管理する環境でも、active-backupを使っています。

面NICがリンクアップ（Link Up）しているのに通信できないような状況には対応できません[注6]。

ARP監視では、ARPリクエストを指定されたマシンに対して送信し、リプライが返ってくるか試験して判断します。実際に通信して確認するので故障を見過ごす可能性は低い反面、確実にリプライを返してくれる相手に対してARPリクエストを送信しなければ、誤診断につながります。誤診断の可能性を低くするためにBondingドライバでは、ARPの送信先として複数（最大16）のアドレスを登録できます。

スイッチの冗長化

Bondingドライバを使って複数の物理NICを束ねて冗長化しても、その接続先が同じスイッチではスイッチ故障に対応できません。スイッチ故障を回避するためには、スイッチも複数台用意して、Bondingドライバ配下の物理NICをそれぞれ別のスイッチに接続します。スイッチとリンクを二重化した構成を、図3.3.1の❶に示します[注7]。

各サーバマシンからはそれぞれ1本ずつ別のスイッチにリンクが延びています。これらのリンクはBondingドライバの配下にあります。さらに、2台のスイッチの間にはスイッチ間接続LS1-2を用意します。このLS1-2はリ

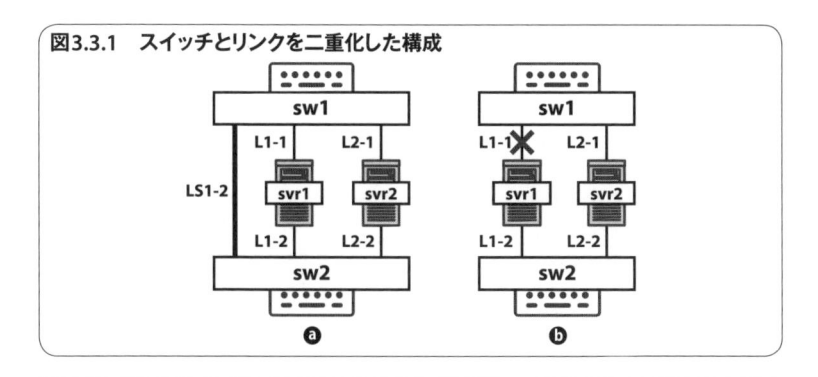

図3.3.1　スイッチとリンクを二重化した構成

注6　筆者が管理する環境では実際にそのような故障が発生しました。それ以後、ARP監視を使っています。
注7　この構成をとる場合、選択できるBondingドライバのモードはactive-backup、balance-tlb、balance-albになります。balance-rrとbalance-xorはスイッチによっては混乱し、通信が途切れることがあります。

ンク故障時に活躍します。

リンク故障時の動作

スイッチ間接続LS1-2がないと、リンク故障時にsvr1とsvr2の間の通信はどうなるか、svr1のL1-1が故障した場合を例にとって見てみます（図3.3.1の❺）。svr1からsvr2へのパケットは、L1-1が使えないのでL1-2から送られます。このパケットはsw2を経由してsvr2へ至る経路が確保されています。したがって、問題ありません。

しかしsvr2からsvr1への逆向きのパケットは、L2-1から送られる場合とL2-2から送られる場合があります。L2-2から送られた場合はさっきと同様sw2を経由する経路が使えますが、L2-1から送られたパケットはL1-1が使えないので、svr1へは到達できません。このパケットをsw2へと転送するために、スイッチ間接続LS1-2が必要になるのです。

スイッチ故障時の動作

LS1-2を用意することでリンク故障時にもsvr1とsvr2は通信できることを確認できました。では、スイッチ故障はどうでしょうか。sw1が故障した場合を考えます。

sw1が故障すればリンク故障時と同様にBondingドライバがsw1へのリンクは使えないと判断します。リンク故障時と違うのは、すべてのサーバ上で同時にその判断が成されることです。結果、すべてのサーバはsw1に接続されたリンクを使わずにsw2へのリンクだけを使うようになるので、通信は正常に行われます。

スイッチ間接続の故障時の動作

最後にスイッチ間接続の故障です。スイッチ間接続はBondingドライバのモードによってはリンク故障時以外にも使われます[注8]。したがって、ここが故障すると通信が途切れることがあります。スイッチ間接続LS1-2の

注8　たとえば、balance-tlbやbalance-albモードの場合は常に使いますし、active-backupモードの場合も、すべてのサーバでactive側の物理NICが接続されるスイッチが同じでなければ、スイッチ間接続が必要になります。

故障の対策にはサーバとスイッチの間の接続と同様に、複数の接続を用意して束ねることによって冗長化します。

サーバとスイッチの間の接続を束ねるのにはBondingドライバを使いましたが、スイッチ間接続を束ねる方法としては、スイッチメーカ独自の規格を使う方法と、IEEEで規格化された802.3ad[注9]を使う方法があります。これらは一般的に「ポートトランキング」(*Port Trunking*)や「リンクアグリゲーション」(*Link Aggregation*)と呼ばれます。

スイッチの増設

前出の図3.3.1の構成では、全体で使えるスイッチのポート数は実質的にスイッチ1台分になります。サーバの台数が増えてスイッチのポート数が足らなくなれば拡張しなければなりません。拡張の方法としては既存のスイッチを多ポートのものと置き換えるか、スイッチを増設します。置き換えの場合は先ほどと状況は変わりませんが、増設する場合は構成が変わるので冗長性を保つ上で必要な条件が増えます。図3.3.1の構成に、スイッチを増設してカスケード接続した場合の構成を、図3.3.2に示します。LS1-3とLS2-4のカスケード接続は、LS1-2と同様にリンクアグリゲーションを使って冗長化しておきます。

図3.3.2の構成をとる場合、Bondingドライバの物理NICの監視方法は、ARP監視にしなければなりません。MII監視ではsw1あるいはsw2が故障

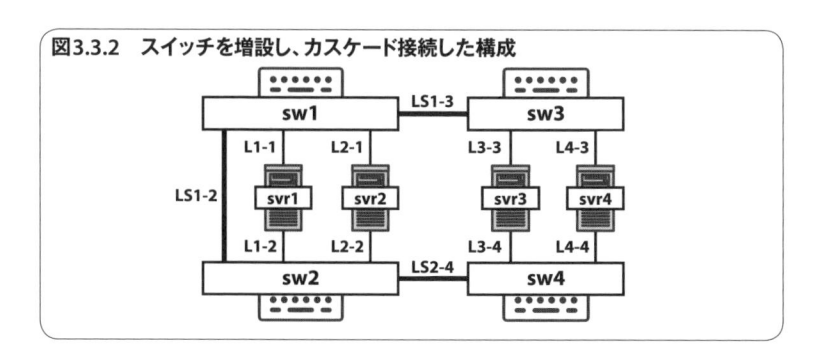

図3.3.2　スイッチを増設し、カスケード接続した構成

注9　URL http://www.ieee802.org/3/ad/

した場合に、svr3やsvr4の通信が途切れてしまいます。問題になる状況を次に説明します。

たとえばsw1が故障した場合、sw4はsw2と接続されていますが、sw3は孤立します。すると、svr3がsvr1と通信しようとしてパケットをsw3に送ってもsw3からsvr1へ到達する経路はなく、通信ができません。これを回避するには、sw1が故障した場合にsw1に接続されているsvr1やsvr2だけでなく、svr3やsvr4もsw3へのリンクを故障として扱うようにします。これはsvr3とsvr4において物理NICの故障検出方法としてARP監視を選択し、APR監視の対象としてsvr1とsvr2を指定すれば実現できます。この場合sw1が故障すれば、L3-3やL4-3からARPリクエストを送ってもリプライが返らなくなるので、これらのリンクは故障として扱われるようになります。

さらなる冗長化を目指して

さて、図3.3.2ではsw3とsw4の間にスイッチ間接続がないために、sw1やsw2の故障時にsw3とsw4が孤立してしまうことが問題でした。この対策として、図3.3.3のようにsw3とsw4の間にLS1-2と同様のスイッチ間接続LS3-4を設けて迂回路を設定しておけば、BondingドライバのARP監視に頼らなくても通信が止まることはなくなりそうです。しかしながら、このように単に迂回路を設定しただけだと問題が発生します。

図3.3.3を見ると、sw1～sw4がすべて相互接続していてループができていることがわかります。Ethernetではこのようなループができると、ブロ

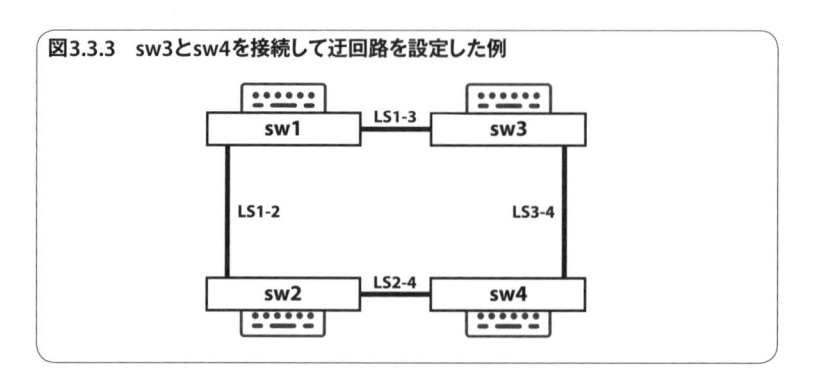

図3.3.3 sw3とsw4を接続して迂回路を設定した例

ードキャストストーム[注10]が発生してしまいます。

　もし、正常時にはsw3とsw4はLS3-4を無視して、sw1やLS1-3が故障したときだけLS3-4を使うようにできれば、ブロードキャストストームが発生することなく、迂回経路を確保できます。これを実現するものとしてSTP（*Spanning Tree Protocol*）があります。次の節では、STPの発展版であるRSTPについて説明します。

RSTP

　RSTP（*Rapid Spanning Tree Protocol*）[注11]は各スイッチが協調してネットワーク上にできたループを検出し、自動的に冗長な接続を遮断するための、データリンク層のプロトコルです。どの接続を遮断するかは各スイッチに設定されたプライオリティやスイッチ間の接続のリンク速度などを元に決定します。

　RSTPではスイッチが相互にBPDU（*Bridge Protocol Data Unit*）パケットを交換することで、プライオリティ情報などの交換と故障検出を行います。このBPDUパケットが途切れたりスイッチ間接続がダウンすれば、スイッチは故障が発生したと判断し、代替経路を探して使います。

　では、簡単にRSTPの動作について見てみます。

ブリッジの優先順位とルートブリッジ

　RSTPが動作する各ブリッジ[注12]では、相互にBPDUを交換することでどちらが上位のブリッジかを決定します。接続されたすべてのブリッジのうちで最も上位のブリッジが「ルートブリッジ」になります。ブリッジは優先

[注10] ブロードキャストストームとは、ブロードキャストパケットがループしたネットワークの中を、いつまでも巡り続ける状態のことをいいます。ブロードキャストパケットを受信したスイッチは、受信したポート以外のすべてのポートに転送しますが、自分が転送したパケットが戻ってきてもそれを破棄したりせず再度転送します。そのため、ネットワークの中にはブロードキャストパケットが増え続けて帯域を食いつぶしたり、場合によってはスイッチがパケットを処理しきれずにダウンします。

[注11] RSTPは先にIEEE 802.1Dとして規格化されたSTPを高速化したものです。STPはループを検出して切断するまでに最大で50秒程度の時間を要しますが、RSTPでは数秒で収束するように改良されました。RSTPは最初IEEE 802.1wとして規格化されましたが、現在のIEEE 802.1D-2004ではSTPは廃止され、代わりにRSTPが組み込まれています。

[注12] ブリッジとはスイッチングハブと意味合い的には同じものを指します。RSTPの規格の中では用語として「ブリッジ」が使われますので、ここでもそれにならいます。

順位を、相手から受け取ったBPDUに記載された値と自分自身が持つ値とを次の順序で比較して決定します。

❶ルートブリッジだと認識しているブリッジのブリッジID
❷ルートブリッジへのパスコスト
❸ブリッジのブリッジID
❹相手のブリッジがBPDUを送出したポートのポートID
❺相手のブリッジからBPDUを受信したポートのポートID

ブリッジIDとは8バイトの値で、そのうち上位2バイトは各ブリッジにユーザが設定したプライオリティ値です。下位6バイトはそのブリッジのMACアドレスが使われます。ブリッジIDがより小さい方が、優先度は高くなります。

ルートブリッジへのパスコストは、ルートブリッジへ到達するのに経由する接続の、各接続に設定されたパスコストを足し合わせたものです。各接続のパスコストは、その接続のリンク速度によって決められた値です。これも小さいほど優先度が高くなります。

結局のところ、ルートブリッジとして選択されるのは、最も小さいプライオリティ値が設定されたものになります。

RSTPにおけるポートの役割

RSTPではすべてのブリッジにおいて、初期化の過程でブリッジの各ポートに対してそれぞれRSTP上の役割を決定します。役割は5種類あります。

- ルートポート(*Root Port*)
  ブリッジの各ポートのうち、最も上位のブリッジに接続されているポートのこと。RSTPの初期化が収束すればすべてのブリッジが認識するルートブリッジは同じになるので、ルートポート=ルートブリッジへの最短経路になる

- 指定ポート(*Designated Port*)
  下位のブリッジが接続されているポートのこと。接続相手のブリッジのポートは、ルートポートか代替ポートになる

- 代替ポート(*Alternate Port*)
  ルートポート以外で、上位のブリッジに接続されているポートのこと。このポ

ートではBPDU以外のパケットを遮断する。ルートポートが何らかの理由で使えなくなれば、代替ポートが使われる

- バックアップポート（*Backup Port*）
  別のポート（＝指定ポート）から自分自身が送ったBPDUを受信したポートのこと。RSTPが設定されたブリッジは受信したBPDUを転送することはないので、自分が送ったBPDUを受信するということは、その先にRSTPが設定されてないスイッチ類が接続されていてループを形成していると判断できる。このポートではBPDU以外のパケットを遮断する

- Disabled Port
  BPDUを受信しないポートのこと。たとえば、端末が接続されるポートがこれにあたる

RSTPの動作

ここでは、RSTPの動作の概略を説明します。詳しくは参考資料をご覧ください注13。

RSTP（図3.3.4）はループが形成されたネットワークにおいて、その一部を論理的に切断（パケットを遮断）することでループを解消します。そのためにRSTPは、ルートブリッジを根とした「木構造」を作ります。木構造では上位ノードへの接続（＝ルートポート）は必ず1つに限定されます。ルー

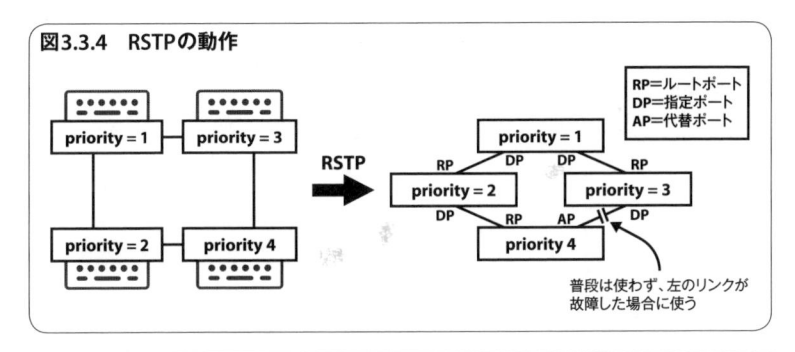

図3.3.4　RSTPの動作

RP＝ルートポート
DP＝指定ポート
AP＝代替ポート

普段は使わず、左のリンクが故障した場合に使う

注13　RSTPの詳細に関して、IEEE 802.1D-2004の仕様書に以下からアクセスできます。
　　　URL http://standards.ieee.org/getieee802/802.1.html
　　　RSTPの動作については、以下も参考になります。
　　　URL http://www.cisco.com/japanese/warp/public/3/jp/service/tac/473/146-j.shtml（シスコシステムズ社）
　　　URL http://www.soi.wide.ad.jp/class/20040031/slides/23/39.html（WIDEの講義資料）

3章 止まらないインフラを目指すさらなる工夫 DNSサーバ、ストレージサーバ、ネットワーク

トポート以外で上位のブリッジに接続されているポートは普段は使わず、ルートポートが使えなくなった際の代わりとしてマークしておきます（代替ポート）。上位への接続を常に1つに保ちそれ以外は使わないことで、ループを論理的に解消します。

代替ポートがないブリッジにおいてルートポートが使えなくなった場合、下位のブリッジとBPDUを交換し、役割を交代します。これは、ルートポートが使えなくなったということはルートブリッジへのパスコストは無限大になり、結果下位のブリッジのほうが優先順位が高くなるからです。

おわりに

LinuxのBondingドライバを使えば、サーバとスイッチの間の接続を冗長化すると同時に、スイッチの冗長化もできます。設置するサーバが増えてスイッチを増設したとしても、適切な構成と設定を施せば、Bondingドライバを使うことで冗長性を確保できます。ただしこの方法では、ネットワークに接続されたすべてのマシンがBondingドライバを使うことが前提になります。

一方RSTPを使えば、スイッチの冗長化をBondingドライバに頼らずに実現できます。スイッチを冗長化するためにすべてのマシンがBondingドライバを使わなければならないという縛りは、将来のシステムの拡張の自由度を奪います。接続するサーバが増えてきてスイッチを増設するならば、それを機にRSTPをサポートした機器の導入も検討してみてください。

3.4 VLANの導入
ネットワークを柔軟にする

サーバファームにおける柔軟性の高いネットワーク

はじめに、サーバファームにおいて柔軟性の高いネットワークとは何かについて考えます。具体的な条件としては、

- 新規サーバを容易に追加したい
- サーバが故障したときにすぐに代替機に移行したい
- あるサーバを別の役割のサーバとして切り替えたい

というような要望に応え、作業上のネックがない＝柔軟性の高いネットワークといえます。逆に、ネットワーク構成がネックとなり上記の作業が容易にできないならば、そのネットワークは柔軟性が低いといえます。

物理的に対応することも可能ですが、上記の条件を満たすとはいい難いでしょう。たとえば、サーバが手元にあれば、ケーブルを付け替えたり、サーバを移動することは大きな問題になりませんが、Webサービスを提供する多くのサーバはデータセンターに置いてあるため、データセンターに人を配置できない場合はそのつど現地に行く必要が出てきます。また、物理的にケーブルを付け替えて対応していると、気が付いたらラック内がケーブルで入り組んだ状態になり、外すことさえ困難になることもあり得ます。

ネットワークの構成変更などで行われる物理作業のなかには、インテリジェントなスイッチが持っているVLAN（*Virtual LAN*）の機能を利用すれば、物理作業をともなわずに対応が可能であるものも多くあります。本節では、サーバファームにおけるネットワークの柔軟性を高める方法の一つとして、VLANを使った場合のネットワーク構成やVLANのサーバファームにおける利用方法について取り上げます。合わせて、ロードバランサだけハードウェア構成が特殊にならないようにする方策としてのVLANの利用方法に

3章 止まらないインフラを目指すさらなる工夫　DNSサーバ、ストレージサーバ、ネットワーク

ついても考えます。

VLANの導入がもたらすメリットを考える

サーバファームにおいて、VLANを利用した場合のメリットはいくつかあります。ここでは、おもな二つのメリットとして以下について考えます。

- 1台のスイッチで複数のセグメントを管理できる
- ➡ スイッチを有効に活用できる
  VLANを利用すると1台のスイッチで複数のセグメントを管理できる。そのため、VLANを使わない場合よりスイッチを有効に活用できる
- 設定だけでポートに流れるデータを制御できる
- ➡ サーバ追加/置き換え、故障時の代替機による復旧が容易になる
  VLANにより、物理的にLANケーブルでのつなぎ直しをせずに、設定でLANケーブルがつながっているポートに流れるデータを制御できる。したがって、どのセグメントにつながっているサーバが故障しても代替機にLANケーブルさえつながっていれば容易に復旧させることできる

それぞれについて、運用の状況を想定しながら詳しく見てみましょう。

スイッチの有効利用

図3.4.1のような一般的なWebシステムの場合、WAN側セグメントと内部セグメントがあるでしょう。

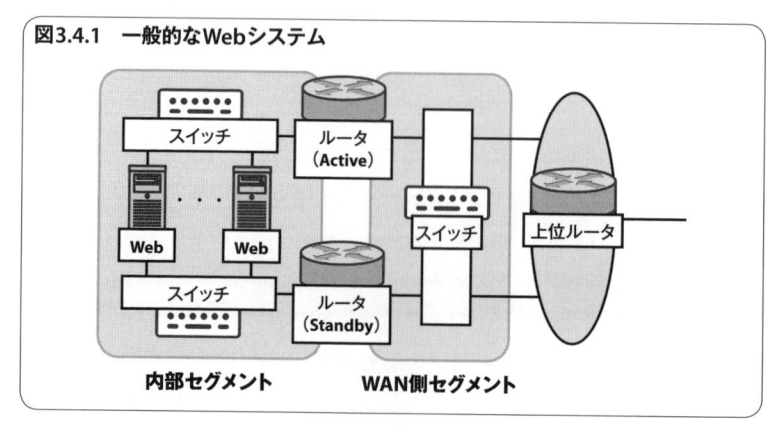

図3.4.1　一般的なWebシステム

WAN側セグメントについて考えてみると、たとえスイッチ以外を冗長化している最もポートを消費する構成だとしてもスイッチのポートは最大4ポート（上位回線2本、ルータ2台）しか使いません。ポート数の少ない8ポートのスイッチを利用していたとしても、4ポートは無駄になっているといえます。

　また、サービスが順調に拡大していく中でWebサーバを追加するということもあるでしょう。もし、内部セグメントのスイッチに空きポートがなければ、1台や2台のWebサーバを追加するのに合わせてスイッチまでも追加する必要性が出てきます。このようなときに、ポートに余裕のあるWAN側セグメントのスイッチにある空きポートを内部セグメントのスイッチにある空きポートのように使えれば、新たにスイッチを追加する必要がなくなります。

　当然、そのまま外部のネットワークと内部のネットワークを同じスイッチにつなげてしまうと、内部ネットワークに外部ネットワークから直接アクセスされてしまう恐れがあります。したがって、柔軟性だけでなくセキュリティ的にも安全に利用できなければなりません。

　上記のような構成でVLANを利用すると、セキュリティを確保しながら各スイッチのポートを柔軟に活用することができるようになります。

故障したサーバの復旧体制……1台の代替機を活用したい

　ここで、データセンター内のサーバが故障した場合を想定し、復旧までの流れを考えてみましょう。単純に、データセンターに復旧用の代替機を用意しているとすると、

❶故障したサーバの環境を代替機にセットアップ
❷代替機を故障したサーバの代わりにつなぎ直す

という手順が必要になります。

　手間を省き復旧までの時間を短縮するために、あらかじめセットアップしたサーバを代替機として現地に用意しておく方法も悪くはないのかもしれません。しかし、そうなるとWebサーバ、DBサーバなどシステムの各役割ごとに代替機を準備する必要があります。それぞれの役割のサーバが

3章 止まらないインフラを目指すさらなる工夫 DNSサーバ、ストレージサーバ、ネットワーク

何百台もあるような非常に大規模なシステムでもない限り、このような方法は現実的な選択肢ではありません。

トラブル時以外、役に立たない代替機に多くのコストをかけれませんので、代替機はできるだけ少なくしたいものです。また、ゲートウェイやロードバランサを含むシステム全体をLinuxベースで構成している場合は、代替機1台で、サーバだけでなくゲートウェイやロードバランサの代替機にもなることが理想的です。

1台の代替機による復旧と、VLANの使いどころ

では、上記のような1台の代替機でシステムのすべてをカバーする構成をとった場合の、復旧について考えてみましょう。まず、上記❶代替機への環境セットアップ方法はいくつか考えられます[注14]。

- 代替機に各役割を持った複数のハードディスクを搭載させ、起動時に切り替えする
- すべてのサーバを同じシステム構成にし起動後に必要なサービスを立ち上げたり、IPアドレスを付与することで切り替えを行えるようにする
- システムを構成するほとんどのサーバをネットワークブートにして、起動時にパラメータで役割を切り替える[注15]

次に、上記❷代替機の効率的なつなぎ込みですが、どのような方法が現実的でしょうか。代替機に複数のNICを搭載させ、どのネットワークにもつながるようにしておくのは不可能ではないかもしれません。しかし、その場合には代替機はすべてのセグメントのスイッチにつながっていなければなりません。つまり、物理的な配置場所やケーブルの取り回しなどが非常に困難になることが目に見えています。

対応としては、代替機だけを特別な構成にせず、たとえ代替機がどのスイッチのどのポートにつながっていても代わりができればいいということになります。その理想的な環境を用意できれば、すべてが同じ=フラットな構成とみなせるので、代替機の話だけではなく、場合によっては稼動中

注14 これらの方法以外にも、取り得る選択肢はあるかもしれませんが、いずれの方法もネットワークだけでどうにかできるものではなく主旨から外れるため本節では割愛します。
注15 ネットワークブートについて詳しくは5.5節を参照。

のサーバを緊急で別の用途に割り当てることも不可能ではないでしょう。

ケーブルのつなぎ込みに関しては、スイッチとOSのVLAN機能を活用することで対応することができます。VLANを活用することで物理的な制限が緩和されるので、故障時だけでなくサーバの追加も容易になり、よりスケーラビリティのあるシステムを構成することが可能となるのです。

以上を実現できれば、本節冒頭で紹介したような柔軟なネットワークを満たします。以降では、このような用途を想定しながらVLANについて説明します。

VLANの基本

VLANとは物理的な構成ではなく、ネットワーク機器やサーバの設定で「論理的」にネットワークを分割して構成する技術です。具体的には、ブロードキャストドメインの分割が論理的に可能ということになります。VLANを利用すると、同じスイッチに複数のセグメントの端末を接続しても、設定によって論理的にブロードキャストドメインを分割できるので、その結果として適切なポートにのみフレームがフォワードされるようになります。

先に、VLANで論理的にネットワークを分割できると説明しました。具体的に、通常2台のスイッチに接続された別々のネットワークを1台のスイ

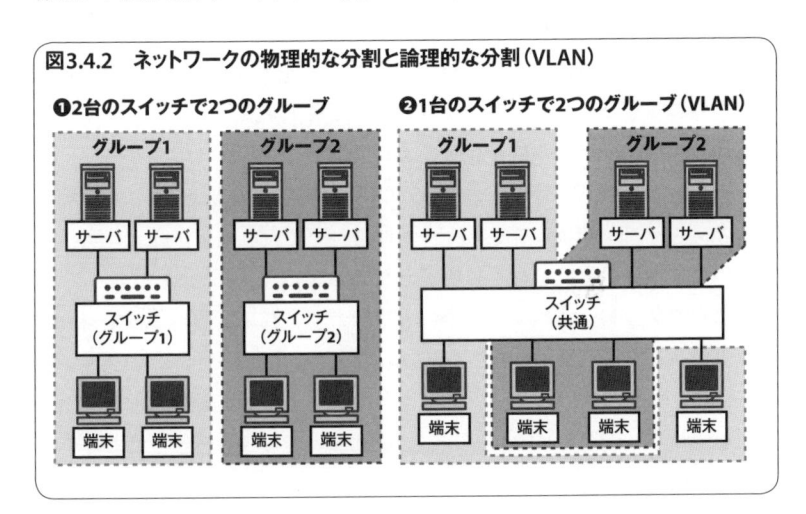

図3.4.2　ネットワークの物理的な分割と論理的な分割（VLAN）

3章 止まらないインフラを目指すさらなる工夫 DNSサーバ、ストレージサーバ、ネットワーク

ッチで管理する場合を考えてみましょう。たとえば、図3.4.2❶のように別々のセグメントとなるグループ1とグループ2に分かれたシステムがあった場合、通常それぞれのグループでスイッチを用意します。しかし、VLANを使い適切に設定を行えば図3.4.2❷のように1台のスイッチを複数のグループに分割することができます。

VLANを使わない場合でも、通常1つのスイッチに複数のセグメントをつないだ場合にもそれぞれで通信はできます。しかし、VLANが設定されていない状態のスイッチでは、マルチキャスト/ブロードキャストフレームやスイッチがまだ学習できていない宛先不明なユニキャストフレームは関係のないセグメントへも転送(フォワード)されます。

これでは、本来関係ないセグメントのブロードキャストフレームなども各ポートに流れてしまい、無駄に帯域を消費してしまいます。また、場合によっては本来通信を行ってはならないセグメントにまで通信できてしまい、盗聴の危険性などが考えられるためにセキュリティ的にも好ましくありません。

VLANの種類

VLANを実現するには、大きく分けて2種類の方法があります。

一つは、ポート単位に手動でグループの割り当てを行う「スタティックVLAN」(*Static VLAN*)です。この方法の場合、ポートにつながる端末のグループが変わるたびにスイッチの設定を手動で変更することになります。

もう一つは、つながる機器などによって動的にグループの割り当てを変える「ダイナミックVLAN」(*Dynamic VLAN*)です。この方法だと、つながる端末のグループが変わっても、ルールに基づいて割り当てが動的に変わるので、スイッチの変更を行う必要がありません。

これらのVLANを実現する技術にも複数あり、利用目的によって使い分けられています。実際、近年の社内LANなどで活用されているVLANではユーザごとやMACアドレスごとなどのルールに基づいて制御を行うVLAN技術を駆使し、適切なVLANグループを割り当てることによってセキュリティを確保する手段が使われ始めています。これは、社内LANではネット

ワーク利用者（＝社員）の移動などで構成変更が頻発に発生する環境であるため、動的にVLANを割り当てることで利用者の利便性とシステムのセキュリティ向上を同時に満たせるように考えた上で使われています。

しかし、サーバファームで利用する場合には頻繁に構成変更があるわけではないので、このような利便性に関しては考慮する必要性はありません。もし、頻繁に構成変更があるようならば構成全体や運用面を改善すべきです。

VLANには、上記のほかにもベンダー依存の特殊なものを含めさまざまな種類がありますが、本節ではサーバファームにて利用する上で適したVLANの知識として「ポートVLAN」と「タグVLAN」を取り上げます。

ポートVLAN

ポートVLAN（*Port VLAN*）とはスイッチのポートごとにVLAN識別子（以下、VLAN ID）を割り当てる方法です。1つのポートに対して1つのVLAN IDを与え、グルーピングしたいポートに対しては同じ識別子を与えます。図3.4.3ではポート1、5、6がVLAN1（VLAN ID 1が割り当てられたグループ）、ポート2、3、4がVLAN2（VLAN ID 2が割り当てられたグループ）となります。この場合、当然同一のVLAN間では通信でき、VLAN1-VLAN2間での通信はできません。

ポートVLANを利用する利点はそのスイッチに接続する端末側には特別な設定が不要であることと、ポートごとにVLANを設定するだけなので設

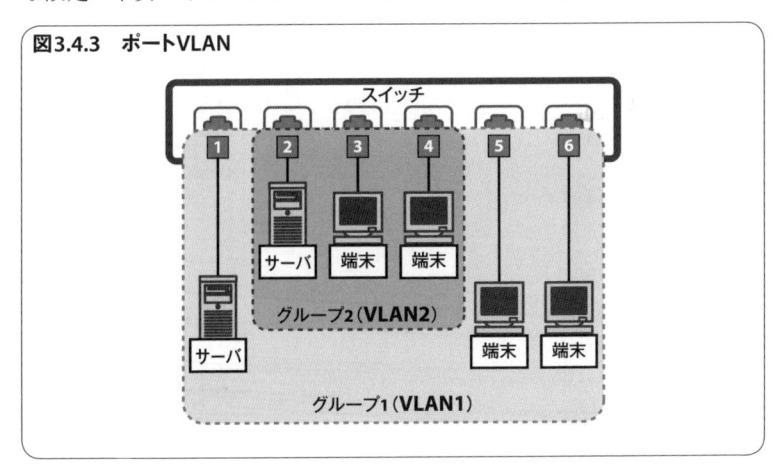

図3.4.3　ポートVLAN

定を1台のスイッチ内で完結でき、比較的シンプルに構成できることです。しかし、ポートVLANを利用する上での欠点として、複数のスイッチ間でのグルーピングができない点が挙げられます。ポートVLANでは複数のスイッチにまたがったグルーピングを行うことは不可能ではありませんが、そのような場合は構成が複雑になったり、スイッチ間のトラフィックに関係なく複数のポートが消費されたりするためお勧めできません。そのため、ポートVLANのみで構成する場合は、大量にデータをやり取りするサーバは同じスイッチに接続して制御するなどの考慮が必要となります。

タグVLAN

タグVLAN（*Tagged VLAN*）とは、VLAN IDを含むVLAN識別情報（以下、VLANタグ）をEthernetフレームに挿入して、各VLANグループを識別する方法です。このVLANタグは端末やスイッチからEthernetフレームが送信される際に挿入されるようになっています。VLANグループの管理は、ポート単位でのグルーピングを行うポートVLANとは異なり、流れるフレーム単位でのグルーピングとなります。したがって、ポートVLANにあった「1つのポートに対して1つのVLAN ID」という制約はなくなり、1つのポートで複数のVLANを扱えるようになります。

このことで、**図3.4.4**のように複数のスイッチにまたがったVLANグルー

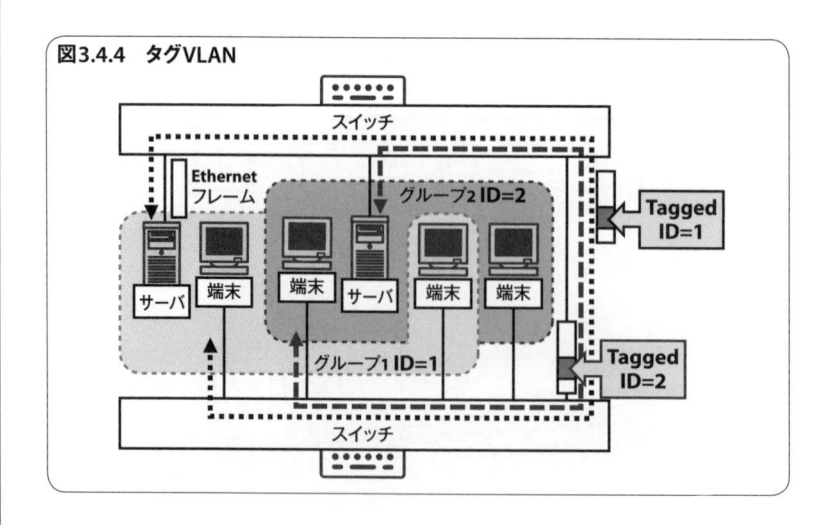

図3.4.4 タグVLAN

プを物理的にはシンプルに構成することができます。

　ここまでの話ですと、ポートVLANよりタグVLANのほうが良いと思えるかもしれません。しかし、実はVLANタグが埋め込まれたEthernetフレームは、通常のEthernetフレームと比較しVLANタグが含まれているぶん、ヘッダ情報などが異なります。これは、VLANタグを理解できない端末や、同様にVLANタグを理解できないネットワーク機器から見た場合は不正なフレームに見えてしまうことを意味します。つまり、それらの機器にVLANタグの付いたEthernetフレームが流れた結果、たとえ有効なフレームであっても場合によっては破棄されてしまうことがあるのです。そのため、VLANタグのついたEthernetフレームが流れる端末やネットワーク機器は、すべてVLANタグを理解できなければなりません。

サーバファームでの利用

　では、前述の「故障したサーバの復旧体制……1台の代替機を活用したい」項で紹介したサーバ故障時の対応を前提として、各VLAN技術を使った場合の構成を検討してみましょう。今回、システム全体をロードバランサも含め、Linuxベースのサーバで構成する場合を考えます。

VLANを使わない場合の構成

　まず、VLANを使わない場合を考えてみます。図3.4.5のように、きちん

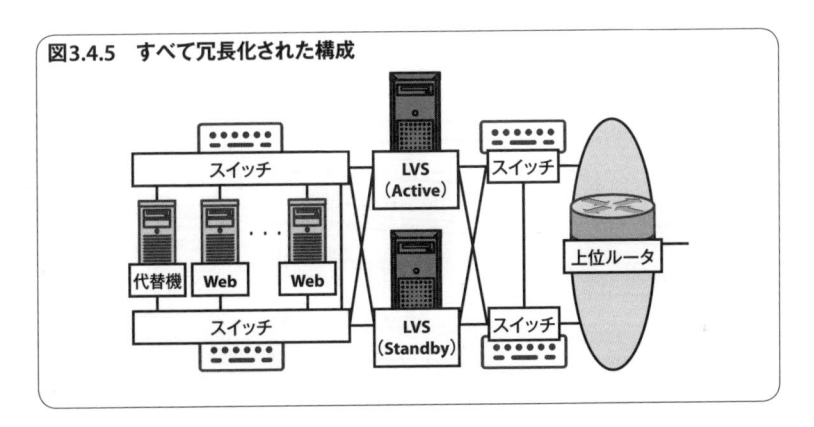

図3.4.5　すべて冗長化された構成

3章 止まらないインフラを目指すさらなる工夫　DNSサーバ、ストレージサーバ、ネットワーク

とすべて冗長化された構成では次の点が問題になるのがわかります。

- WAN側スイッチはそれぞれ4ポートのみ利用（残りのポートが無駄）
- 用意している代替機が、WAN側スイッチに接続していないという物理的な問題でロードバランサの代替機として使えない
- ロードバランサだけハードウェア構成が特殊（NICが4つ必要）

これらを改善する方法として、図3.4.6のようにすべて同じスイッチに接続するという構成を考えてみます。

しかし、この方法には重大な欠点があります。先述したとおり、マルチキャスト/ブロードキャストフレームはすべてのポートにフォワードされます。つまり、この構成の場合、Webサーバのセグメントで発生したマルチキャスト/ブロードキャストフレームがWAN側セグメントにある上位ルータにも流れてきます。また、逆にWAN側セグメントからも同様に流れてきてしまいます。このことは、トラフィック的にもセキュリティ的にも好ましいものではありません。つまり、この改善方法はとるべきではなく、図3.4.5の構成で上記問題を抱えたままとならざるを得ないでしょう。

ポートVLANを利用した構成

では、ポートVLANを利用した場合はどうでしょうか。

ポートVLANを利用する場合、図3.4.7のような構成が考えられます。1つのスイッチ内でVLANグループを2つ（VLAN ID1、VLAN ID2）作成しそ

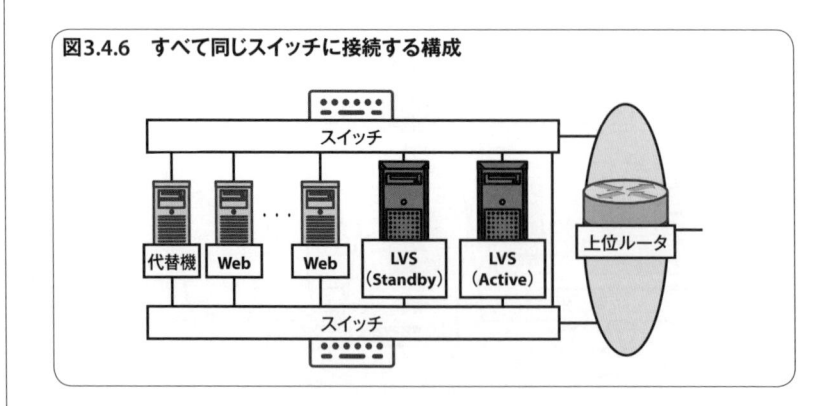

図3.4.6　すべて同じスイッチに接続する構成

れぞれWAN側セグメント用、内部セグメント用とします。これにより、スイッチのポートを有効に活用することができるようになりました。

しかし、代替機のつながっているポートのVLANグループを変更するだけでWAN側セグメントに切り替えることはできますが、ロードバランサはNICが4つあるという特殊なハードウェア構成です。したがって、ロードバランサが故障した時を考慮し代替機もNICが4つある構成にしなければなりません。また、代替機の話とは異なりますが、図3.4.8のように複数のスイッチで構成する場合はスイッチ間の接続もあわせて考慮しなければなりません。これらの問題で、残念ながらポートVLANだけでは理想とするフラットな構成にはできていません。

図3.4.7　ポートVLANを利用した構成例 １

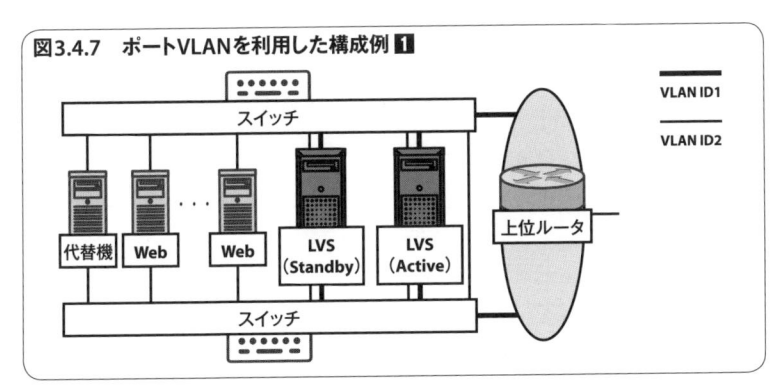

図3.4.8　ポートVLANを利用した構成例 ２

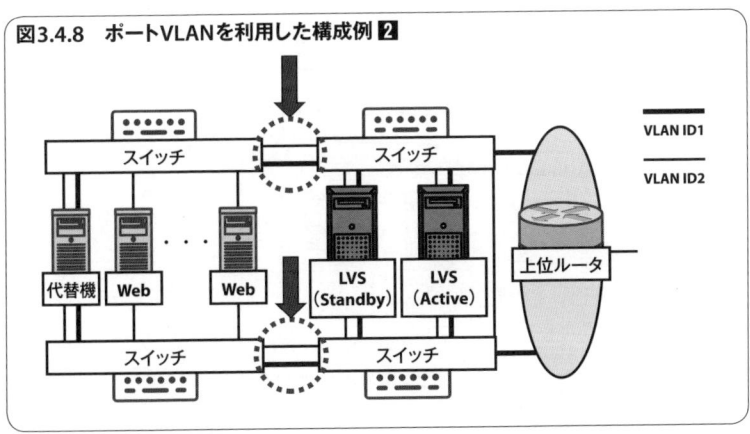

タグVLANを利用した構成

いよいよ大本命のタグVLANを利用した場合を考えてみましょう。

ポートVLANを利用した構成で問題となった2点を改善することを考えると、図3.4.9のようになります。ロードバランサがつながるポートでVLAN ID1とVLAN ID2の2つのグループを扱えるように設定することで、ロードバランサのNICは代替機やほかのサーバと同様に2つで済みます。この構成にすることで問題点はすべて解決できています。

ただし、この構成にするということは流れてくるフレームにVLANタグが付与されるということです。先述したように、VLANタグが付与されたフレームはVLANタグを理解できる端末でないと、処理されず破棄される可能性があるということになります。しかし、実はこの接続できる端末が制限されてしまうタグVLANと、基本的にどんな端末でも接続可能なポートVLANは併用できます。つまり、ポートから出るフレームのすべてにVLANタグを付ける必要はありません。ポートVLANでは制御が難しいポート、つまり複数のVLANを扱わなければいけないポートにのみVLANタグを付与すればよいのです。

今回の場合なら、上位ルータにつながるポートをVLAN ID1のポートVLANに割り当て、残りのポートにはVLAN ID2でポートVLANの設定を

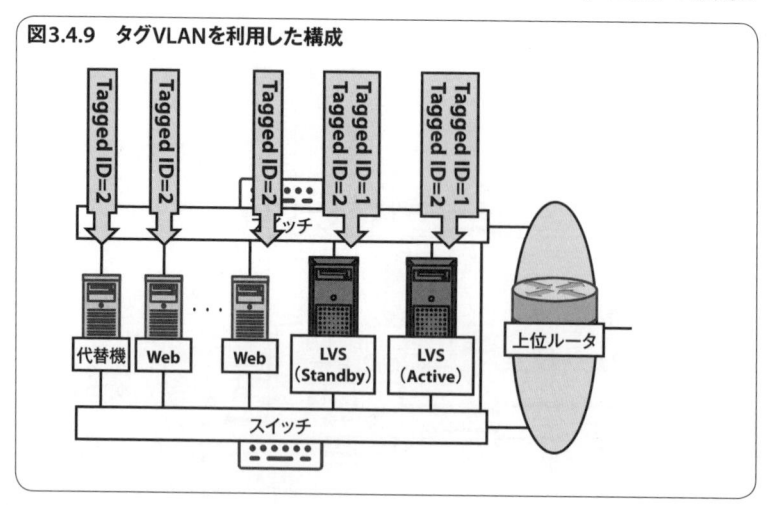

図3.4.9 タグVLANを利用した構成

行ってしまいましょう。そして、複数のVLANグループのフレームを流す必要のあるポート（ロードバランサのポート）には、VLAN ID1に対してVLANタグを「あり」で設定追加します。ここでは、ロードバランサのポートのVLAN ID1に対してVLANタグを「あり」にしましたが、逆にVLAN ID1でポートVLANを設定し、VLAN ID2に対してVLANタグを「あり」にしてもかまいません。ただし、「一番多く使われているVLANを常にVLANタグなし＝ポートVLANで利用する」など、ルール付けしておけば設計時や構築時、運用時に混乱を避けやすくなるでしょう。

　以上により、VLANタグを処理できるようにしなければいけない端末は、ロードバランサのみとなりました。ここでまた、ロードバランサだけ特別という話になってしまいますが、LinuxはVLANタグに対応しているので、特別なハードウェアを用意する必要はとくになく、その設定を行うだけです。LinuxでVLANタグを扱う場合、カーネルのサポートと設定ツールが必要です。カーネルのサポートは、構築時に「`CONFIG_VLAN_8021Q=y`」とすることで機能を有効にすることができます。また、設定ツールとしてはvconfigというコマンドが用意されており、このコマンドを利用することでVLANインタフェースを作成したり、削除することが可能となります。

　今回の構成では、ロードバランサでvconfigを実行し、新たにVLAN ID1のeth0.1というインタフェースを作成するだけとなります。

```
lvs01:~# aptitude install vlan
lvs01:~# vconfig add eth0 1
```

　これで、VLANを利用しない場合やポートVLANのみを利用した場合の問題を、すべて改善した構成となりました。

　タグVLANを利用することでこのように物理構成がシンプルで、かつ柔軟性のあるシステムが構築できるのです。ただし、ここで注意があります。タグVLANを利用する場合には論理構成が複雑になりがちです。また、ポートVLANと異なりサーバ側の設定追加も必要となります。したがって、ポートVLANを基本として考え構成し、必要なところにのみタグVLANの設定を行うようにすべきです。

複雑なVLAN構成でも物理構成はシンプルさが鍵

これまでの説明で、サーバファームでVLANを利用するメリットを理解できたでしょうか。

実際にVLANを導入しようと考える際に重要なのは、どのVLAN方式を使うにしても、極力シンプルな構成を目指すことです。せっかくVLANを導入しても、複雑な構成にしてしまってトラブル解決に時間がかかったり、ましてやトラブルを招くなどとなっては元も子もありません。

また、論理的に構成できるからといって物理的な構成をおろそかにすべきではありません。というのも、複数のスイッチにまたがるセグメントが存在するとそのセグメントのデータはスイッチ間を通ることになります。もし、このようなセグメントが多数ある場合にスイッチ間の帯域がボトルネックとなる可能性はゼロではありません（図3.4.10）。そのようなことにならないためにも、初期構築段階で物理的な構成と論理的な構成をきちんと検討すべきでしょう。場合によっては、リンクアグリゲーションなど帯域を確保できる技術も合わせて導入の検討を行っておくことをお勧めします。

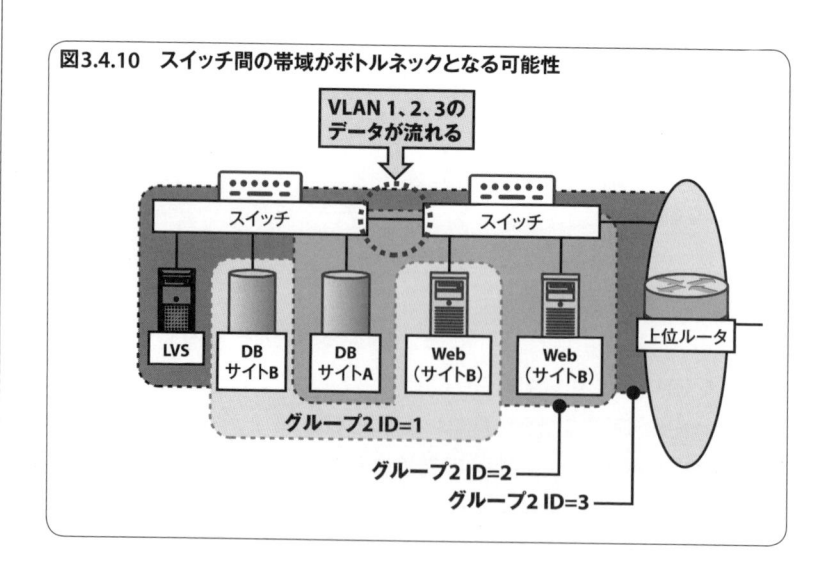

図3.4.10 スイッチ間の帯域がボトルネックとなる可能性

4章
性能向上、チューニング
Linux単一ホスト、Apache、MySQL

4.1 Linux単一ホストの負荷を見極める ……… p.146
4.2 Apacheのチューニング ……… p.190
4.3 MySQLのチューニングのツボ ……… p.209

4章 性能向上、チューニング　Linux単一ホスト、Apache、MySQL

4.1 Linux単一ホストの負荷を見極める

単一ホストの性能を引き出すために

「負荷分散」という言葉から思い浮かべるのは、多くの場合、1～3章で見てきたような複数のホストに処理を担当させる文字どおりの「分散」です。

しかし、そもそも1台で処理できるはずの負荷をサーバ10数台で分散するのは本末転倒です。単一のサーバの性能を十分に引き出すことができてはじめて、複数サーバでの負荷分散が意味をなします。本章ではこの問題、つまりそのネットワークを構成する「単一のホスト」に焦点を当てて解説していきます。

性能とは何か、負荷とは何かを知る

単一ホストの性能を十分に引き出すためには「性能とは何か」を知る必要があります。そこでまずは、サーバリソースの利用状況を把握するための計測方法について解説します。計測方法を解説すると同時に、Linuxを対象にOSの動作原理についても触れていきます。負荷を知るということはOSの状態を知るということです。OSがどう動いているかを知らずして、状態を診断することはできません。

Linuxのカーネルソースを追っていくと、「負荷」と呼ばれているものが具体的に何なのかがわかるでしょう。計測によって得られた値は、計測の仕方を知らずして考察することはできません。マルチタスクの動作原理は、プロセスの状態と負荷の関係を明らかにします。Webアプリケーションの負荷分散は、多くの場合「ディスクI/Oの分散と軽減」作業です。I/OがOSによってどう処理されるのかを学びましょう。OSはI/Oを軽減するためにキャッシュのしくみを内包しています。キャッシュが最も有効に働くようシステムを組むのが、I/O分散のコツです。

OSの動作原理と負荷の計測方法を知っていれば、対処療法でしか対応できなかったさまざまなトラブルを根っこから解決することができるようになるでしょう。OSのどこがボトルネックになってシステムの性能が出ていないか、を突き止めることができるようになります。ボトルネックを見極めるための基本戦略に沿って、その具体的な方法も見ていきましょう。

　単一ホストという意味では、そのOSの上で動作するミドルウェアにも目を向ける必要があります。OSが理想的な状態で動いてさえいれば、その上で動くアプリケーションはだいたいにおいて問題なく性能を発揮するものですが、ちょっとした落とし穴や、サーバに固有の問題などもあります。OSの次は、Web + DBアプリケーションの心臓部であるWebサーバとDBサーバのチューニングについて見ていくこととしましょう。

　なお、本章では対象OSがLinuxカーネル2.6であることを前提に話を進めます。ただし、近年のマルチタスクOSはだいたいが同じ原理で動作していることもあり、別のバージョンのカーネルあるいはほかのOSを見ても、本節での解説が大枠を外すことはないでしょう。

推測するな、計測せよ

　単一ホストの性能を引き出すには、サーバリソースの利用状況を正確に把握する必要があります。つまり、負荷がどの程度かかっているかを調べる必要があります。そしてこの計測作業こそが、単一ホストの負荷軽減で最も重要な作業です。

　プログラマの世界には有名な格言があります。

推測するな、計測せよ

です。負荷分散の世界も例に漏れず、です。

　さて、負荷計測。これまたApacheやMySQLといったアプリケーションに意識がいきがちなところ、対象になるのはおもにその下、OSです。OS知らずして負荷分散を語ることなかれ。負荷を知るのに必要な情報はほぼすべて、OSすなわちLinuxカーネルが持っています。

　Linuxではps、top、sarなどのツールを利用します。これらのツールは

4章 性能向上、チューニング Linux単一ホスト、Apache、MySQL

Linuxカーネルが内部的に測定した各種統計情報を見るためのコマンドラインツールです。たとえば、topを実行すると端末に図4.1.1のような出力が表示されます。

topコマンドは、ある瞬間のOSの状態のスナップショットを表示するツールです。表示される出力は時刻の経過とともにその内容が更新されていくので、OSの動向を眺めたいときに便利です。

CPU使用率やメモリの利用状況など、さまざまな値が報告されています。これらの値から判断して、負荷がどの程度かかっているかを見極めていくことになるのですが、困ったことに報告される値は多種にわたります。一体どのように値を見ていけばよいのでしょうか。その指針を得るためには「負荷とは何なのか」を知る必要があります。

そんな「負荷とは何か」の詳細に入る前に、話の流れを整理する意味も込めて先にボトルネック見極めの基本的な流れを解説しておきます。

ボトルネック見極め作業の基本的な流れ

ボトルネックを見極めるための作業を大きく分けると、次のとおりです。

- ロードアベレージを見る
- CPU、I/Oのいずれがボトルネックかを探る

図4.1.1 topの出力例

```
top - 19:50:21 up 150 days,  4:38,  1 user,  load average: 0.70, 0.66, 0.59
Tasks: 104 total,   2 running, 102 sleeping,   0 stopped,   0 zombie
Cpu(s): 21.8%us,  0.6%sy,  0.0%ni, 77.2%id,  0.0%wa,  0.1%hi,  0.3%si,  0.0%st
Mem:   4028676k total,  2331860k used,  1696816k free,   150476k buffers
Swap:  2048276k total,     9284k used,  2038992k free,   425064k cached

  PID USER      PR  NI  VIRT  RES  SHR S %CPU %MEM    TIME+  COMMAND
18481 apache    17   0  394m 154m 4228 R  100  3.9  1:23.50 httpd
19199 apache    16   0  390m 153m 4328 S   26  3.9  0:41.59 httpd
18474 apache    15   0  360m 122m 4364 S    4  3.1  1:12.26 httpd
18471 apache    15   0  371m 133m 4232 S    2  3.4  1:13.31 httpd
19325 apache    15   0  343m 105m 4340 S    2  2.7  0:35.10 httpd
    1 root      15   0 10304   80   48 S    0  0.0  4:23.65 init
    2 root      RT   0     0    0    0 S    0  0.0  2:40.25 migration/0
    3 root      34  19     0    0    0 S    0  0.0  0:00.38 ksoftirqd/0
<以下略>
```

以下、それぞれの基本的な流れを説明します。

ロードアベレージを見る

まず、負荷見極めの入り口となる指標としてtopやuptimeなどのコマンドでロードアベレージを見ます。ロードアベレージはシステム全体の負荷状況を示す指標です。ただし、ロードアベレージだけではボトルネックの原因がどこかは判断できません。ロードアベレージの値を皮切りに、ボトルネック調査を開始します。

ロードアベレージは低いのにシステムのスループットが上がらない場合も時折あります。その場合はソフトウェアの設定や不具合、ネットワーク、リモートホスト側に原因がないかなどを探ります。

CPU、I/Oのいずれがボトルネックかを探る

ロードアベレージが高かった場合、次はCPUとI/Oどちらに原因があるかを探ります。sarやvmstatで時間経過とともにCPU使用率やI/O待ち率の推移が確認できるのでそれを参考に見極めます。確認後、次のステップへ進みます。

CPU負荷が高い場合

CPU負荷が高い場合、以下のような流れで探っていきます。

- ユーザプログラムの処理がボトルネックなのか、システムプログラムが原因なのかを見極める。topやsarで確認する
- またpsで見えるプロセスの状態やCPU使用時間などを見ながら、原因となっているプロセスを特定する
- プロセスの特定からさらに詳細を詰める場合は、straceでトレースしたりoprofileでプロファイリングをするなりしてボトルネック個所を絞り込んでいく

一般的にCPUに負荷がかかっているのは、

- ディスクやメモリ容量などそのほかの部分がボトルネックにはなっていない、いってみれば理想的な状態

- プログラムが暴走してCPUに必要以上の負荷がかかっている

のいずれかです。前者の状態かつシステムのスループットに問題があれば、サーバ増設やプログラムのロジックやアルゴリズムの改善で対応します。後者の場合は不具合を取り除き、プログラムが暴走しないよう対処します。

I/O負荷が高い場合

I/O負荷が高い場合、プログラムからの入出力が多くて負荷が高いか、スワップが発生してディスクアクセスが発生しているか、のいずれかである場合がほとんどです。`sar`や`vmstat`によりスワップの発生状況を確認して問題を切り分けます。

確認した結果スワップが発生している場合は、次のような点を手掛かりに探っていきます。

- 特定のプロセスが極端にメモリを消費していないかを`ps`で確認できる
- プログラムの不具合でメモリを使い過ぎている場合は、プログラムを改善する
- 搭載メモリが不足している場合はメモリ増設で対応する。メモリが増設できない場合は分散を検討する

スワップが発生しておらず、かつディスクへの入出力が頻繁に発生している状況は、キャッシュに必要なメモリが不足しているケースが考えられます。そのサーバが抱えているデータ容量と、増設可能なメモリ量を突き合わせて以下のように切り分けて検討します。

- メモリ増設でキャッシュ領域を拡大させられる場合は、メモリを増設する
- メモリ増設で対応しきれない場合は、データの分散やキャッシュサーバの導入などを検討する。もちろん、プログラムを改善してI/O頻度を軽減することも検討する

以上が、負荷の原因を絞り込むための基本的な戦略になります。これらを踏まえた上で、「なぜこの手順でボトルネックを絞り込むことができるのか」を具体的に見ていきましょう。

負荷とは何か

そもそも負荷とは何か、についてさまざまな点から考えてみることにします。

二種類の負荷

一般的に、負荷は大きく二つに分類されます。

- CPU負荷
- I/O負荷

たとえば、大規模な科学計算を行うプログラムがあったとして、そのプログラムはディスクとの入出力は行わないが、処理が完了するまでに相当の時間を要するとします。「計算をする」ということからも想像がつくとおり、このプログラムの処理速度はCPUの計算速度に依存しています。これがCPUに負荷をかけるプログラムです。「CPUバウンドなプログラム」とも呼ばれます。

一方、ディスクに保存された大量のデータから任意のドキュメントを探し出す検索プログラムがあったとします。この検索プログラムの処理速度はCPUではなく、ディスクの読み出し速度、つまり入出力(*Input/Output*、I/O)に依存するでしょう。ディスクが速ければ速いほど、検索にかかる時間は短くなります。I/Oに負荷をかける種類のプログラムということで、「I/Oバウンドなプログラム」と呼ばれます。

一般的に、APサーバはDBから取得したデータを加工してクライアントに渡す処理を行います。その過程で大規模なI/Oを発生させることは稀です。よって多くの場合、APサーバはCPUバウンドなサーバであるといえます。

一方、Webアプリケーションを構成するもう一つの要素システムであるDBサーバは、データをディスクから検索するのがおもな仕事で、とくにデータが大規模になればなるほど、CPUでの計算時間よりもI/Oに対するインパクトが大きくなるI/Oバウンドなサーバです。同じサーバでも、負荷の種類が違えばその特性は大きく変わってきます。

4章 性能向上、チューニング　Linux単一ホスト、Apache、MySQL

マルチタスクOSと負荷

　WindowsやLinuxなど近年のマルチタスクOSは、その名のとおり同時に複数の異なるタスク＝処理を実行することができます。しかし、複数のタスクを実行するといっても、実際にはCPUや、ディスクなど有限なハードウェアをそれ以上の数のタスクで共有する必要があります。そこで非常に短い時間間隔で複数のタスクを切り替えながら処理を進めることで、マルチタスクを実現しています（図4.1.2）。

　実行するタスクが少ない状況では、OSはタスクに待ちを発生させずに切り替えを行うことができます。ところが、実行するタスクが増えてくると、あるタスクAがCPUで計算を行っている間、次に計算を行いたいほかのタスクBやCは、CPUが空くまで待たされることになります。この、「処理を実行したくても待たされている」という待ち状態は、プログラムの実行遅延となって現れます。

　topの出力には「load average」（ロードアベレージ）という数字が含まれます。

```
load average: 0.70, 0.66, 0.59
```

　ロードアベレージは、左から順に1分、5分、15分の間に、単位時間あたり待たされたタスクの数、つまり平均的にどの程度のタスクが待ち状態にあったかを報告する数字です。ロードアベレージが高い状況は、それだけタスクの実行に待ちが生じている表れですから、遅延がある＝負荷が高い状況といってよいでしょう。

　しかし、ロードアベレージはあくまで待ちタスク数を表すだけの数字なので、これを見ただけでは、CPU負荷が高いのか、I/O負荷が高いのかは判断できません。最終的にサーバリソースのどこがボトルネックになって

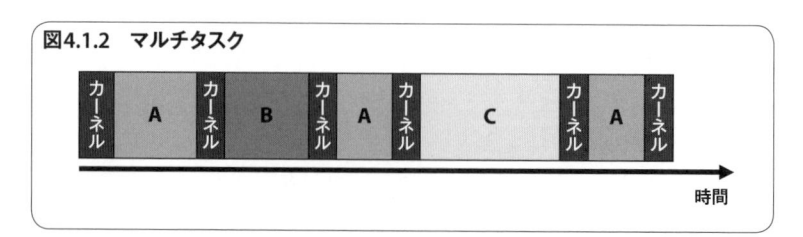

図4.1.2　マルチタスク

| カーネル | A | カーネル | B | カーネル | A | カーネル | C | カーネル | A | カーネル |

→ 時間

いるのかを判断するには、もう少し細かい調査が必要です。

- どの値を見ればOSのボトルネックが判断できるのか。それぞれの値はOSが何を出力した値なのか
- ロードアベレージが表す「待ちタスク」とは、実際に何を待っているタスクのことなのか
- 仮にボトルネックがわかったとして、実際どのプロセスが負荷の原因になっているのか

を探っていく必要が出てきます。

負荷の正体を知る＝カーネルの動作を知る

　結局のところ「負荷」というのは、複数のタスクによるサーバリソースの奪い合いの結果に生じる待ち時間を一言で表した言葉でしかありません。その正体を知るためには、「タスクが待たされるのはどのような場合か」というOSの挙動、つまりLinuxカーネルの動作を理解する必要があります。

　タスクの待ちを制御するのは、Linuxカーネルの中でも「プロセススケジューラ」(*Process Scheduler*)と呼ばれるプログラムです。プロセススケジューラは、マルチタスクの制御において、実行するタスクの優先度を決め、タスクを待たせたり再開させるというカーネルの中枢の仕事を担います。このプロセススケジューラの概要を見ていくと、負荷の正体が見えてきます。

プロセススケジューリングとプロセスの状態

　「プロセス」(*Process*)は、プログラムがOSによって実行されているときその実行単位となる概念です。プロセスは、カーネル内部での実行単位を表す「タスク」(*Task*)とは狭義の意味で区別される言葉ですが、ここではほぼ同じと思って読み進めていただいても差し支えありません。

　たとえばlsコマンドを実行すると、lsのバイナリファイルから機械語命令がメモリに展開されて、CPUがメモリから命令をフェッチ(*Fetch*)し実行していきます。命令を実行するにはlsコマンドが使用する各種メモリ領域のアドレス、実行中の命令の位置(プログラムカウンタ、*Program Counter*)、lsコマンドがオープンしたファイルの一覧などさまざまな情報が必要になります。これらの情報はばらばらになっているより、実行中のプログラム

4章 性能向上、チューニング　Linux単一ホスト、Apache、MySQL

ごとにひとまとめにして扱うほうが都合が良いのは明らかです。プロセスとは、この「プログラムの命令」と「実行時に必要な情報」がひとまとめになったオブジェクトのことです。

Linuxカーネルは、プロセス一つにごとに「プロセスディスクリプタ」（*Process Descriptor*）という管理用のテーブルを作成します。このプロセスディスクリプタに各種実行時情報が保存されます[注1]。

Linuxカーネルは、このプロセスディスクリプタ群を優先度の高い順に並び替えて、もっともらしい実行順でプロセス＝タスクが実行されるように調整します。この調整役が「プロセススケジューラ」です（**図4.1.3**）。

スケジューラは、プロセスを状態分けして管理します。たとえば、

- CPUが割り当てられるのを待っている状態
- ディスクの入出力が完了するのを待っている状態

という具合です。プロセスディスクリプタにはこの状態を保存する領域（task_struct構造体のstateメンバ）があります。状態の区別には**表4.1.1**のものがあります。

スケジューラは各プロセスの実行状態を管理しながら、必要に応じて状態を変更しタスクの実行順を制御します。これがスケジューリングです。

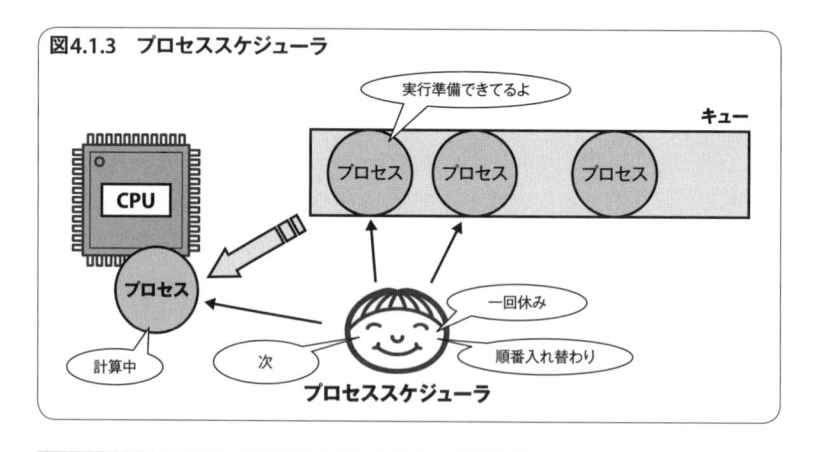

図4.1.3　プロセススケジューラ

[注1] プロセスディスクリプタは、Linuxカーネルのコード中ではtask_structという構造体です。カーネルソースのinclude/linux/sched.hにその定義があります。興味のある方は覗いてみるとよいでしょう。

プロセスの状態遷移の具体例

もう少し具体的に見ていきましょう。3つのプロセス❹、❺、❻を同時に起動したところを想像します。まず、いずれのプロセスも生成直後は実行可能状態、つまりTASK_RUNNINGの状態からスタートします。TASK_RUNNINGはその名前に反して「実行可能な待ち状態」であって「いままさに実行中」ではないことに注意してください。

- プロセス❹：TASK_RUNNING
- プロセス❺：TASK_RUNNING
- プロセス❻：TASK_RUNNING

TASK_RUNNINGの3つのプロセスは、すぐにスケジューリングの対象となります。このとき、スケジューラがプロセス❹にCPUの実行権限を割り当てたとします。すると、

- プロセス❹：TASK_RUNNINGかつ実行中
- プロセス❺：TASK_RUNNING
- プロセス❻：TASK_RUNNING

となります。Linuxカーネル内部ではいままさに実行中のプロセスと、実行可能な待ち状態を区別する状態はありません。ここではこの状態を便宜

表4.1.1　プロセスディスクリプタの状態の区別

状態	説明
TASK_RUNNING	実行可能状態。CPUが空きさえすれば、いつでも実行が可能な状態
TASK_INTERRUPTIBLE	割り込み可能な待ち状態。おもに復帰時間が予測不能な長時間の待ち状態。スリープやユーザからの入力待ちなど
TASK_UNINTERRUPTIBLE	割り込み不可能な待ち状態。おもに短時間で復帰する場合の待ち状態。ディスクの入出力待ち
TASK_STOPPED	サスペンドシグナルを送られて実行中断になった状態。リジュームされるまでスケジューリングされない
TASK_ZOMBIE	ゾンビ状態。子プロセスがexitして親プロセスにリープされるまでの状態

4章 性能向上、チューニング　Linux単一ホスト、Apache、MySQL

的に「TASK_RUNNINGかつ実行中」とします。

CPUを割り当てられたので、プロセス🅐は処理を開始します。🅑と🅒は🅐がCPUを明け渡すのを待ちます。

🅐はいくばくかの計算を行った後、ディスクからデータを読み出す必要が出てたとしましょう。🅐はディスクに読み出し要求を出しますが、その後、要求するデータが届くまでは仕事が続けられません。この状況を「🅐はI/O待ちでブロックされている」といいます。🅐はI/O完了まで待ち状態（TASK_UNINTERRUPTIBLE）になるのでCPUを使いません。そこで、スケジューラは🅑と🅒の優先度を計算した結果を見て、優先度の高いほうにCPU実行権限を与えます。

ここでは🅒よりも🅑の優先度が高かったとしましょう。

- プロセス🅐：TASK_UNINTERRUPTIBLE
- プロセス🅑：TASK_RUNNINGかつ実行中
- プロセス🅒：TASK_RUNNING

となります。

🅑は実行して間もなく、ユーザからのキーボード入力を待つ必要が出てきました。🅑はキーボード入力を待ってブロックされます。結果🅐も🅑も入出力待ちとなり、🅒が実行されます。このとき、🅐と🅑は同じ待ち状態ですが、ディスク入出力待ちとキーボード入力待ちは異なる状態に分類されます。キーボードの入力待ちは無期限かつ長時間の待ちイベント待ち（TASK_INTERRUPTIBLE）ですが、ディスク読み出しは短期間かつ必ず終わりがあるイベント待ちであるのが、二つの状態が区別される理由です。

各プロセスの状態は、

- プロセス🅐：TASK_UNINTERRUPTIBLE（ディスク入出力待ち/割り込み不可能）
- プロセス🅑：TASK_INTERRUPTIBLE（キーボード入力待ち/割り込み可能
- プロセス🅒：TASK_RUNNINGかつ実行中

となります。

今度はプロセス🅒を実行中に、ディスクからプロセス🅐が要求していた

データがデバイスバッファに届いたとしましょう。ハードウェアからカーネルに対し割り込み信号が来て、ディスク読み出しが完了したことをカーネルは知ります。カーネルはプロセス❹を実行可能状態に戻します。

- プロセス❹：TASK_RUNNING
- プロセス❺：TASK_INTERRUPTIBLE
- プロセス❻：TASK_RUNNINGかつ実行中

となります。

この後、プロセス❻が何らかの待ち状態になる、たとえば、

- CPU時間をある一定以上使い続けた
- タスクが終了した
- I/O待ちに入った

などの条件を迎えるのを契機に、スケジューラはプロセス❻からプロセス❹へ実行プロセスの切り替えを行います。

プロセスの状態遷移のまとめ

以上のプロセスの状態遷移を図にすると**図4.1.4**のようになります。このようにプロセスにはいくつかの状態区分が定義されていて、プロセスはその各状態を遷移しながら必要な計算を行ったり、I/Oを行ったりするわけです。システム負荷を理解するにあたって、このプロセスの状態遷移が大きな意味を持ちます。

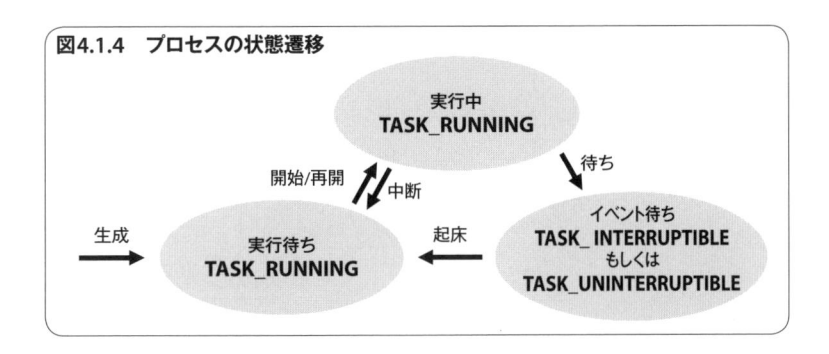

図4.1.4　プロセスの状態遷移

4章 性能向上、チューニング　Linux単一ホスト、Apache、MySQL

ロードアベレージに換算される待ち状態

プロセス🅐～🅒が状態遷移を行う中で、4つの状態がありました。

- TASK_RUNNING かつ実行中
- TASK_RUNNING
- TASK_INTERRUPTIBLE
- TASK_UNINTERRUPTIBLE

ロードアベレージは「待ちタスクの平均数」を表す数字でした。4つの状態のうち「TASK_RUNNINGかつ実行中」以外の3つは待ち状態です。この3つすべてが、待ち状態としてロードアベレージに換算されるのでしょうか？

結論からいうと、ロードアベレージに換算されるのはTASK_RUNNINGとTASK_UNINTERRUPTIBLEの2つのみで、TASK_INTERRUPTIBLEは換算されません。つまり、

- CPUを使いたいけれども、他のプロセスがCPUを使っていて待たされているプロセス
- 処理を続けたいけれども、ディスク入出力が終わるまで待たなければいけないプロセス

の2つが、ロードアベレージの数値となって表現されることがわかります。

いずれの状態も「実行したい処理があるけれども、どうしても待たなければいけない」という点が共通しています。一方、同じ待ちでも、キーボード入力待ちやスリープによる待ちは、プログラムが自ら明示的にそれを待つ点が異なっており、ロードアベレージには含まれません。リモートホストからのデータの着信待ちも、相手からいつデータがやってくるかは不明であるため、ロードアベレージには換算されません。

ロードアベレージとはシステムの負荷を示す指標ですから、つまりは上記の2点が負荷の原因となる待ち状態であることがわかります。

ロードアベレージが報告する負荷の正体

　ハードウェアは、ある一定の周期でCPUに割り込み信号と呼ばれる信号を送ります。周期的に送られる信号であることから、「タイマ割り込み」(*Timer Interrupt*)と呼ばれます。たとえば、CentOS 5では割り込み間隔は4ms(ミリ秒)になるよう設定されています。この割り込みごとに、CPUは時間を進めたり、実行中のプロセスがCPUをどれだけ使ったかという計算など、時間に関連する処理を行います。このとき、タイマ割り込みごとに、ロードアベレージの値が計算されます。

　カーネルはタイマ割り込みがあったそのときに、実行可能状態のタスクとI/O待ちのタスクの数を数え上げておきます。その数を単位時間で割ったものが、ロードアベレージ値として報告されます。

＊　＊　＊

　ここまでくると、「ロードアベレージが報告する負荷」の正体がはっきりしてきます。つまりロードアベレージがいう負荷は、

処理を実行したくても、実行できなくて待たされているプロセスがどのぐらいあるか

であり、より具体的には、

- CPUの実行権限が与えられるのを待っているプロセス
- ディスクI/Oが完了するのを待っているプロセス

であることがわかります。

　これはたしかに、直感と一致します。CPUに負荷がかかるような処理、たとえば、動画のエンコードなどを行っている最中に別の同種の処理を行いたいと思っても結果が返って来るのが遅かったり、ディスクからデータを大量に読み出している間は、システムの反応が鈍くなったりします。一方、いくらキーボード待ちのプロセスがたくさんあっても、それが原因でシステムのレスポンスが遅くなることはありません。

4章 性能向上、チューニング Linux単一ホスト、Apache、MySQL

> **Columun** プロセスの状態をツールで見る……ps
>
> TASK_RUNNINGやTASK_INTERRUPTIBLEなどはカーネルが内部で扱う状態の区別ですが、ユーザプロセスからもその状態を参照することが可能です。psやtopなどはその情報を整形して表示します。以下はpsコマンドの出力です。
>
> ```
> % ps auxw | egrep (STAT|httpd)
> USER       PID %CPU %MEM    VSZ    RSS TTY      STAT START   TIME COMMAND
> root     10861  0.0  1.7 295256  69020 ?        Ss   Feb07   0:06 /usr/sbin/httpd
> apache   18711  7.2  3.1 366744 125176 ?        R    00:13   1:14 /usr/sbin/httpd
> apache   18827  8.1  3.8 396636 154696 ?        S    00:18   0:58 /usr/sbin/httpd
> apache   18898  9.0  3.9 400188 158492 ?        S    00:22   0:42 /usr/sbin/httpd
> ```
>
> STAT列に注目してください。man psによると、「S」が"Interruptible sleep"、つまりTASK_INTERRUPTIBLEに相当し、「R」は"Running or runnable(on runqueue)"[※1]なのでTASK_RUNNINGに相当します[※2]。普段何気なく表示していたpsのSTAT項が、カーネル内部でのプロセスの状態と対応していることがわかります。
>
> - R(Run)：TASK_RUNNING
> - S(Sleep)：TASK_INTERRUPTIBLE
> - D(Disk Sleep)：TASK_UNINTERRUPTIBLE
> - Z(Zombie)：TASK_ZOMBIE
>
> となります。その他の項の対応はpsのマニュアルを参照してください。
>
> ※1 runqueueはランキュー、実行可能状態プロセスが並ぶカーネル内部のキューです。
> ※2 なお、「Ss」のsはセッションリーダを表すようです。

ロードアベレージ計算のカーネルのコードを見る

ロードアベレージの計算処理をより具体的にイメージできるよう、少しカーネルのコードを覗いて見ることにしましょう。ここではLinuxカーネル2.6.23のコードを参照します。

ロードアベレージ計算の関数はkernel/timer.cの **calc_load( )** です。この関数が、ハードウェアのタイマ割り込みごとに呼び出されます。CentOS 5ではタイマ割り込みの周期は4msですので、ほぼ4msごとにcalc_load( )が呼ばれていることになります。

```
unsigned long avenrun[3];
EXPORT_SYMBOL(avenrun);

static inline void calc_load(unsigned long ticks)
{
    unsigned long active_tasks; /* fixed-point */
    static int count = LOAD_FREQ;

    count -= ticks;
    if (unlikely(count < 0)) {
        active_tasks = count_active_tasks();
        do {
            CALC_LOAD(avenrun[0], EXP_1, active_tasks);
            CALC_LOAD(avenrun[1], EXP_5, active_tasks);
            CALC_LOAD(avenrun[2], EXP_15, active_tasks);
            count += LOAD_FREQ;
        } while (count < 0);
    }
}
```

calc_load( )の中ではaverunというグローバルな配列に、**count_active_tasks( )**関数の結果を格納しているのがわかります。count_active_tasks( )という関数名からその時点でシステム内に存在する「Activeなタスク(プロセス)の数」を数えていることが伺えます。この「Activeなタスク」とは何でしょうか。もう少し処理を追ってみると、kernel/sched.cの**nr_active( )**関数にたどり着きます。

```
unsigned long nr_active(void)
{
    unsigned long i, running = 0, uninterruptible = 0;

    for_each_online_cpu(i) {
        running += cpu_rq(i)->nr_running;

        uninterruptible += cpu_rq(i)->nr_uninterruptible;
    }

    if (unlikely((long)uninterruptible < 0))
        uninterruptible = 0;

    return running + uninterruptible;
}
```

for_each_online_cpu( )は、CPUごとに計算をするときに使われるマクロです。また、**cpu_rq( )**はCPUに紐付いているランキュー[注2]を取得する

注2　待ち状態にあるタスクディスクリプタを格納しているキュー。

マクロです。つまり、ここでは各CPUのランキューを順番に見ていることがわかります。そしてランキューから、

- cpu_rq(i)->nr_running
- cpu_rq(i)->nr_uninterruptible

の2つの値を取り出して合計したものを返却しています。名前からも想像がつきますが、それぞれランキュー内のTASK_RUNNING、TASK_UNINTERRUPTIBLEのプロセス数に相当します。

このnr_active( )から返却された値は先に見たcalc_load( )関数に渡り、1分、5分、15分単位で計算した値がaverun配列に格納されます。averun配列に格納された値がロードアベレージの正体です。

ユーザプロセスからprocファイルシステムの/proc/loadavgに読み出し要求が来ると、カーネルはその時点のaverun配列の値を整形してユーザ空間に届けます。出力を確認しておきましょう。

```
% cat /proc/loadavg
0.01 0.05 0.00 4/46 10511
```

topやuptimeコマンドは、この出力からロードアベレージを取得し、表示しています。

タイマ割り込みごとにロードアベレージが計算されて、待ち状態にあるタスクのうちTASK_RUNNINGとTASK_UNINTERRUPTIBLEの状態のものを数え上げている、というのがコードのレベルでわかりました。

ロードアベレージの次はCPU使用率とI/O待ち率

ロードアベレージの具体的な算出方法を見ていくと、その値がCPU負荷とI/O負荷を表していることがわかりました。逆にいうと、過負荷でシステムのパフォーマンスが劣化する原因は、ほとんどの場合CPUかI/Oどちらかに原因がある、ということを示しています。よって、ロードアベレージを見て対応の必要がありとみなした場合、次はCPUとI/Oどちらに原因があるのかを調べることになります。

sarでCPU使用率、I/O待ち率を見る

ここで、CPU使用率やI/O待ちの割合（I/O待ち率）の指標が生きてきます。これらの指標はsarコマンドで確認するとよいでしょう。sar（*System Activity Reporter*）はその名のとおりシステム状況のレポートを閲覧するためのツールで、sysstatパッケージに含まれています。

図4.1.5はCPUバウンドなシステムでのsarの実行結果です。

細かな使い方については後述しますが、sarが他のツールよりも優れている点は、負荷の指標を時間の経過とともに比較しながら閲覧できる点です。上記では00:00～00:40までの間のCPU使用率の遷移が確認できます。「%user」はCPUのユーザモードでの使用率です。「%system」がシステムモードです。ロードアベレージが高く、かつこれらCPU使用率の値が高ければ、待たされているプロセスの負荷の原因はCPUリソース不足であると判断できるでしょう。

CPUのユーザモードとシステムモード

CPUのユーザモードとシステムモードとは、それぞれ

- ユーザモード：ユーザプログラムが動作する際のCPUのモード、つまり通常のアプリケーションが動作するモード
- システムモード：システムプログラム＝カーネルが動作する際のCPUモード

になります。同じCPU使用率でも、ユーザアプリケーションがCPUを使用したのか、カーネルが使用したのかで異なる指標として扱われています。

通常のプログラムがCPUに負荷をかける場合、多くはユーザモードでの

図4.1.5　sarの実行例（CPUバウンドなシステム）

```
% sar
Linux 2.6.19.2-103.hatena.centos5 (jubuichi.hatena.ne.jp)    02/08/08

00:00:01        CPU     %user     %nice   %system   %iowait    %steal     %idle
00:10:01        all     59.84      0.00      1.54      0.00      0.00     38.62
00:20:02        all     48.72      0.00      1.48      0.00      0.00     49.80
00:30:01        all     54.91      0.00      1.45      0.00      0.00     43.64
00:40:01        all     66.39      0.00      1.51      0.02      0.00     32.09
Average:        all     57.47      0.00      1.49      0.01      0.00     41.03
```

4.1　Linux単一ホストの負荷を見極める

4章 性能向上、チューニング Linux単一ホスト、Apache、MySQL

CPU使用率が高くなります。つまり、ユーザアプリケーションが計算を行っている状態です。一方、たとえば大量のプロセスやスレッドを動作させている場合、つまりプロセスやスレッドの切り替え回数が多い場合、もしくはシステムコールを呼び出す頻度が高い場合などは、システムモードでの使用率が高くなるでしょう。

CPU時間の違いをイメージしやすいよう、図示したのが図4.1.6です。

マルチタスクといってもカーネルが短い時間でプロセスを切り替えているだけ、というのは本節の冒頭で述べたとおりです。つまり、プロセスが切り替わるタイミングでは必ずカーネルが動作することになります。また、システムコールを発行すると、ユーザプログラムからカーネルへと実行状態が遷移します。

I/Oバウンドな場合のsar

次に、I/Oバウンドなサーバでのsarの結果を見てみます(図4.1.7)。

「%iowait」はI/O待ち率です。ロードアベレージが高く、かつここの値が高い場合は、負荷の原因がI/Oであると判断できます。

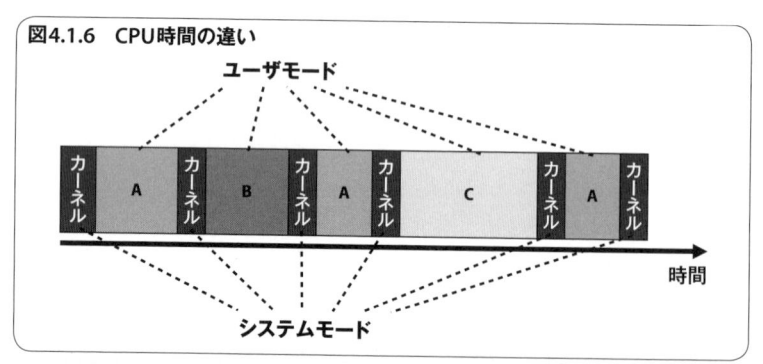

図4.1.6 CPU時間の違い

図4.1.7 sarの実行例(I/Oバウンドなサーバ)

```
Linux 2.6.18-8.1.8.el5 (takehira.hatena.ne.jp)   02/08/08

00:00:01        CPU     %user    %nice  %system  %iowait   %steal    %idle
00:10:01        all      0.14     0.00    17.22    22.88     0.00    59.76
00:20:01        all      0.15     0.00    16.00    22.84     0.00    61.01
00:30:01        all      0.16     0.00    19.66    18.99     0.00    61.19
00:40:01        all      0.10     0.00     8.50    13.09     0.00    78.30
Average:        all      0.14     0.00    15.34    19.45     0.00    65.07
```

CPU、I/Oいずれかに原因があることがわかったら、そこからさらに詳細に調査していくためにほかの指標、たとえばメモリの使用率やスワップ発生状況などを参照していきます。

このように、ボトルネックを見極める際は、ロードアベレージなどの総合的な数字から、CPU使用率やI/O待ち率などのより具体的な数字、さらには各プロセスの状態へとトップダウンで見ていく戦略が有効です。何をどのような順番で見ていくかの方針は、カーネル内部の動作と、報告される値の計算方法がわかっていれば自明です。繰り返しになりますが、負荷を知るということは、カーネルの動作を知るということなのです。

マルチCPUとCPU使用率

昨今のx86 CPUアーキテクチャは、マルチコア（*Multi-Core*）化が進んでいます。マルチコアになると、たとえCPUが物理的に1つでもOSからは複数のCPUが搭載されているように見えます。LinuxカーネルはCPU使用率統計をそれぞれのCPUごとに保持するようになっています。確認してみましょう。

sarの-Pオプションを利用します。**図4.1.8**は、コアが4つのクアッドコアCPU（*Quad-Core CPU*）が搭載されたサーバでのsarの結果です。

各CPUにはCPU IDという連番の数字が付いており、出力のCPU列で確認できます。各CPUごとに使用率の統計が得られています。

図4.1.8　sar -Pの実行例（CPUバウンドなサーバ、マルチCPU搭載）

```
% sar -P ALL | head -13
Linux 2.6.19.2-103.hatena.centos5 (jubuichi.hatena.ne.jp)        02/08/08

00:00:01        CPU     %user    %nice   %system   %iowait    %steal     %idle
00:10:01        all     59.84     0.00      1.54      0.00      0.00     38.62
00:10:01          0     68.10     0.00      3.71      0.00      0.00     28.19
00:10:01          1     52.82     0.00      0.81      0.00      0.00     46.37
00:10:01          2     53.52     0.00      0.76      0.00      0.00     45.72
00:10:01          3     64.94     0.00      0.88      0.00      0.00     34.18
00:20:02        all     48.72     0.00      1.48      0.00      0.00     49.80
00:20:02          0     62.81     0.00      3.59      0.01      0.00     33.59
00:20:02          1     39.11     0.00      0.81      0.01      0.00     60.07
00:20:02          2     38.17     0.00      0.71      0.00      0.00     61.12
00:20:02          3     54.79     0.00      0.82      0.00      0.00     44.39
```

4章 性能向上、チューニング　Linux単一ホスト、Apache、MySQL

　これはCPUバウンドなサーバですが、I/Oバウンドなサーバでの結果を見てみましょう。まずは-Pオプションは用いずに総計だけを見てみます（図4.1.9）。

　I/O待ち（%iowait欄）が、平均して20%前後であることが確認できます。このサーバは、コアが2つのデュアルコアCPUを利用しています。sar -Pで個別に見てみます（図4.1.10）。

　結果は少し意外です。I/O待ちはほぼCPU 0番だけで発生しており、CPU 1番はほとんど仕事をしていないことがわかります。

　マルチCPUが搭載されていても、ディスクは1つしかない場合、CPU負荷はほかのCPUに分散できてもI/O負荷は分散できません。その偏りがsarの結果となって現れています。平均するとI/O待ちは20%程度とそれほど多くないようにも見えますが、CPUごとに見るとその値の偏りが顕著に現れます。マルチコア環境では、場合によってはCPU使用率を個別に見ていく必要があるといえます。

図4.1.9　sarの実行例（I/Oバウンドなサーバ、マルチCPU搭載）

```
% sar | head
Linux 2.6.18-8.1.8.el5 (takehira.hatena.ne.jp)  02/08/08

00:00:01        CPU     %user   %nice   %system %iowait %steal  %idle
00:10:01        all     0.14    0.00    17.22   22.88   0.00    59.76
00:20:01        all     0.15    0.00    16.00   22.84   0.00    61.01
00:30:01        all     0.16    0.00    19.66   18.99   0.00    61.19
```

図4.1.10　sar -Pの実行例（I/Oバウンドなサーバ、マルチCPU搭載）

```
% sar -P ALL | head
Linux 2.6.18-8.1.8.el5 (takehira.hatena.ne.jp)  02/08/08

00:00:01        CPU     %user   %nice   %system %iowait %steal  %idle
00:10:01        all     0.14    0.00    17.22   22.88   0.00    59.76
00:10:01        0       0.28    0.00    34.04   45.58   0.00    20.10
00:10:01        1       0.00    0.00    0.40    0.18    0.00    99.42
00:20:01        all     0.15    0.00    16.00   22.84   0.00    61.01
00:20:01        0       0.30    0.00    31.61   45.58   0.00    22.51
00:20:01        1       0.00    0.00    0.38    0.11    0.00    99.50
```

CPU使用率の計算はどのように行われているか

ロードアベレージに同じく、CPU使用率の計算が具体的にどう行われているかを知っておけば、sarやtopの結果を分析するのに役立つでしょう。また、今見たように「何を知りたい場合にマルチコアの指標をCPU別に見る必要があるのか」も明確になります。

CPU使用率の算出は、ロードアベレージに同じく、タイマ割り込みを契機にカーネル内部で行われます[注3]。

ロードアベレージは、CPUに紐付くランキューが保持しているプロセスディスクリプタの数を数えていました。また、ロードアベレージの値が保存される領域は、カーネル内のグローバルな配列でした。

一方、CPU使用率は少し様子が異なります。CPU使用率の計算結果は、グローバルな配列などではなく、各CPU用に用意された専用の領域に保存されます[注4]。CPUごとにもった領域にデータを保存しているからこそ、sarなどでCPUごとの情報が得られるわけです。

カーネルは、プロセス切り替えのために、各プロセスが生成されてからどの程度CPU時間を利用したかを、プロセスごとに記録しています。「プロセスアカウンティング」(*Process Accounting*)と呼ばれる処理です。そして、このプロセスアカウンティングによって得られた記録を元に、スケジューラはCPU時間を使い過ぎているプロセスの優先度を下げたり、ある一定以上計算を行ったら別のプロセスにCPUを明け渡すような作業を行っています。

この「各プロセスがどういう時間を過ごしたかの記録」をCPUごとの合計として足し込んでいけば、CPUがどの程度、何に時間を使ったかがわかります。そして、単位時間の間での計算結果に変換すれば、CPU使用率などの値が算出できます。

ここで重要なのは2つ、次のような対比です。

注3 シングルコアとマルチコアで利用する割り込み信号が異なりますが、いずれにせよハードウェアが周期的に発生させる信号を利用してるのには変わりません。
注4 より具体的には、カーネル内部のcpu_usage_stat構造体です。

- ロードアベレージはシステムグローバルな計算結果である
- CPU使用率やI/O待ち率は、種類ごとかつCPUごとに保存された計算結果である

ここから、2つの指標の違いがはっきりします。

- ロードアベレージはあくまでシステム全体での負荷の指標となる値であり、それ以上の細かい分析はできない
- CPU使用率やI/O待ち率は、全体の総計としてレポートされるが個別に見ていくことができる。またその必要がある

プロセスアカウンティングのカーネルコードを見る

概要がつかめたところで、より確実に理解するために、プロセスアカウンティングの実際のコードも見ておきましょう。まず、include/linux/kernel_stat.hに定義されている **cpu_usage_stat**構造体と **kernel_stat**構造体を見てみます。

```
struct cpu_usage_stat {
    cputime64_t user;
    cputime64_t nice;
    cputime64_t system;
    cputime64_t softirq;
    cputime64_t irq;
    cputime64_t idle;
    cputime64_t iowait;
    cputime64_t steal;
};

struct kernel_stat {
    struct cpu_usage_stat   cpustat;
    unsigned int irqs[NR_IRQS];
};
DECLARE_PER_CPU(struct kernel_stat, kstat);
```

この構造体が、計算で算出されたCPU使用時間などを記録、保持する領域です。

cpu_usage_statの中を見ると、sarで表示している項目そのまま、userやsystem、iowaitなどのメンバが確認できます。このcpu_usage_stat構造体はkernel_stat構造体の中に含まれており、そのkernel_stat構造体はDECLARE_

PER_CPU( )マクロによりCPUごとに用意されることがわかります。

プロセスアカウンティングの実際の処理は、kernel/timer.cの**update_process_times( )**に定義されています。この関数がタイマ割り込みごとに呼び出されます。update_process_times( )内では、カレントプロセスが直前のプロセスアカウンティング処理から現在までの間、何をしていたかを判定して、統計情報をアップデートします。

```
void update_process_times(int user_tick)
{
    struct task_struct *p = current;
    int cpu = smp_processor_id();

    /* Note: this timer irq context must be accounted for as well. */
    if (user_tick)
        account_user_time(p, jiffies_to_cputime(1));
    else
        account_system_time(p, HARDIRQ_OFFSET, jiffies_to_cputime(1));

    <中略>
}
```

まず、**current**マクロでカレントプロセスのプロセスディスクリプタを取得します。そして、**user_tick**の値を見て処理を分岐します。user_tickは直近の時間がユーザ時間だったのか、システム時間だったのかを判定するフラグです。

結果、その時間がユーザ時間であればaccount_user_time( )を呼び、そうでなければaccount_system_time( )を呼びます。account_user_time( )を見てみましょう。

```
void account_user_time(struct task_struct *p, cputime_t cputime)
{
    struct cpu_usage_stat *cpustat = &kstat_this_cpu.cpustat;
    cputime64_t tmp;

    p->utime = cputime_add(p->utime, cputime);

    /* Add user time to cpustat. */
    tmp = cputime_to_cputime64(cputime);
    if (TASK_NICE(p) > 0)
        cpustat->nice = cputime64_add(cpustat->nice, tmp);
    else
        cpustat->user = cputime64_add(cpustat->user, tmp);
}
```

4章 性能向上、チューニング Linux単一ホスト、Apache、MySQL

引数で渡ってきた「p」は、カレントプロセスのプロセスディスクリプタです。

まず、この処理を実行しているCPU用のcpustat構造体を取得します。次に、cputime_addマクロを使ってカレントプロセスのutimeメンバを更新します。これで、このプロセスがどの程度ユーザモードでCPU時間を消費したかの値が更新されます。次に、cpustat構造体のniceもしくはuser値に対してcputime64_addマクロで、同じように経過時刻を足し込みます。

一方のaccount_system_time( )はどうでしょうか。

```
void account_system_time(struct task_struct *p, int hardirq_offset,
            cputime_t cputime)
{
    struct cpu_usage_stat *cpustat = &kstat_this_cpu.cpustat;
    struct rq *rq = this_rq();
    cputime64_t tmp;

    p->stime = cputime_add(p->stime, cputime);

    /* Add system time to cpustat. */
    tmp = cputime_to_cputime64(cputime);
    if (hardirq_count() - hardirq_offset)
        cpustat->irq = cputime64_add(cpustat->irq, tmp);
    else if (softirq_count())
        cpustat->softirq = cputime64_add(cpustat->softirq, tmp);
    else if (p != rq->idle)
        cpustat->system = cputime64_add(cpustat->system, tmp);
    else if (atomic_read(&rq->nr_iowait) > 0)
        cpustat->iowait = cputime64_add(cpustat->iowait, tmp);
    else
        cpustat->idle = cputime64_add(cpustat->idle, tmp);
    /* Account for system time used */
    acct_update_integrals(p);
}
```

こちらも同様な処理を行うのですが、先のupdate_process_times( )では「ユーザモードで仕事してなければシステムモードで仕事をしている」という大雑把な条件分岐しかしていませんでした。実際には、ユーザモードで仕事をしていない場合には、何もしていないアイドル状態、システムモードで計算をしていた時間、I/Oを待っていた時間などがあります。それらの判定を行って、必要なcpu_usage_statの項目を更新しています。

＊　＊　＊

やや複雑でしたが、CPU使用率統計の更新処理を見てきました。sarや

topが示すそれぞれの指標が、具体的に何を表す指標なのかがはっきりしたと思います。

スレッドとプロセス

話は少し脱線しますが、プロセスとスレッド（Thread）についても少し触れておきましょう。

一般的にスレッドは、プロセスよりも細かな実行単位です。プロセスの中で複数のスレッドを動作させることができます。いわゆるマルチスレッドです。1つのプログラムで同時並行的に複数の処理を行いたい場合の実装テクニックとしては、

- プロセスを複数生成して実行コンテキストを複数確保する（➡マルチプロセス）
- スレッドを複数作成して実行コンテキストを複数確保する（➡マルチスレッド）

という手が取られます[注5]。MySQLはマルチスレッドにより複数のクライアントからの要求を同時にこなしますし、ApacheはMPMに「prefork」を選ぶとマルチプロセス、「worker」を選ぶとマルチプロセス＋マルチスレッドで動作します。

マルチプロセス（図4.1.11）とマルチスレッド（図4.1.12）の決定的な違いは、前者はメモリ空間を個別に持つのに対し、後者はメモリ空間を共有する点です。よって、メモリの使用効率は後者のほうが高く、またプロセス切り替えの際にメモリ空間の切り替えが発生しないぶん、そのコストが低く抑えられます。大量の実行コンテキストを必要とするプログラムでは、マルチスレッドを採用するほうが有利です。

カーネル内部におけるプロセスとスレッド

ただし、以上はあくまでユーザから見たプロセスとスレッドの違いです。

カーネル内部では、プロセスとスレッドはほぼ同じものとして扱われます。スレッド1本に対してプロセスディスクリプタ1つがあてがわれ、プロ

注5　ほかには、シングルスレッドでイベントドリブンで処理を行う方法もあります。

4章 性能向上、チューニング Linux単一ホスト、Apache、MySQL

セスとスレッドはまったく同じロジックでスケジューリングされます。したがって、マルチスレッドアプリケーションを動作させる場合でも負荷計測の仕方は変わりません。

なお、スレッドはカーネル内部ではLWP = Light Weight Process、軽量プロセスと呼ばれることがあります。

psとスレッド

カーネルにとってはプロセスとスレッドは同じですが、ユーザから見たスレッドは、プロセスの中で動作する実行コンテキストです。つまり、ス

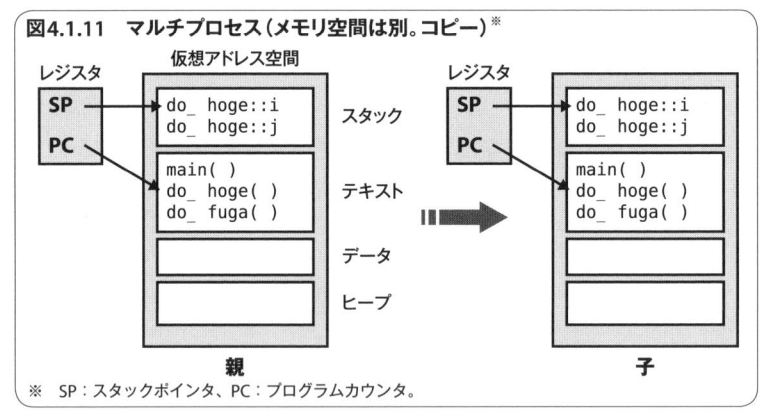

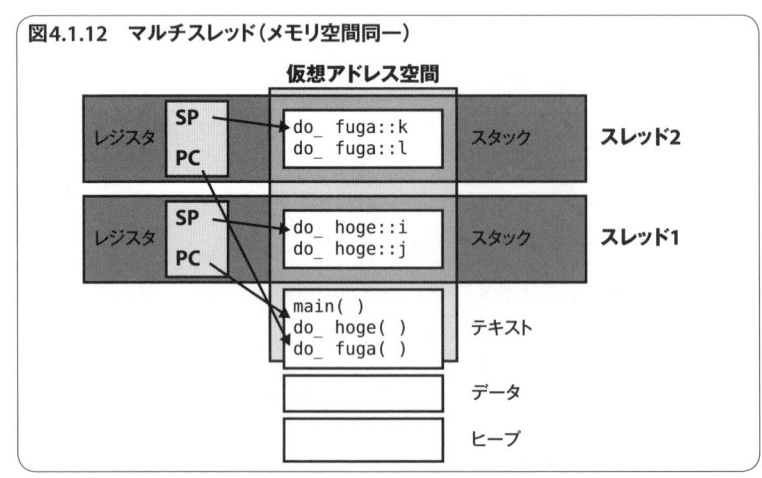

図4.1.11　マルチプロセス（メモリ空間は別。コピー）※

※　SP：スタックポインタ、PC：プログラムカウンタ。

図4.1.12　マルチスレッド（メモリ空間同一）

レッドはプロセスよりも小さな概念で、プロセスはスレッドを包含します。マルチスレッドのスレッドすべてをpsで一覧する場合には、オプションが必要です。

たとえばmysqldのプロセスを見た場合、図4.1.13のように2本のプロセスのみしか表示されません。ここで図4.1.14のようにpsに-Lオプションを付けます。

表示される行が増えました。増えた分が、スレッドです。ヘッダの「PID」と「LWP」の列に注目してください。PIDはプロセスIDですが、mysqldのプロセスIDはすべて同一です。一方のLWPはスレッドIDです。プロセスIDが同一でスレッドIDが異なっていることから、これらスレッドが単一

図4.1.13　psの実行例

```
% ps -elf | egrep (CMD|mysql)
F S UID        PID PPID C PRI NI ADDR SZ WCHAN  STIME TTY
TIME CMD
4 S root      3297    1 0 81   0 - 13260 wait   Jan25 ?
00:00:00 /bin/sh /usr/bin/mysqld_safe
4 S mysql    3329 3297 99 75   0 - 100738 stext Jan25 ?
19-05:11:32 /usr/libexec/mysqld
```

図4.1.14　-Lオプションでマルチスレッドのスレッドすべてを表示

```
% ps -elf -L | egrep (CMD|mysql) | head
F S UID        PID PPID  LWP  C NLWP PRI NI ADDR SZ WCHAN  STIME TTY
TIME CMD
4 S root      3297    1 3297  0    1  81  0 - 13260 wait   Jan25 ?
00:00:00 /bin/sh /usr/bin/mysqld_safe
4 S mysql    3329 3297 3329  0   37  75  0 - 101251 -      Jan25 ?
00:11:23 /usr/libexec/mysqld
1 S mysql    3329 3297 3332  0   37  75  0 - 101251 -      Jan25 ?
00:03:44 /usr/libexec/mysqld
1 S mysql    3329 3297 3333  0   37  75  0 - 101251 -      Jan25 ?
00:03:44 /usr/libexec/mysqld
1 S mysql    3329 3297 3334  0   37  75  0 - 101251 -      Jan25 ?
01:00:09 /usr/libexec/mysqld
1 S mysql    3329 3297 3335  0   37  80  0 - 101251 -      Jan25 ?
00:00:00 /usr/libexec/mysqld
<以下略>
```

4章 性能向上、チューニング　Linux単一ホスト、Apache、MySQL

のプロセス内で生成された複数のスレッドであることがわかります。

「NLWP」(*Number of LWPs*)はスレッド本数です。mysqld_safeはスレッド1本、つまり自分自身だけであるのに対し、mysqldはスレッドが37本生成されているのがわかります。

LinuxThreadsとNPTL

ところで、Linuxのマルチスレッド実装は歴史的経緯により複数の実装があります。現在は「NPTL」(*Native POSIX Thread Library*)1本に統合されていますが、少し古いディストリビューションなどでは別の実装である「LinuxThreads」が採用されている場合があります。

LinuxThreadsもNPTLもほとんど変わらないのですが、psで閲覧した場合に、LinuxThreadsはほぼプロセスと同じように表示されるという違いがあります。NPTLは-Lオプションなしではスレッドを確認できないのですが、LinuxThreadsは-Lオプションなしでもスレッドが確認できてしまいますので、混乱しないよう注意してください。

ps、sar、vmstatの使い方

脱線した話を元に戻します。ここまでで、

- 負荷計測の基本戦略
- ロードアベレージが算出される過程
- CPU使用率が算出される過程

を見てきました。ここまで理解できれば、ツールが出力する各指標をどのように見るべきかは明確になっていることでしょう。以上の知識を前提に、ps、sar、vmstatの見方を少し掘り下げていきます。

ps……プロセスが持つ情報を出力する

ps(*Report Process Status*)はプロセスが持つ情報を出力するソフトウェアです。すなわちカーネル内部が保持するプロセスディスクリプタに保存された各種情報に、ユーザ空間からアクセスするツールであるといえます。

ps auxwの表示を確認しましょう（図4.1.15）。主要なカラムの意味を見ていきます。

- %CPU：psコマンドを実行した際のそのプロセスのCPU使用率
- %MEM：プロセスがどの程度物理メモリを消費しているかを百分率で表示する
- VSZ、RSS：それぞれ、そのプロセスが確保している仮想メモリ領域のサイズ、物理メモリ領域のサイズ(詳しくは後述)
- STAT：先に解説したとおり、プロセスの状態を示す。非常に重要な項目である
- TIME：CPUを使った時間を表示する項目(詳しくは後述)

VSZとRSS……仮想メモリと物理メモリの指標

VSZ（*Virtual Set Size*）はプロセスが確保した仮想メモリ領域のサイズ、RSS（*Resident Set Size*）は物理メモリ領域のサイズですが、なぜ2つのメモリの指標があるのでしょうか。

Linuxに限らずマルチタスクOSの重要な機能として、仮想メモリ機構があります。「仮想メモリ」（*Virtual Memory*）とは、プログラムがメモリを使用するにあたって、物理的なメモリを直接扱わせるのではなく、物理メモリを抽象化したソフトウェア的なメモリを扱わせる機構です。ハードウェア

図4.1.15　ps auxwの確認

```
% ps auxw
USER       PID %CPU %MEM    VSZ   RSS TTY    STAT START   TIME COMMAND
root         1  0.0  0.0   1944   656 ?      Ss   Feb05   0:00 init [2]
root         2  0.0  0.0      0     0 ?      S<   Feb05   0:00 [kthreadd]
root         3  0.0  0.0      0     0 ?      SN   Feb05   0:00 [ksoftirqd/0]
root         4  0.0  0.0      0     0 ?      S<   Feb05   0:00 [events/0]
root         5  0.0  0.0      0     0 ?      S<   Feb05   0:00 [khelper]
root        17  0.0  0.0      0     0 ?      S<   Feb05   0:00 [kblockd/0]
root        18  0.0  0.0      0     0 ?      S<   Feb05   0:00 [kseriod]
root        34  0.0  0.0      0     0 ?      S    Feb05   0:00 [pdflush]
root        35  0.0  0.0      0     0 ?      S    Feb05   0:07 [pdflush]
root        36  0.0  0.0      0     0 ?      S<   Feb05   0:01 [kswapd0]
root        37  0.0  0.0      0     0 ?      S<   Feb05   0:00 [aio/0]
root       786  0.0  0.0      0     0 ?      S<   Feb05   0:03 [kjournald]
root       982  0.0  0.0      0     0 ?      S<   Feb05   0:10 [kjournald]
root       983  0.0  0.0      0     0 ?      S<   Feb05   0:01 [kjournald]
root      1218  0.0  0.0   1628   616 ?      Ss   Feb05   0:00 /sbin/syslogd
root      1224  0.0  0.0   1576   380 ?      Ss   Feb05   0:00 /sbin/klogd -x
```

4章 性能向上、チューニング　Linux単一ホスト、Apache、MySQL

が提供する「ページング」（*Paging*）と呼ばれる仮想メモリ機構を使って実現し、OSがその仮想メモリ領域の管理を行います。

　あるプロセスが、適当なサイズのメモリを必要としているとしましょう。ユーザプロセスはマルチタスクのシステム保護の関係で、直接ハードウェアを触ることはできませんから、いったん処理を停止してカーネルにメモリ確保を依頼することになります。

　カーネルはプロセスに割り当てるメモリを確保しなければいけないのですが、このとき本物の物理メモリ領域のアドレスを渡すのではなく、仮想的なメモリのアドレスを渡します。プロセスはカーネルから返って来た仮想メモリのアドレスを本物のアドレスであると思い込み、処理を再開します。

　ここで重要なのは、カーネルがプロセスに返却する仮想メモリ領域は、実際にはこの時点ではまだ物理メモリとは結び付けられていない、いわば実体のないメモリ領域である点です。プロセスがカーネルからもらったその新品の仮想メモリ領域に対して書き込みを行った時点ではじめて、物理メモリ領域との対応付けが行われます（図4.1.16）。いわばカーネルは、仮想メモリという抽象レイヤによって、プロセスを（良い意味で）だましているのです。

　仮想メモリ機構によって得られる恩恵は非常に大きく、マルチタスクOSを支える重要な役割を担います。たとえば、以下のような点が挙げられます。

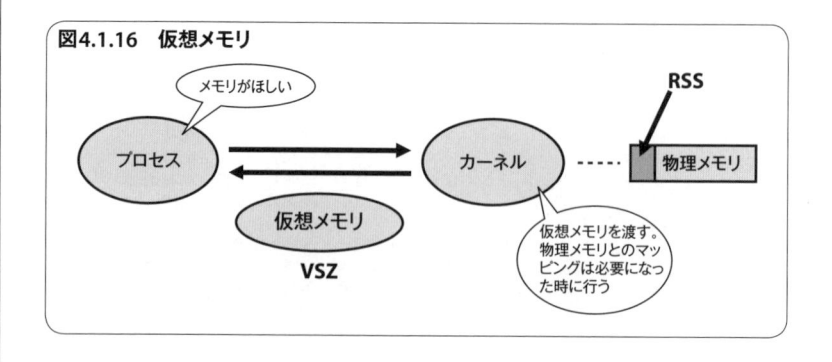

図4.1.16　仮想メモリ

- 本来物理メモリに搭載されている容量以上のメモリを扱えるかのようにプロセスにみせかけることができる
- 物理メモリ上ではばらばらにの領域を連続した一つのメモリ領域としてプロセスにみせかけることができる
- それぞれのプロセスに対して、プロセスごとに独立したメモリ空間を持っているように見せかけられる
- 物理メモリが不足した場合は、長時間使われていない領域の、仮想メモリと物理メモリ領域の対応を解除する。解除されたデータは二次記憶装置(ディスクなど)に退避してまた必要になったときに元に戻す。いわゆる「スワップ」(*Swap*)
- 異なる2つのプロセスが参照する仮想メモリ領域を、同一の物理メモリ領域に対応させることで、2つのプロセスでメモリの内容を共有する。IPC[注6] 共有メモリなどはこの方法で実装される

もといVSZとRSSは、それぞれこの仮想メモリ領域と物理メモリ領域の大きさを表す指標です。したがって、たとえばスワップが発生している場合は物理メモリが不足している証拠ですから、RSSのサイズを見て極端に大きなプロセスがないかなどを探っていけばよいことになります。

TIMEはCPU使用時間

TIMEは時間を表す指標ですが、これはプロセスが実際にCPUを使った時間を表示する項目です。プロセスが生成されてからの経過時間ではないことに注意してください。

プロセスが実際にCPUを使った時間とは何か。もうお気づきでしょう。先にプロセスアカウンティング処理の詳細で見た、プロセスディスクリプタに記録されたCPU使用時間のことです。よって、たとえばCPU負荷が極端に高いシステムがあったとき、psのTIME項を調べれば、どのプロセスがCPUをたくさん使っているかを見分けることができます。

ブロッキングとビジーループの違いをpsで見る

ここでCPU時間についての理解を深めるために、一つ実験をしてみまし

注6 Inter Process Communicationの略。プロセス間通信(機能)。

4章 性能向上、チューニング Linux単一ホスト、Apache、MySQL

ょう。無限ループする2つのRubyスクリプトを動かしてpsでそのプロセスの挙動を確かめます。1つめのスクリプトは**リスト4.1.1**。ひたすら足し算を行うスクリプト(busy_loop.rb)です。リスト4.1.1のスクリプトを実行してしばらくしてからpsの結果を見てみましょう(**図4.1.17**)[注7]。

注目してほしいのは、状態を表す「S」のカラムと「TIME」のカラムです。リスト4.1.1のスクリプトはひたすらCPUで加算演算を行う無限ループなスクリプトで、イベント待ちに入るような処理はありません。よって状態は常に「TASK_RUNNING」ですのでS列は「R」を示します。またCPU時間を延々と消費するのでTIMEの値が時間とともに増えていきます。この手の、ひたすらCPUの演算処理を繰り返すループを「ビジーループ」(*Busy Loop*)と呼びます。

一方、**リスト4.1.2**はどうでしょうか。ユーザのキーボード入力をそのまま標準出力へオウム返しするスクリプト(blocking.rb)です。psの結果は図

リスト4.1.1　busy_loop.rb

```ruby
#!/usr/bin/env ruby

i = 0
while true
  i += 1
end
```

図4.1.17　psの実行例(busy_loop.rb、一部カラム省略)

```
% ps -fl -C ruby
F S UID          PID  C      TIME CMD
0 R naoya      10640 69  00:00:23 ruby busy_loop.rb
```

リスト4.1.2　blocking.rb

```ruby
#!/usr/bin/env ruby

while true
  puts gets
end
```

注7　オプションにBSD形式のauxwではなくSysV形式の-flを指定しているので出力が先ほど解説したものと少々異なりますが、見られる情報には大差ありません。

4.1.18のようになります。

キーボード入力を待ってブロックされているので、状態は「S」、つまり「TASK_INTERRUPTIBLE」です。また、このプロセスは待機状態になっている限りCPU時間を使いません。よって、どれだけ待っていてもTIMEの値が増えることはありません。

同じ無限ループでも、ビジーループの場合とブロックされた場合では動作が異なり、その結果がpsの項目になって現れます。プロセスの状態遷移やCPU使用時間の計算方法が理解できれば、各項目をどう読めばよいかは自明です。

sar……OSが報告する各種指標を参照する

OSが報告する各種指標を参照するツールはいろいろとありますが、中でも汎用的で便利なのがsar(*System Activity Reporter*)です。

sarはsysstatパッケージに含まれているコマンドで、2つの使い方があります。

- 過去の統計データに遡(さかのぼ)ってアクセスする(デフォルト)
- 現在のデータを周期的に確認する

sarにはsadcというバックグラウンドで動くプログラムが付属していて、sysstatパッケージをインストールすると、自動でsadcがカーネルからレポートを収集して保存してくれるようになっています。先に見たように、sarコマンドをオプションを付けずに実行すると、sadcが集めたCPU使用率の過去の統計を参照することができます。

デフォルトでは、直近の0:00からのデータが表示されます。さらに遡って昨日以前のレポートを見たい場合は、図4.1.19のように-fオプションで/var/log/saディレクトリに保存されたログファイルを指定します。

図4.1.18 psの実行例(blocking.rb、一部カラム省略)

```
% ps -fl -C ruby
F S UID         PID  C     TIME CMD
0 S naoya     10753  0 00:00:00 ruby blocking.rb
```

4章 性能向上、チューニング Linux単一ホスト、Apache、MySQL

この過去のデータを閲覧する機能は非常に重宝します。たとえば障害があった後など、障害が発生した原因を探る場合に障害発生時間帯のデータが役に立ちます。また、プログラムを入れ替えた後などのパフォーマンスの変化はsarのデータをしばらく取って、プログラム入れ替え前後を比較することで確認できます。

過去のデータではなく、今現在のデータが見たい場合はsar 1 1000と数字を引数に与えます。「1 1000」は「1秒おきに1000」という意味です。

図4.1.20のように、1秒おきにCPU使用率を閲覧できます。今そのときシステムで何が起こっているかを確認するのには、多くの場合、sarのこの機能を使うことでカバーできます。

sarはオプション指定で、CPU使用率以外にもさまざまな値を参照できるようになっています。多数のレポートが閲覧できますが、以降ではよく使うものだけに絞って紹介します。なお、-PオプションでCPUごとにデータを閲覧することができるのは、前述のとおりです。

sar -u ……CPU使用率を見る

デフォルトで表示されるCPU使用率などの情報は、sar -u相当です（図4.1.21）。各列の指標は、

図4.1.19　sar -fの実行例

```
% sar -f /var/log/sa/sa04 | head
Linux 2.6.19.2-103.hatena.centos5 (goka.hatena.ne.jp)    02/04/08

00:00:01        CPU     %user     %nice   %system   %iowait    %steal     %idle
00:10:01        all      3.21      0.00      2.51      2.16      0.00     92.12
00:20:01        all      3.10      0.00      2.48      2.04      0.00     92.38
00:30:01        all      3.01      0.00      2.34      1.94      0.00     92.71
00:40:02        all      2.92      0.00      2.29      1.95      0.00     92.84
```

図4.1.20　sarで今現在のデータを見る

```
% sar 1 3
Linux 2.6.19.2-103.hatena.centos5 (goka.hatena.ne.jp)    02/08/08

16:13:30        CPU     %user     %nice   %system   %iowait    %steal     %idle
16:13:31        all      2.04      0.00      3.56      3.82      0.00     90.59
16:13:32        all      2.27      0.00      2.02      1.26      0.00     94.44
16:13:33        all      2.28      0.00      2.03      1.52      0.00     94.16
Average:        all      2.20      0.00      2.54      2.20      0.00     93.07
```

- user：ユーザモードでCPUが消費された時間の割合
- nice：niceでスケジューリングの優先度を変更していたプロセスが、ユーザモードでCPUを消費した時間の割合
- system：システムモードでCPUが消費された時間の割合
- iowait：CPUがディスクI/O待ちのためにアイドル状態で消費した時間の割合
- steal：XenなどOSの仮想化を利用している場合に、ほかの仮想CPUの計算で待たされた時間の割合
- idle：CPUがディスクI/Oなどで待たされることなく、アイドル状態で消費した時間の割合

となります。これまで見たように、負荷分散を考慮するにあたってはuser/system/iowait/idleの値が重要な指標となります。

sar -q ……ロードアベレージを見る

-qを指定すると、ランキューに溜まっているプロセスの数、システム上のプロセスサイズ、ロードアベレージなどが参照できます（図4.1.22）。値の推移を時間とともに追える点が、ほかのコマンドよりも便利です。

図4.1.21 sar -uの実行例

```
% sar -u 1 3
Linux 2.6.19.2-103.hatena.centos5 (koesaka.hatena.ne.jp)        02/08/08

16:19:14        CPU     %user    %nice   %system   %iowait    %steal     %idle
16:19:15        all     14.89     0.00      1.74      0.00      0.00     83.37
16:19:16        all     26.37     0.00      1.49      0.00      0.00     72.14
16:19:17        all     17.00     0.00      1.50      0.00      0.00     81.50
Average:        all     19.42     0.00      1.58      0.00      0.00     79.00
```

図4.1.22 sar -qの実行例

```
% sar -q 1 3
Linux 2.6.19.2-103.hatena.centos5 (koesaka.hatena.ne.jp)        02/08/08

16:15:19      runq-sz  plist-sz   ldavg-1   ldavg-5  ldavg-15
16:15:20            0       123      0.62      0.72      0.81
16:15:21            0       123      0.62      0.72      0.81
16:15:22            2       122      0.62      0.72      0.81
Average:            1       123      0.62      0.72      0.81
```

4章 性能向上、チューニング　Linux単一ホスト、Apache、MySQL

sar -r ……メモリの利用状況を見る

-rを指定すると、物理メモリの利用状況を一覧することができます。図4.1.23は、4GBの物理メモリを搭載したサーバでの sar -rの結果です。各列のkbmemfreeやkbmemusedの「kb」はKilobyteの略です。おもな項目の意味を以下に記します。

- kbmemfree：物理メモリの空き容量
- kbmemuserd：使用中の物理メモリ量
- memused：物理メモリ使用率
- kbbuffers：カーネル内のバッファとして使用されている物理メモリの容量
- kbcached：カーネル内でキャッシュ用メモリとして使用されている物理メモリの容量
- kbswpfree：スワップ領域の空き容量
- kbswpued：使用中のスワップ領域の容量

sar -rを使うと、時間推移とともにメモリがどの程度、どの用途に使われていくかを把握できます。後述のsar -Wと組み合わせると、スワップが発生した場合に、その時間帯メモリ使用状況がどうであったかを知ることができます。

図4.1.23　sar -rの実行例（一部カラム省略）

```
% sar -r | head
Linux 2.6.19.2-103.hatena.centos5 (koesaka.hatena.ne.jp)        02/08/08

00:00:01       kbmemfree kbmemused  %memused kbbuffers  kbcached kbswpfree kbswpused
00:10:01          522724   3454812     86.86    114516   2236880   2048204        72
00:20:01          534972   3442564     86.55    114932   2225880   2048204        72
00:30:01          437964   3539572     88.99    115348   2238952   2048204        72
00:40:01          491184   3486352     87.65    115768   2251440   2048204        72
00:50:01          491208   3486328     87.65    116160   2263248   2048204        72
01:00:01          457364   3520172     88.50    116524   2274732   2048204        72
01:10:01          453172   3524364     88.61    116904   2281576   2048204        72
```

I/O負荷軽減とページキャッシュ

　ところで、先の図4.1.23では「%memused」が90％近くの数字を示し、空き容量はわずか500MB（*Megabyte*）程度です。また時間を追うごとに空き容量であるkbmemfreeの数字は少なくなっていっており、このままではメモリ不足になってしまうかのようにも見えます。しかし、ここでLinuxの「ページキャッシュ」（*Page Cache*）の存在を忘れてはいけません。

　Linuxは、一度ディスクから読み出したデータは可能な限りメモリにキャッシュして、次回以降のディスクリード（*Disk Read*）が高速に行われるよう調整します。このメモリに読み出したデータのキャッシュは「ページキャッシュ」と呼ばれます。

　Linuxはメモリ領域を4KB（*Kilobyte*）の塊に区切って管理します。この4KBの塊は「ページ」（*Page*）と呼ばれます。ページキャッシュは、その名のとおりページのキャッシュです。つまり、ディスクからデータを読み取るというのは、ページキャッシュを構築することにほかなりません。読み出したデータは、ページキャッシュからユーザ空間へ転送されます。

　Linuxのページキャッシュの挙動で覚えておくべきは、「Linuxは可能な限り空いているメモリをページキャッシュに回そうとする」というポリシーです。つまり、

- 何かディスクからデータを読んで、
- まだそれがページキャッシュ上になく、
- かつメモリが空いていれば、
- （古いキャッシュと入れ替えるのではなく）いつでも新しいキャッシュを構築する

のです。キャッシュ用のメモリがなければ、古いキャッシュを捨てて新しいキャッシュと入れ替えます。また、プロセスがメモリを必要とした場合は、ページキャッシュよりも優先的にメモリが割り当てられることになります。

　sar -rの結果で、時間を追うごとにkbmemfreeが減っていくのはページキャッシュが理由です。その証拠に、ページキャッシュに割り当てたメモ

リ容量に相当するkbcachedの値は、徐々に増加しています。

ページキャッシュによるI/O負荷の軽減効果

　ページキャッシュの効果は、どの程度期待できるのでしょうか。結論だけ述べると、完全にデータがメモリに載るだけの容量があれば、ほぼすべてのアクセスはメモリから読み出しを行うことになるので、プログラムでメモリ上にファイルの内容をすべて展開した場合と変わらない速度が期待できます。

　たとえば、図4.1.24は、実際にMySQLが稼動しているDBサーバのメモリを、8GBから16GBへ増設した前後のsar -P 0の出力の比較です。このDBが保存しているデータは20GB弱で、16GBメモリがあれば、有効なデータのほとんどはキャッシュに載せることができます。

　メモリ増設の効果は一目瞭然です。20%強あったI/O待ち（%iowait）がほとんどなくなるまでになりました。

　このように、とくにI/Oバウンドなサーバでは、そのサーバが扱うデータ量に合わせてメモリを搭載するのがI/O負荷を軽減するのに効果的な方法です。

　sar -rを見れば、どの程度カーネルがキャッシュを確保しているかが判断できます。そのキャッシュの容量と、実際にアプリケーションが扱う有

図4.1.24　sar -P 0の出力の比較

```
・メモリ8GB時
13:40:01        CPU     %user     %nice     %system    %iowait    %idle
13:50:01         0      20.57      0.00      15.61      23.90     39.92
14:00:01         0      18.65      0.00      16.54      30.36     34.45
14:10:01         0      19.50      0.00      15.26      20.51     44.73
14:20:01         0      19.38      0.00      16.19      21.93     42.50

・メモリ増設後
15:20:01        CPU     %user     %nice     %system    %iowait    %idle
15:30:01         0      23.31      0.00      17.56       0.81     58.32
15:40:01         0      22.43      0.00      16.60       0.86     60.11
15:50:01         0      22.90      0.00      16.93       1.06     59.11
16:00:01         0      23.54      0.00      18.37       1.02     57.07
```

効なデータ量を比較して、データ量のほうが多ければメモリ増設を検討します。うまくキャッシュにデータが載っている状態では、ディスクに対するアクセスは最低限になります。後述する vmstat を使えば、実際のディスクアクセスがどの程度発生しているかを確認できます。

メモリを増設できない場合は、データを分割して別々のサーバでホストすることを検討します。データを上手に分割すると、単純にディスクI/O回数が台数を増やしたぶん減るだけでなく、キャッシュに載るデータの割合が増えますので、相当なスループット向上が期待できます。

ページキャッシュは一度readしてから

前述のとおり、ページキャッシュはその名のとおりキャッシュですので、当然キャッシュミスしたデータは直接ディスクから読み込みます。OSが起動した直後はほとんどのデータが未キャッシュ状態ですので、ほぼすべての読み取り要求はキャッシュではなく、ディスクへと転送されます。

MySQLなどのDBサーバを運用するにあたって、大規模なデータを扱う場合はここに注意が必要です。

たとえば、メンテナンスなどでサーバを再起動した場合、それまでにメモリにキャッシュされていたページキャッシュは、すべてフラッシュされてしまいます。リクエストの多いDBサーバを、キャッシュが構築されていない状態で実際に稼動させた場合はどうなるでしょうか。ご想像のとおり、ほぼすべてのDBアクセスはディスクI/Oを発生させてしまいます。大規模な環境では、これが原因でDBがロックしてしまい、サービス不能になるということも珍しくありません。一度必要なデータ全体に読み込みをかけてから、プロダクション環境に戻すといった工夫が必要になります。

たとえば、I/Oバウンドなサーバが I/O 負荷が高くスループットが出ないという場合には、ページキャッシュが最適化された前なのか後なのかで話が変わってくるともいえるでしょう。

図4.1.25に一つ、おもしろいデータを紹介します。メモリを4GB搭載しているMySQLサーバでのOS起動後から20分程度の sar -r の結果です。OSが起動した後、MySQLの各種データファイル全体を読み込むプログラム（ファイルをreadするだけのプログラム）を動かしました。

4章 性能向上、チューニング Linux単一ホスト、Apache、MySQL

　起動直後はメモリの使用率は5％弱で、空きメモリが3.5GB程度あります。この後データファイルを読み込んだことで、メモリ使用率が96.98％まで上がっています。ファイルを読み込んだおかげで、その内容がページキャッシュとして保持されているのがわかります。

sar -W ……スワップ発生状況を見る

　-Wを指定すると、スワップの発生状況を確認できます（図4.1.26）。「pswpin/s」は1秒間にスワップインしているページ数、「pswpout」はその逆、スワップアウトしているページ数です。スワップが発生すると、サーバのスループットは極端に落ちてしまいます。サーバの調子が悪い場合に、メモリ不足でスワップが発生しているか否かが疑わしい場合はsar -Wを利用すると、その時間にスワップが発生している/いたかどうかを確認することができます。

vmstat ……仮想メモリ関連情報を参照する

　vmstat（*Report Virtual Memory Statistics*）の使い方も簡単に紹介しておきます。vmstatの「vm」はVirtual Memory（仮想メモリ）のこと。vmstatは仮想メモリ周りの情報を参照することができるツールです。多くの項目はsarでも閲覧することができますが、CPU使用率と実際のI/O発生状況などを並べてリアルタイムに表示できるところが便利です。

図4.1.25　ページキャッシュとして保持された例（一部カラム省略）

	kbmemfree	kbmemused	%memused	kbbuffers	kbcached
18:20:01					
18:30:01	3566992	157272	4.22	11224	50136
18:40:01	3546264	178000	4.78	12752	66548
18:50:01	112628	3611636	96.98	4312	3499144

図4.1.26　sar -Wの実行例

	pswpin/s	pswpout/s
19:20:01		
19:30:01	0.00	0.00
19:40:01	0.00	0.00
19:50:37	44.01	811.27
Average:	0.39	7.21

vmstatとsarは使い方が似ています。vmstat 1 100と引数に数字を指定すると「1秒おきに100回」統計情報を表示します。

図4.1.27はvmstatの出力例です。各項目の意味はman vmstatで確認できますので、そちらを参照してください。おそらくここまでの解説を見れば、項目名からだいたい想像がつくでしょう。

図4.1.27でしっかり見ておきたいのは「bi」と「bo」の値です。それぞれ、

- bi：ブロックデバイスから受け取ったブロック（blocks/s）
- bo：ブロックデバイスに送られたブロック（blocks/s）

という数字を表しています。

ブロックデバイスというのは、端的にいうと二次記憶装置、つまりディスクのことです。Linuxはハードウェアとの入出力を二種類に分けて扱います。

- キャラクタデバイス：バイト単位で入出力を行うハードウェア
- ブロックデバイス：ブロックと呼ばれる、ある一定の大きさの塊単位で入出力を行うハードウェア

ディスクはこのブロックデバイスに相当します。vmstatではディスクからの読み出し（bi）と、ディスクへの書き込み（bo）が、ブロック単位でどの程度発生しているかを見ることができます。

topやsarではCPU使用率と一緒にI/O待ち率が確認できますが、I/O待ちの数字でわかるのは、あくまでシステム全体でI/O待ちが発生した「割合」のみです。実際にどの程度I/Oが発生しているかの絶対値が知りたい場合は、vmstatを参考にするとよいでしょう。

図4.1.27　vmstatの出力例

```
procs -----------memory---------- ---swap-- -----io---- -system-- ----cpu----
 r  b   swpd   free   buff  cache   si   so    bi    bo   in   cs us sy id wa
 0  0      4  61692 342476 118464    0    0     3    16  105   41  1  1 98  0
 0  0      4  61692 342476 118464    0    0     0     0  101   12  0  0 100 0
 0  0      4  61692 342480 118464    0    0     0   192  101   18  0  0 100 0
 0  0      4  61692 342480 118464    0    0     0     0  101   10  0  0 100 0
```

4章 性能向上、チューニング　Linux単一ホスト、Apache、MySQL

OSのチューニングとは負荷の原因を知り、それを取り除くこと

　負荷の計測方法がわかったところで、いよいよOSの性能を向上させるためのチューニングの話に入ります...といいたいところですが、本書ではこれ以上解説することはありません。チューニングという言葉から、本来そのソフトウェアが持っているパフォーマンスを二倍、三倍へと拡げるための施策を想像する方もいるかもしれません。

　しかし、チューニングの本当のところは「ボトルネックが発見されたらそれを取り去る」という作業です。そもそも、元々のハードやソフトが持っている性能以上の性能を出すことはどうがんばっても不可能です。やれることは「ハード/ソフトが本来持つ性能が十分発揮できるよう、問題になりそうな個所があったらそれを取り除く」ぐらいです。

　最近のOSやミドルウェアは、デフォルトの状態でも十分なパフォーマンスが発揮できるよう設定されています。渋滞していない高速道路の車道を拡げても1台の車が目的地に到達するまでの時間が変わらないのと同じで、デフォルトの設定が最適であれば、いくら設定を変えても多くの場合効果はありません。

　たとえば、CPUの計算時間をフルに使って10秒かかる処理は、どんなにOSの設定をいじったところで10秒以下に縮めることはできません。これが渋滞していない高速道路の例です。

　一方、たとえば他のプログラムのI/O性能が影響していて、そのプログラムが本来10秒で終わるところを100秒かかっている、という場合にはI/O性能を改善することができます。これは渋滞している高速道路の例です。I/O性能を改善するためには、

- メモリを増設することによるキャッシュ領域の確保で対応できるのか
- そもそもデータ量が多過ぎるのか
- アプリケーション側でのI/Oのアルゴリズムを変更する必要があるのか

等々を見極める必要があります。結局、原因がわかればその原因に対する対応方法は自明なのです。この自明になった対応方法を実践することが、チューニングにほかなりません。

最後に、繰り返しになりますが、ハードウェアが持つ性能や、OSの性能を最大限に発揮させるために必要な知識は、ボトルネックが発生したときにそれが何によって発生しているのかを見極めるための知識です。本節では、そのために必要になる知識を得るための足掛かりとして、OSの内部のしくみや負荷の計測方法の基本について解説しました。

4章 性能向上、チューニング Linux単一ホスト、Apache、MySQL

4.2
Apacheのチューニング

Webサーバのチューニング

　ここまではOSの話でしたが、次はそのOSの上で動くアプリケーション、Webサーバへ目を向けていきます。ここでは題材としてOSSのWebサーバとしてはデファクトスタンダードとなっているApache HTTP SERVER（Apache）[注8]について解説します。

　OSのチューニング同様、Webサーバのチューニングも、その作業を行ったからといってWebサーバが持っている性能が二倍、三倍と向上するなどということはありません。あくまで本来持っているサーバの性能が十分に発揮できるよう調整するのがチューニング作業です。

Webサーバがボトルネック?

　実は、過負荷でWebサーバが応答をうまく返せない場合、その原因となるのはWebサーバの設定とは関係ないことがほとんどです。Webサーバは比較的安定したソフトウェアで、かつそれ単体ではそこまでシステムに負荷をかけるソフトウェアではありません。

　問題がWebサーバの応答不能という現象で顕在化しただけであって、その原因がWebサーバであるとは限らないのです。熱が出ているからといって、解熱するだけでは病気が治らない、というのと同じです。

　こういった状況では、どんなにApacheの設定をいじったところで、それ以外の個所で問題が発生している以上、意味がないということをまず意識してください。4.1節でも見てきたとおり、Apacheの設定を変更しながら

注8　URL http://httpd.apache.org/

様子を見るといった対症療法的な対策ではなく、障害の原因を探るための知識が最も重要です。ここでも「推測するな、計測せよ」です。問題の多くは、ここまでに見てきたpsやsar、vmstatなどのツールを使えば特定することができます。

一方「ハードウェアやOSが十分に性能を発揮できている状態」かつ「負荷が大きい」という限られたシチュエーションになってしまいますが、Webサーバの設定で足かせになる項目は確かにあります。以降、Apacheの設定項目の中でも、とくに大規模環境で性能に影響がありそうな個所に絞って解説を行っていきます。

Apacheの並行処理とMPM

Apacheの設定項目に触れる前に、Apacheの並行処理のアーキテクチャをおさらいしておきます。

Apacheに限らず、不特定多数のクライアントに公開されるネットワークサーバは、同時に複数のクライアントから接続されても処理が継続できるよう並行処理を行う必要があります。並行処理を行わないサーバではあるクライアントが接続してサーバと入出力を行っている間、ほかのクライアントはサーバに接続することができません（図4.2.1）。とくにApacheをはじめとするWebサーバは、いかに多数の接続を同時に処理できるかが性能の基準になるソフトウェアですから、並行処理の実装がサーバの性能に与

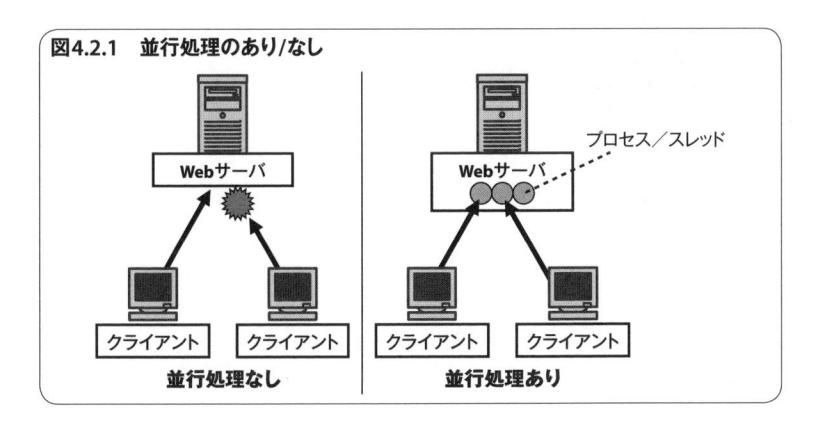

図4.2.1　並行処理のあり/なし

（並行処理なし　／　並行処理あり　プロセス／スレッド）

4章 性能向上、チューニング Linux単一ホスト、Apache、MySQL

える影響が大きいといえます。

並行処理の実装モデルはいくつかあります。

- プロセスを複数生成して並行処理を実現するマルチプロセスモデル
- プロセスではなくより軽量な実行単位であるスレッドを使うマルチスレッドモデル
- 入出力を監視してイベント発生のタイミングで処理を切り替え、シングルスレッドで並行処理を行うイベントドリブンモデル

などです。それぞれに利点/欠点があり、一概にどれがベストかは断言できません。また、これらの各モデルを組み合わせた実装などもあります。

Apacheは、その内部の各種機能がモジュール化により綺麗に分離されているのが特徴ですが、この並行処理を行うコア部分の実装もモジュールになっています。MPM（*Multi Processing Module*）と呼ばれるモジュールです。MPMに何を選択するかによって、並行処理のモデルに何を使うかユーザが選べるようになっています。Apache 2.2で利用可能なMPMの一覧は以下から確認できます。

URL http://httpd.apache.org/docs/2.2/ja/mod/

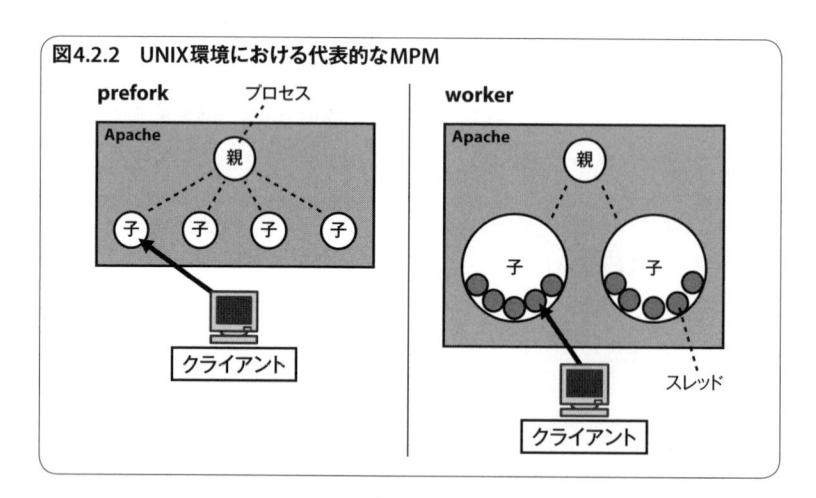

図4.2.2 UNIX環境における代表的なMPM

prefork: Apache親プロセスが複数の子プロセスを生成し、クライアントからのリクエストを処理する。

worker: Apache親プロセスが複数の子プロセスを生成し、各子プロセスが複数のスレッドを持ってクライアントからのリクエストを処理する。

注9 他にもworkerにイベントモデルの長所を盛り込んだ「event MPM」もありますが、Apache 2.2段階では実験的なモジュールとして位置付けられているため、プロダクションで利用されることは多くありません。

UNIX環境において代表的なMPMは以下の2つです（図4.2.2）[注9]。

- prefork：あらかじめ複数のプロセスを生成（プリフォーク、*Prefork*）してクライアントの接続に備えるマルチプロセスモデル
- worker：マルチスレッドとマルチプロセスのハイブリッド型

MPMに何を利用するかはコンパイル時に決まりますので、後から別のMPMを利用する場合は基本的にApacheの再コンパイルが必要になります。ただし、Red Hat Enterprise LinuxやCentOSではprefork対応とworker対応の2つのhttpdがインストールされます。デフォルトではpreforkのバイナリが利用されます。workerに切り替えたい場合は/etc/sysconfig/httpdで、

```
HTTPD=/usr/sbin/httpd.worker
```

と設定を行うことで変更が可能になっています。

preforkとworker、プロセスとスレッド

preforkはマルチプロセス、workerはマルチスレッドとマルチプロセスのハイブリッド型です。基本的には後者のほうが、メモリをはじめとするリソース消費量が比較的少なく済みます。したがって、より大規模な環境ではworkerを選ぶのがベターです。ここをもう少し掘り下げて解説しておきましょう。

プログラミングモデルから見たマルチプロセス/マルチスレッドの違い

Apacheは画像や単一のHTMLファイルなど静的なファイルを返却する以外にも、たとえばmod_perlやmod_phpを組み込むことでAPサーバ相当として利用することができたり、2.1節で見たようにmod_proxy_balancerを組み込むことでリバースプロキシとして利用することもできたりと、モジュールの選択如何でその役割を大きく変更することが可能です。Apache 2.2ではより汎用化が進み、（世間での認識はともかくとして）今ではApacheはWebサーバというよりも汎用的なネットワークサービスプラットフォームとしての位置づけが強いソフトウェアです。

一般的に「マルチプロセス」と「マルチスレッド」では、後者のほうがプロ

4章 性能向上、チューニング　Linux単一ホスト、Apache、MySQL

グラミングモデルは複雑になりがちです。ここで合わせて、図4.1.11、図4.1.12（p.172）を改めて確認しておいてください。

- マルチプロセスでは基本的にプロセス間でメモリを直接共有することはない。メモリ空間が独立していて安全である
- マルチスレッドではメモリ空間全体を複数のスレッドで共有するため、リソース競合が発生しないよう気をつける必要がある。これがマルチスレッドプログラミングが複雑であるといわれる理由である

そのため、サードパーティ製のApacheのモジュールの中にはマルチスレッド環境ではうまく動作できないものや、そもそもマルチスレッドで動作することを前提にしていないもの、preforkを前提としているモジュールがあります。

このような理由から、以下のような位置付けになっています。

- prefork：安定指向かつ後方互換性の高いMPM
- worker：スケーラビリティを高めたMPM

サードパーティ製モジュールを考慮に入れなければworkerを使う、サードパーティ製モジュールを使用する場合にはそのモジュールの仕様と相談の上preforkとworkerどちらかを選ぶ、といった指針に従うとよいでしょう[注10]。

パフォーマンスの観点で見たマルチプロセス/マルチスレッドの違い

一般的にマルチプロセスとマルチスレッドでは、後者のほうが軽量かつ高速であるといわれます。おもな理由は以下の2点です。

❶ 複数のメモリ空間をそれぞれ持つマルチプロセスよりも、メモリ空間を共有するマルチスレッドのほうがメモリ消費量が少ない
❷ マルチスレッドはメモリ空間を共有しているため、スレッド切り替えにかかるコストがマルチプロセスよりも少ない

Apacheを利用するにあたっての実際はどうでしょうか。

注10　mod_perlをworkerで動かす場合はPerlがithreadsでスレッドを生成します。Perlのスレッド実装は多少特殊であるため、preforkとの場合で多少の仕様の差異があります。これを嫌ってpreforkを選ぶユーザは多いようです。

❶について、メモリ消費についてはたしかにマルチスレッドを用いるworkerに軍配が上がります。ただし、実際にはマルチプロセスの場合でも、親と子で、更新されていないメモリ空間は共有される（コピーオンライト、*Copy on Write*）のでそこまで顕著な差が出るわけではありません。コピーオンライトについては後に詳しく解説します。

❷について、これはいわゆる「コンテキストスイッチ」（*Context Switch*）のコストの差です。マルチタスクOSは、異なる処理を行う処理単位としてのプロセス/スレッドを短い時間で切り替えることで並行処理を実現しています[注11]。このときのプロセス/スレッドの切り替え処理は「コンテキストスイッチ」と呼ばれます。このコンテキストスイッチ時に、マルチスレッドはメモリ空間を共有するため、メモリ空間の切り替え処理をスキップすることができます。メモリ空間を切り替えずに済むと、CPU上のメモリキャッシュ（正確にはTLB[注12]）をそのままにしておけるなどの大きなアドバンテージがあるため、性能に与える影響は顕著です。

この2点から以下のようなことがわかります。

- preforkをworkerに変更しても、1つのクライアントに対する応答時間が高速化されるわけではない
- preforkをworkerに変更しても、メモリが十分にあれば同時に扱える接続数は変わらない
- preforkをworkerに変更しても、大量のコンテキストスイッチがなければ（同時並行的に大量のアクセスがなければ）効果は大きくない

preforkをworkerにしたからといって、パフォーマンスが改善される状況は限られているということを認識しましょう。

逆に、workerに変更することで効果的な場面は以下のような場面です。

- 利用できるメモリ容量があまり多くない場合や、メモリ消費量を少なく済ませたい場合。この場合、プロセスよりメモリ消費量が少ないスレッドの利点が生きてくる

注11 マルチタスクの切り替えについて詳しくは4.1節を参照。
注12 TLB（Translation Lookaside Buffer）はメモリの仮想アドレスを物理アドレスへ変換する処理を高速化するためのキャッシュで、CPU内部の機構です。コンテキストスイッチが行われるとTLBがフラッシュされますが、この影響によるTLBキャッシュミスは、相対的にコストが高くつきます。

4章 性能向上、チューニング　Linux単一ホスト、Apache、MySQL

- コンテキストスイッチ回数が多くその分のCPUリソースを削減したい場合、つまり大量のアクセスがあってCPU使用率を下げたい場合[注13]。プロセス間よりもスレッド間のほうがコンテキストスイッチのコストは低く済むため、CPU消費が少なく済む

1クライアントに対して1プロセス/スレッド

preforkとworkerに共通しているのは、Apacheはクライアントからの1リクエストに対して、基本1プロセスもしくは1スレッドを割り当てて処理する点です。つまり、同時に10クライアントからリクエストがあった場合、10プロセスもしくは10スレッドを生成して応答します[注14]。

したがって、同時にどれだけのプロセス/スレッドを生成できるかがApacheの性能を左右する項目ということになります。それらプロセス/スレッド数を制御する設定項目の最適解を探すことが、Apacheチューニングの肝といえるでしょう。詳しく見ていきましょう。

httpd.confの設定

httpd.confの中でもApacheの性能、とくに「同時処理可能なリクエスト数」に影響を与える個所について解説します。

Apacheの安全弁MaxClients

Webサーバは不特定多数のクライアントからの要求を受け付けるサーバであるため、「いつどの程度のトラフィックがやってくるかは予想できない」ことを前提に設計されています。

そこでApacheはプロセス/スレッド数を負荷に応じて動的に制御します。しかし動的に制御した結果、マシンリソースを使い切るほどたくさんのプロセス/スレッドを生成されては困ります。

そのための安全弁として、「同時に接続できるクライアント数の上限値」が設けられています。この安全弁がなければ、そのシステムが許容できる

注13　コンテキストスイッチ回数はsar -cで調べられます。
注14　このモデルにより、サードパーティ製のアプリケーションをApacheで動かす場合、そのアプリケーション開発者の負担が軽くなるという利点が得られます。

以上のリクエスト数が同時に押し寄せたときに、メモリを使い果たしてOSがハングアップしてしまったり、CPUを消費しつくして応答不可能になったりと、致命的な障害を招くことになります。

リクエストが多過ぎる場合は、

- 処理しきれないリクエストには待ち行列の中で一定時間待ってもらい
- さらに待ち行列があふれるようであれば、そのリクエストに対してエラーを返却しクライアントには帰ってもらう

という動作がApacheの安全弁によって実現されます。これでOSごとハングアップするなどの最悪の事態を回避します。

この安全弁である上限値は静的な値です。マシンの持っているリソースに合わせて人手で設定する必要があります。この調整がApacheのチューニングの肝になります。逆に、これ以外の項目で性能に影響するものは多くありません。以下、この安全弁の値の調整について詳細を述べます。

preforkの場合

preforkの場合、設定項目は比較的シンプルです。安全弁となるのはServerLimitとMaxClientsという2つのディレクティブで設定されるパラメータです。ServerLimit、MaxClientsともにApacheが生成するプロセス数の上限となる値です。本来的には、

- ServerLimit：サーバ数、すなわちpreforkではプロセス数の上限
- MaxClients：同時に接続できるクライアント数の上限

を意味するパラメータですが、1クライアントを1プロセスで処理するpreforkでは、両者はほぼ同義です[注15]。プロセス数の上限を上げたい場合はServerLimitとMaxClientsを設定することになります。仕様の都合上「MaxClients ＞ ServerLimit」とすることはできないため、

```
ServerLimit        50
MaxClients         50
```

注15　両者に別れているのはworkerモデルなど他のMPMで意味を持ちます。

4章 性能向上、チューニング　Linux単一ホスト、Apache、MySQL

のように先にServerLimitを設定します。上記は最大プロセス数（同時接続クライアント数）を50にする設定です。

このほか、プロセス/スレッド数を制御するパラメータとしてMinSpareServers、MaxSpareServers、StartServersなどの値もありますが、これらの項目が性能に与える影響はそれほど大きくはありませんのでここでの解説は省略します。

さて、問題はこのServerLimit、MaxClientsをどの程度の値に設定すればよいのか、です。残念ながら「この値にするべき」という断定的な数字はありません。

- サーバが搭載している物理メモリの容量
- 1プロセスあたりの平均メモリ消費量

の2点から、合計どの程度までプロセスを生成できるかを計算して設定する必要があります。

前者はハードウェアのスペックを参照すればわかります。freeなどのコマンドで確認してもよいでしょう。

後者のプロセスのサイズはどのように調べるとよいでしょうか。psやtopでも確認できますが、ここではprocファイルシステムから調べてみましょう。Linuxでは/proc/<プロセスのPID>/statusでプロセスのメモリ使用量などのサマリを見ることができます。表示される項目の意味について詳しくはカーネルソースに付属のドキュメント（Documentation/filesystem/proc.txt）を参照してください。

図4.2.3のサマリのうち、「VmHWM」がそのプロセスが実際に使用しているメモリ領域のサイズになります。図4.2.3の例はmod_perlを組み込んでAPサーバとして利用しているApacheの統計ですが、100MB弱、物理メモリを利用していることがわかります。「VmPeak」や「VmSize」は仮想メモリ上の領域で、物理メモリ上での領域サイズはVmHWMです。

一見するとこのVmHWMの値からhttpdの各プロセスのVmHWMの平均値を求めればよいように見えます。たとえば図4.2.3の例ですと、

- 搭載メモリ量が4GBとして

- httpd プロセス1つあたりのメモリ使用量100MB
- OS が利用するメモリとして512MB残す
- 4GB － 512MB ＝ 3.5GB を httpd に割り当て ➡ 3,500/100 ＝ 35

というロジックで MaxClients 35... という具合です。

しかし、これだけでは判断材料が不十分です。Linux は、物理メモリを節約するため親プロセスと子プロセスで一部のメモリを共有します。この共有部分のメモリを考慮すると、もっと大きな値を設定することが可能です。

親子でメモリを共有するコピーオンライト

ユーザプロセスはすべて、何かしら別のプロセスから fork されて生成されます。すなわち、すべてのプロセスには親プロセスがいます。prefork の Apache の場合、ある一つの httpd 親プロセスがまず起動して、そのプロセスが複数の httpd 子プロセスを生成します。

プロセスが fork によって生成されると、親と子は異なるメモリ空間で動作します。お互いがお互いを干渉することはありません。この独立したメモリ空間を実現するため fork にともない親から子へとメモリの内容がまるごとコ

図4.2.3　プロセスのメモリ使用量などのサマリ

```
% cat /proc/23812/status
Name:    httpd
State:   S (sleeping)
<中略>
VmPeak:   342544 kB
VmSize:   341036 kB
VmLck:         0 kB
VmHWM:     99016 kB    ←プロセスが実際に使用している物理メモリ領域のサイズ
VmRSS:     97644 kB
VmData:    94572 kB
VmStk:        84 kB
VmExe:       308 kB
VmLib:     19072 kB
VmPTE:       668 kB
Threads:       1
<以下略>
```

ピーされるのですが、このコピー処理は非常にコストの高い処理です。

そこでLinuxは、forkした段階では仮想メモリ空間にマッピングされた物理メモリ領域はコピーせずに親と子でそれを共有します。この共有は、親子に仮想メモリ空間は別々に用意し、それぞれの仮想メモリ空間から同一の物理メモリ領域をマッピングすることで実現されます（図4.2.4）。親あるいは子が仮想メモリに対して書き込みを行うと、その書き込みが行われた領域はそれ以上共有できませんから、そこではじめて、その領域に紐付けられた物理領域だけ、親子で別々に持つことになります。

逆にいうと、書き込みが行われていないメモリ領域はいつまでも共有し続けることができ、これによりメモリ上のページの重複を避けてメモリを効率的に利用することができます。

このしくみを「コピーオンライト」（Copy on Write）と呼びます。「書き込み時にコピーする」という意味です。forkにともなうメモリコピーの遅延処理、と見ることもできます。

コピーオンライトで共有しているメモリサイズを調べる

MaxClientsを設定するには、実際に使用しているメモリ領域のうち、親子で共有している物理メモリサイズも考慮する必要があります。共有メモ

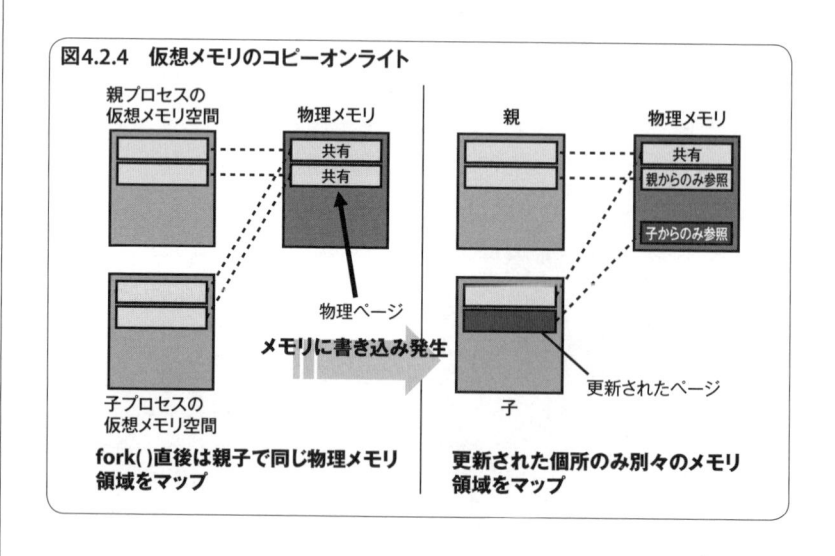

図4.2.4 仮想メモリのコピーオンライト

リ領域は/proc/<プロセスのPID>/smapsのデータを参照することで調査可能なのですが、データ量が多いためそのままでは調べるのが難しくなっています。そこで、共有メモリサイズを調べるPerlスクリプト（**リスト4.2.1**）を作成しました[注16]。引数に動いているプロセスのプロセスIDを渡すと、そのプロセスの共有メモリサイズを調べます。pgrepと組み合わせて使うとよいでしょう。出力は**図4.2.5**のようになります。

表示されているメモリサイズの単位はKB（*Kilobyte*）です。RSSがプロセス

リスト4.2.1　shared_memory_size.pl

```perl
#!/usr/bin/env perl
use strict;
use warnings;
use Linux::Smaps;

@ARGV or die "usage: $0 [pid ...]";

print "PID\tRSS\tSHARED\n";

for my $pid (@ARGV) {
    my $map = Linux::Smaps->new($pid);
    unless ($map) {
        warn $!;
        next;
    }

    printf
        "%d\t%d\t%d (%d%%)\n",
        $pid,
        $map->rss,
        $map->shared_dirty + $map->shared_clean,
        int((($map->shared_dirty + $map->shared_clean) / $map->rss) * 100);
}
```

図4.2.5　実行例

```
% shared_memory_size.pl `pgrep httpd`
PID     RSS     SHARED
24807   69452   66032 (95%)
24809   76996   55216 (71%)
24810   80812   54292 (67%)
24811   77188   54236 (70%)
24812   79208   54340 (68%)
24813   76608   55492 (72%)
<以下略>
```

注16　スクリプトの実行にはPerlモジュールのLinux::Smapsのインストールが別途必要です。

全体のメモリ割り当てサイズ、SHAREDがうち親子で共有されている領域のサイズです。70%前後ものメモリが親子で共有されているのがわかります。

なお、コピーオンライトのしくみでは、親と子のメモリの内容は時間が経つほど乖離していくことになり、共有率が低下していきます。httpdを立ち上げた直後は、共有している率は当然高い数字を示すのであまり参考になりません。MaxClientsの計算にはある程度リクエストを流して、定常状態になったころの数字を利用するのがよいでしょう。先の計算過程に親子の共有サイズを考慮すると、

- 搭載メモリ量が4GBとして
- httpdプロセス1つあたりのメモリ使用量100MB
- うち70%は親と共有することがわかったので、子プロセス1つあたりのメモリ使用量は30MB
- OSが利用するメモリとして512MB残す
- 4GB − 512MB ＝ 3.5GBをhttpdに割り当て ➡ 3,500/30 ＝ 116.66

という結論になります。平均メモリ使用量や共有率はあくまでざっくりとした計算ですので、ある程度余裕を持たせて100程度に設定しておけばよいでしょう。

MaxRequestsPerChild

ここで補足をしておきます。コピーオンライトによるメモリの共有は、時間の経過とともに共有率が下がっていくのでした。となると、Webサーバのようにずっと動作し続けるソフトウェアでは、最終的にはほとんどの領域が共有できなくなってしまうようにも思えます。

Apacheでは定期的に子プロセスを終了させて新しい子プロセスを作らせて、この状態を回避する方法があります。子プロセスを新しく作るということは親から子を新たにforkすることにほかなりませんから、その時点でまた完全にメモリを共有した子に戻すことができる、というわけです。

MaxRequestsPerChildディレクティブがその設定になります。

MaxRequestsPerChild   1024

と設定しておくと1プロセスあたり1,024リクエストを処理すると、そのプロセスは1,024回めのリクエスト完了直後に自動で終了し、親が新しい子を用意します。

MaxReqeustsPerChildは、mod_perlやmod_phpなどで動作しているアプリケーションがメモリリークを起こしていて、放っておくといつまでもメモリを消費し続けてしまう場合の応急処置にも有効です。

リクエストを多数受けている大規模なサーバではMaxRequestsPerChildの値が小さ過ぎると頻繁にプロセスの終了と生成が繰り返されてしまうため、ある程度大きな値を設定しておく必要があるでしょう。逆にリクエストがそれほど多くないサーバでは、小さめの値に設定してもサーバにかける負担はほとんどありません。CPU負荷、プロセスのメモリサイズの時間経過と相談しながら適当な値を決めるとよいでしょう。

workerの場合

workerは、マルチプロセスとマルチスレッドのハイブリッド型のモデルです。

- 1つのプロセスの中に複数のスレッドを生成し、スレッド1本でクライアント1つを処理する
- そのプロセスを複数生成する

という動作をします。したがって、プロセス×プロセスあたりのスレッド分のスレッドが同時並行で動作することになります。プロセスの部分は、preforkの場合とほぼ同じ考え方でチューニングします。一方のスレッド部分ですが、

- スレッドはプロセスの場合と異なり、メモリ空間を完全にスレッド間で共有する。コピーオンライトのときのようなケースを考える必要はない
- 1スレッドあたり、スタック領域として最大8,192KBのメモリを必要とする[注17]

ということを念頭にチューニングします。workerの場合ServerLimit、

注17 これはApacheの仕様。ApacheはLinux環境ではスレッドのスタックサイズはシステムの指定に任せます。8,192KBはシステム依存です。ulimit -sで確認できます。

MaxClientsに加えて、ThreadLimitとThreadsPerChildを調整することになります。workerでは、

- MaxClients：同時に接続できるクライアントの上限、つまりプロセス数×スレッド数
- ServerLimit：プロセス数の上限
- ThreadLimit：プロセスあたりのスレッド数の上限
- ThreadsPerChild：プロセスあたりのスレッド数（ThreadLimitとほぼ同義）

という意味を持ちます。MaxClientsがシステムの許容できるクライアント数で、その同時クライアント数を処理するためのプロセスとスレッドの本数の制御を他のパラメータで行います。MaxClientsが決まって、ThreadsPerChildが決まると自動的にプロセス数が決まります。たとえば、MaxClientsを4096としてThreadsPerChildを128とすると、

- MaxClients 4096/ThreadsPerChild 128＝32プロセス

となります。したがって、常に ServerLimit ≧ MaxClients/ThreadsPerChild という関係を満たすように調整します。この関係が満たされない場合は、エラーログにその旨が記録されます。

以上を設定に落とすと、

```
ServerLimit          32
ThreadLimit          64
MaxClients         4096
ThreadsPerChild      64
```

となります。各パラメータをいくつにするかの戦略ですが、基本はpreforkの場合に同じくシステムの搭載メモリ量と、1スレッドあたりの消費メモリ量を天秤にかけて計算します。

実際に稼動しているシステムでスレッドが何本生成されているかを数えるには、psに-Lオプションです。4.1節で解説したように、-Lを付ければNPTLのスレッドを表示することができるので、その本数を数えればOKです。

過負荷でMaxClientsを変更する、その前に

先に「問題がWebサーバの応答不能という現象で顕在化しただけであって、その原因がWebサーバであるとは限らない」ということを述べました。問題は表面上は、MaxClients上限に到達する、という現象として顕在化します。エラーログには以下のように記載されます。

```
[Wed Sep 05 17:30:43 2007] [error] server reached MaxClients setting,
consider raising the MaxClients setting
```

繰り返しになりますが、MaxClientsに到達してこれ以上プロセス、スレッドが生成できないという状態はあくまで「何かしらの問題」があるという警告に過ぎません。本当に接続数が多過ぎてMaxClientsに達してしまっている場合もあるでしょうが、ほかの個所に原因があることも多いのです。

たとえば、APサーバとしてApacheを利用していて、その上で動くアプリケーションがDBに接続しにいっているとしましょう（図4.2.6）。

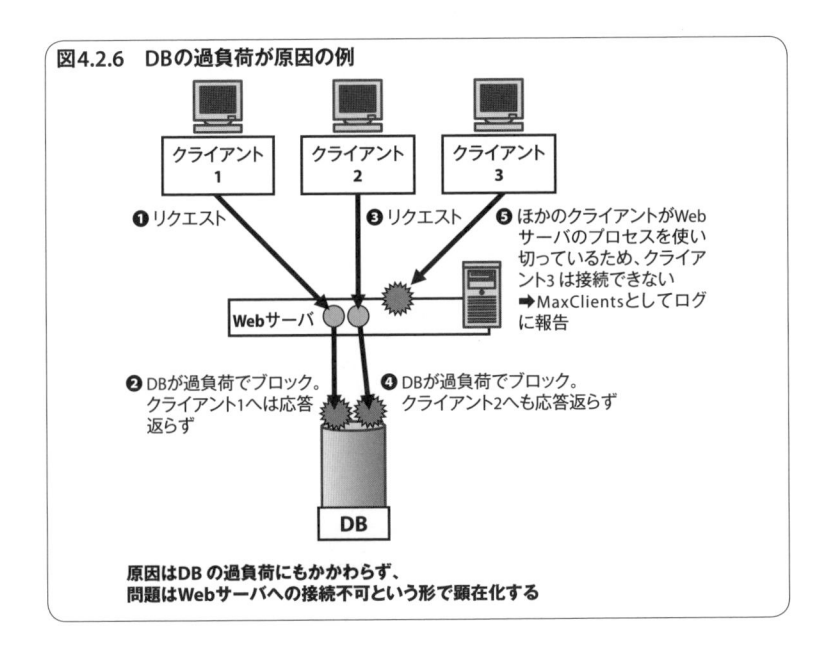

図4.2.6　DBの過負荷が原因の例

❶ リクエスト
❸ リクエスト
❺ ほかのクライアントがWebサーバのプロセスを使い切っているため、クライアント3は接続できない
　➡MaxClientsとしてログに報告
❷ DBが過負荷でブロック。クライアント1へは応答返らず
❹ DBが過負荷でブロック。クライアント2へも応答返らず

原因はDBの過負荷にもかかわらず、
問題はWebサーバへの接続不可という形で顕在化する

4章 性能向上、チューニング Linux単一ホスト、Apache、MySQL

- DBが過負荷になると、アプリケーションはDBからの応答を待ってブロックする
- 結果httpdプロセス/スレッドがブロックされた状態になる
- ブロックされたプロセス/スレッドは別のクライアントからの要求を処理できないので、Apacheは空いているプロセス/スレッドを探す
- 空きがなければ新しいプロセス/スレッドを生成する
- DBが相変わらず過負荷だと、新しく生成したプロセス/スレッドも続くクライアントからの要求処理途中にブロックされる
- いずれMaxClientsに到達し、プロセス/スレッドを生成することができなくなる
- エラーログにその旨が記載される

このようなケースでは、いくらApache側の設定を調整しても意味がなく、MaxClientsを増やしても、増やした分、さらに続けて接続しに来たクライアントがブロックされるだけで状況は改善されません。そもそもの原因に立ち返って、DBの過負荷の問題を解決する必要があります。

Keep-Alive

MPMモジュールのパラメータ以外に性能に影響を与えるものとして、「Keep-Alive」の設定があります。Keep-Aliveは特定クライアントからのリクエストが完了した後もしばらく接続を維持して、同じクライアントからの別のドキュメントの要求に備える機能です。これにより、クライアントはいちいち接続/切断を繰り返さなくても一度の接続で複数のドキュメントをダウンロードできるので、クライアント/サーバともに処理効率が上がります。

ところが、場合によってはこのKeep-Aliveがボトルネックの原因になることもあります。詳しくは2.1節のリバースプロキシの節で解説していますので、そちらを参照してください。

Apache以外の選択肢の検討

本節の中心はApacheの解説でしたが、世の中にはOSSかつフリーなWeb

サーバの実装がたくさんあります。Apacheはその中でもデファクトのサーバではありますが、必ずしもApacheを使わなければいけないわけではありません。

Apacheの長所の一つに、内部が綺麗にモジュール化された汎用的な作りになっており、拡張性が高いことが挙げられます。そのため、サードパーティ製を含む拡張モジュールの開発が盛んです。自分で新しいモジュールを作ってApacheの動作をカスタマイズするのも容易です。ApacheをWebサーバ以上のネットワークサーバとして見たとき、Apache以上に多様なシチュエーションに使えるサーバは多くありません。

一方、パフォーマンスはどうでしょうか。Apacheは現在のところ、マルチプロセス/マルチスレッドモデルを採用しています。これ以外のネットワークサーバの代表的なモデルとして、シングルプロセス・イベントドリブン（*Single Process Event Driven*、SPED）というモデルが挙げられます。SPEDサーバでは、複数の接続を複数の実行単位で処理するのではなく、単一のプロセスが複数のネットワーク入出力イベントをOSの機能を使って監視して、入出力のイベントに合わせて処理を高速に切り替え実行することで、並行処理を実現します。

純粋にマルチスレッドとSPEDというアーキテクチャの観点で見た場合、どちらも一長一短でどちらかが圧倒的に優れているということはありません。他方、実装の世界に目を向けると、Apacheは汎用的な作りになっているぶん、1リクエストのサイクル内に要するリソースがCPU計算量、メモリ消費量ともに若干大きい、その大きいリソース消費量がプロセス/スレッド分だけ必要になる、という欠点があります。

lighttpd

最近OSSのWebサーバで人気があるのがlighttpd[注18]です。lighttpdは、

- SPEDを採用しており、少ないメモリで大量のアクセスを同時並行的に処理することを主眼に置いた高速な実装

注18　URL http://www.lighttpd.net/

- Apacheに比べて汎用性は劣るものの、その分1リクエスト数あたりの計算量が少ないためCPUに優しい
- シングルプロセスなのでメモリ消費量がApacheに比較して遥かに小さくて済む
- Apacheのコアモジュール、mod_rewriteやmod_proxyに相当する基本的な機能はすべてカバーしている
- FastCGIにも対応しており、PerlやPHP、Rubyで記述されたWebアプリケーションを高速化しAPサーバとして利用することもできる

という特徴を持った非常に優れた実装で、大規模環境での稼動実績も増えてきました。はてなでも、これまでApache workerでまかなってきた部分を一部lighttpdに置き換えたりもしています。

lighttpdとApacheを比較した場合、最も顕著に差が出るのはメモリ消費量です。lighttpdはどんなに接続がたくさんあっても、1プロセスから数プロセスですべてを処理します[注19]。この部分が、クライアント数に合わせてプロセス/スレッドを増減させるApacheとの決定的な差になります。

lighttpdの利用に向いているのは、静的なファイルを大量に配信したい場合です。大量のファイルを大量のクライアントに返す場合でも最小限のリソース消費で済ませることができます。

もちろんlighttpdを動的コンテンツの配信に利用することも可能です。lighttpdの扱いやすさから、スクリプト言語で開発されたWebアプリケーションをlighttpd + FastCGIで高速化して動かしている事例も多くあります。ただし、動的なコンテンツを配信する場合は、Apache + mod_perl（mod_phpなど）とlighttpd + FastCGIのような組み合わせ比較においてはそれほど性能差はありません[注20]。

lighttpdの詳しい解説は割愛しますが、大量のクライアントからの接続を少ないリソースで処理したい場合はlighttpdを検討してみるのもよいでしょう。

注19 select(2)/poll(2)やepollなどのファイルディスクリプタ監視システムコールを使って、ネットワークI/Oを多重化することで並行処理を実現しています。

注20 個人的にはApacheの豊富なAPIを使ってアプリケーションをカスタマイズできる点を評価し、前者をよく利用しています。

4.3 MySQLのチューニングのツボ

MySQLチューニングのツボ

パフォーマンス面でDBサーバに求められることは何でしょうか？ かなり乱暴ですが一言で表すと「データをいかに速く出し入れするか」といえるのではないかと思います。

ではDBサーバのパフォーマンスチューニング、すなわち「より短い時間でデータを出し入れできるようにする」にはどのような方法が考えられるでしょうか？ これはチューニングの切り口によっていくつかに分類できますので、まずはこの点について簡単に整理してみます。

チューニングの切り口での分類

はじめに、以下のチューニングの切り口で分類して考えてみましょう。

1. サーバサイド
2. サーバサイド以外
3. 周辺システム

1 サーバサイド

一つめは「サーバサイドのチューニング」です。サーバサイドのチューニングというと、真っ先に挙げられるのは「mysqldのパラメータチューニング」でしょう。とりわけ、メモリ関連のパラメータと、ディスクI/Oに関連するパラメータがチューニングのキモとなります。

mysqldのパラメータ以外では「OS寄りのチューニング」、たとえば、

- ディスクI/O関連のkernelパラメータの調整

4章 性能向上、チューニング　Linux単一ホスト、Apache、MySQL

- 適切なファイルシステムの選択とマウントオプションなどの調整

といったものも、本節ではサーバサイドのチューニングに分類しておきます。

ほかにパラメータ以外のチューニング・工夫としては、「パーティショニング」（*Partitioning*）があります。規模が大きくなると、データサイズやアクセスが増大して1台のDBサーバではまかないきれなくなります。

そこで、テーブル単位でDBサーバを分けたり、テーブルのデータをプライマリキーなどを元にして分割してDBサーバを分けたりします。これにより、保持するデータサイズを小さく抑えることができるのでキャッシュに乗りやすくなったり、アクセスを分散することができるのでサーバの負荷が減ったり、といった効果が期待できます。反面、分割されたDBサーバ群のうちから適切なものを選ぶ処理が必要になったり、SQLレベルでのテーブル結合ができなくなるといった、アプリケーション側の負担が増える側面もあります。

2 サーバサイド以外

二つめはサーバサイド以外の部分のチューニングです。便宜的に「サーバサイド以外」と書きましたが、ここでは次のような事項を指すものとします。

- テーブル設計
    - ➡適切なインデックスの作成
    - ➡意図的な非正規化
- SQLの最適化
    - ➡インデックスをうまく使うように
    - ➡テーブル結合の順序、方法を調整

とくにSQLの最適化は、チューニングの効果が劇的に高いケースが多々あることに加え、時間がかかっているクエリの洗い出しにはスロークエリ（*log-slow-queries*）で時間がかかるクエリが特定できた後での原因究明にはEXPLAIN構文と周辺ツールが整備されているので、比較的取りかかりやすいチューニングなのではないかと思います。

❸ 周辺システム

　最後は「周辺システムのチューニング」です。そもそも周辺システムのチューニングとは何でしょうか。冒頭で、チューニングのゴールは「より短い時間でデータを出し入れできるようにする」と書きました。そこで視点をDBサーバの周辺にも広げると、データの出し入れが速くなるならば、必ずしも直接DBサーバに問い合わせる必要はない、ということに気づくと思います。

　具体例を挙げると、データを参照するクライアントとDBサーバの間にmemcachedなどのキャッシュサーバを入れて、DBサーバではなくキャッシュサーバのデータを参照する、というのが考えられます。

　RDBMSのチューニングというと、とかくSQLやサーバパラメータの最適化ばかり目がいきがちです。しかし、これらを「データを入出力するための一連の系」ととらえ、クライアントやDBサーバをその構成要素と考えるならば、そこにキャッシュサーバという構成要素を追加して系の性能を向上する、といったマクロな視点も必要なのではないかと思います。

本節でこれから扱う内容

　ここまででチューニングの切り口を3つに分類しましたが、次のステップ、つまり実際のチューニング作業はどうなるかというと、ボトルネックの発見➡その解決というターンの繰り返しになります。

　ボトルネックの原因は至る所に潜んでいます。ですからボトルネックの発見は、「遅いSQL文を見つければいい」といった単純なものではなく、先に挙げた3つの切り口で横断的に観察、検討することが求められます。

　とはいうものの、このようなボトルネックは、要件やRDBMSの使い方に起因するものなので実に多くのバリエーションがあり、一元的に「こうだ」ということはできません。

　また、DBやテーブルのパーティショニングやキャッシュサーバの導入は、それ以前にSQLの見直しやパラメータチューニングを行い、DBサーバの性能を100%引き出してそれでも処理しきれない場合に検討すべきだと考えます。

そこで続く本節の以降では、サーバサイドのチューニングの中でもとくに効果が期待できる、MySQLサーバ(mysqld)のパラメータチューニングの勘所に焦点を当てて、掘り下げて解説していきます。

なお、本節で対象とするMySQLのバージョンは5.0.45です。

メモリ関係のパラメータチューニング

ではMySQLサーバのチューニングにおいて、非常に重要となるメモリ(バッファ)関連のパラメータについて、以下の2つの点を紹介します。

- チューニングのポイント
- 参考までに、とあるDBサーバ(実メモリ4GB)の実際の設定値

バッファの種類 ……チューニングの際の注意点❶

まず最初に注意点を。MySQLには、性能向上のためにデータを一時的に蓄えておくためのメモリ領域があります。これをバッファというのですが、このバッファには2つのタイプがあります。

- グローバルバッファ(*Global Buffer*)
- スレッドバッファ(*Thread Buffer*)

グローバルバッファとは、mysqldで内部的に1つだけ確保されるバッファです。これに対し、スレッドバッファはスレッド(コネクション)ごとに確保されるものです。

パラメータチューニングの際には、このグローバルとスレッドの違いを意識する必要があります。なぜなら、スレッドバッファに多くのメモリを割り当てると、コネクションが増えたとたんにアッという間にメモリ不足になってしまうからです。

割り当て過ぎない ……チューニングの際の注意点❷

バッファに割り当てるメモリは、大きければ大きいほどパフォーマンスが上がります。とはいっても、サーバが搭載している物理メモリ以上の大

きさを割り当てると、スワップが発生してしまい逆にパフォーマンスが落ちてしまいます。

また、MyISAMテーブルはMySQLレベルのパラメータチューニングより、MyISAMのデータファイルがOSのディスクキャッシュに載るように調整したほうが性能が向上する場合があります。

メモリ関連のパラメータ

メモリ関連のパラメータを表4.3.1にまとめました。

表4.3.1について補足しておきます。まず、「innodb_log_file_size」について、mysqldはinnodb_log_fileがいっぱいになると、メモリ上のinnodb_buffer_poolの中でだけ更新されている部分をディスク上のInnoDBのデータファイルに書き出すような動作をします。したがって、innodb_buffer_pool_sizeを大きくしたら、このinnodb_log_file_sizeも合わせて調整しないと、innodb_log_file_sizeがすぐにあふれてしまい、頻繁にInnoDBデータファイルに書き出し処理を行わなければならず、性能が低下してしまいます。

innodb_log_file_sizeの値は、1MB以上で、32bitマシンの場合は4GB以下にしなければならない、とMySQL ABのドキュメントには書いてあります。

もう一つ上限があります。innodb_log_fileはinnodb_log_files_in_groupの数だけ（デフォルトは2）作られるのですが、innodb_log_file_size × innodb_log_files_in_groupがinnodb_buffer_pool_sizeを超えてもいけません。

まとめると、以下のようになります。

1MB < innodb_log_file_size < MAX_innodb_log_file_size < 4GB

$$\mathrm{MAX\_innodb\_log\_file\_size} = \frac{\mathrm{innodb\_buffer\_pool\_size}}{\mathrm{innodb\_log\_files\_in\_group}}$$

ほかに注意しなければならないのは、innodb_log_file_sizeを大きくすればするほど、InnoDBのクラッシュリカバリの時間が長くかかるようになるという点です。

次に、同じく表4.3.1の「key_buffer_size」についても参考までに補足しておくと、キーバッファのヒット率は、SHOW STATUSの値を使って、次の式で算出できます。

4章 性能向上、チューニング Linux単一ホスト、Apache、MySQL

表4.3.1 メモリ関連のパラメータ

パラメータ
説明

innodb_buffer_pool_size
用途 InnoDBのデータやインデックスをキャッシュするためのメモリ上の領域
バッファ種別 グローバル　**参考値** 512MB
グローバルバッファなので、どかんと割り当てるのがお勧め

innodb_additional_mem_pool_size
用途 InnoDBの内部データなどを保持するための領域
バッファ種別 グローバル　**参考値** 20MB
それほど大量に割り当てる必要はない。足りなくなったらエラーログにその旨、警告が出るのでそれから増やしても問題ない

innodb_log_buffer_size
用途 InnoDBの更新ログを記録するメモリ上の領域
バッファ種別 グローバル　**参考値** 16MB
大抵は8MB、多くても64MBで十分で、あまり大きくする必要はない。なぜなら、バッファはトランザクションがCOMMITされるごと、または毎秒ディスクにフラッシュされるので、ほかのパラメータを厚くしたほうが得策である

innodb_log_file_size
用途 InnoDBの更新ログを記録するディスク上のファイル。メモリではないのですがチューニングの上で重要なので解説しておく
バッファ種別 ---　**参考値** 128MB
大きくするほどパフォーマンスが向上する。詳しくは本文を参照

sort_buffer_size
用途 ORDER BYやGROUP BYのときに使われるメモリ上の領域
バッファ種別 スレッド　**参考値** 2MB
スレッドバッファなので、むやみに大きくするとメモリが足りなくなるので注意。筆者の場合は2MBか4MBにしている

read_rnd_buffer_size
用途 ソート後にレコードを読むときに使われるメモリ上の領域。ディスクI/Oが減るのでORDER BYの性能向上が期待できる
バッファ種別 スレッド　**参考値** 1MB
これもスレッドバッファなので、割り当て過ぎには注意が必要。筆者の場合は512KB〜2MBにしている

join_buffer_size
用途 インデックスを用いないテーブル結合のときに使われるメモリ上の領域
バッファ種別 スレッド　**参考値** 56KB
スレッドバッファである。そもそもインデックスが使われないようなテーブル結合はパフォーマンス向上の観点からすると避けるべきなので、このパラメータはそれほど大きくする必要はないだろう

read_buffer_size
用途 インデックスを用いないテーブルスキャンのときに使われるメモリ上の領域
バッファ種別 スレッド　**参考値** 1MB
これもパフォーマンスを考えるならば、インデックスを使うようなクエリを発行するべきなので、それほど多くする必要はないだろう

(表4.3.1の続き)

key_buffer_size

【用途】MyISAMのキー（インデックス）をメモリ上にキャッシュする領域
【バッファ種別】グローバル　【参考値】256MB
グローバルバッファで、多く割り当てるほどパフォーマンスが向上する。グローバルバッファなのでどかんと割り当てられる。もし、MyISAMを（あまり）使ってないのならば、小さくしてほかのパラメータにメモリを回すのもアリである

myisam_sort_buffer_size

【用途】MyISAMで以下の時のインデックスのソートに使われるメモリ上の領域
・REPAIR TABLE
・CREATE INDEX
・ALTER INDEX
【バッファ種別】スレッド　【参考値】1MB
通常のクエリ（DML）では使われないようなので、それほど多くする必要はないだろう

```
キーキャッシュのヒット率 = 100 - ( key_reads / key_read_requests×100 )
```

メモリ関連のチェックツール……mymemcheck

最後に、筆者らが使用している自家製のツール「mymemcheck」について紹介します。mymemcheckは、my.cnfもしくはSHOW VARIABLESの結果を元に、以下の3つのチェックを行います。

- 最低限必要な物理メモリの大きさ
- IA-32のLinuxでのヒープサイズの制限
- innodb_log_file_sizeの最大サイズ

いずれもMySQL ABのドキュメントに書かれている事項なのですが、メモリ関係のパラメータは相互に関係しあっているものがいくつかあり、気をつけないと矛盾した値を設定してしまうことがあります。したがって、パラメータを変更するときは、このmymemcheckを使って無理な値になっていないか確認するといいでしょう[注21]。

実行結果の例は図4.3.1のようになります。

注21 本書のAppendixに、全文を掲載しています（mymemcheck）。本書のWeb補足情報コーナーも合わせて参照してください。

4章 性能向上、チューニング　Linux単一ホスト、Apache、MySQL

図4.3.1　mymemcheckの実行例

```
$ ./mymemcheck my.cnf

[ minimal memory ]
ref
  * 『High Performance MySQL』, Solving Memory Bottlenecks, p125

global_buffers
  key_buffer_size                   268435456   256.000 [M]
  innodb_buffer_pool_size           536870912   512.000 [M]
  innodb_log_buffer_size             16777216    16.000 [M]
  innodb_additional_mem_pool_size    20971520    20.000 [M]
  net_buffer_length                     16384    16.000 [K]

thread_buffers
  sort_buffer_size                    2097152     2.000 [M]
  myisam_sort_buffer_size             1048576  1024.000 [K]
  read_buffer_size                    1048576  1024.000 [K]
  join_buffer_size                     262144   256.000 [K]
  read_rnd_buffer_size                1048576  1024.000 [K]

max_connections                           250

min_memory_needed = global_buffers + (thread_buffers* max_connections)
                  = 843071488 + 5505024* 250
                  = 2219327488 (2.067 [G])

[ 32bit Linux x86 limitation ]
ref
  * http://dev.mysql.com/doc/mysql/en/innodb-configuration.html

  * need to include read_rnd_buffer.
  * no need myisam_sort_buffer because allocate when repair, check alter.

         2G > process heap
process heap = innodb_buffer_pool + key_buffer
             + max_connections* (sort_buffer + read_buffer + read_rnd_buffer)
             + max_connections* stack_size
           = 536870912 + 268435456
             + 250* (2097152 + 1048576 + 1048576)
             + 250* 262144
           = 1919418368 (1.788 [G])

         2G > 1.788 [G] ... safe

[ maximum size of innodb_log_file_size ]
ref
  * http://dev.mysql.com/doc/mysql/en/innodb-start.html

  1MB < innodb_log_file_size < MAX_innodb_log_file_size < 4GB

MAX_innodb_log_file_size = innodb_buffer_pool_size* 1/innodb_log_files_in_group
                         = 536870912* 1/2
                         = 268435456 (256.000 [M])

   innodb_log_file_size < MAX_innodb_log_file_size
            134217728 < 268435456
          128.000 [M] < 256.000 [M] ... safe
```

5章
省力運用
安定したサービスへ向けて

5.1 サービスの稼働監視 p.218
Nagios

5.2 サーバリソースのモニタリング p.240
Ganglia

5.3 サーバ管理の効率化 p.248
Puppet

5.4 デーモンの稼働管理 p.265
daemontools

5.5 ネットワークブートの活用 p.277
PXE、initramfs

5.6 リモートメンテナンス p.286
メンテナンス回線、シリアルコンソール、IPMI

5.7 Webサーバのログの扱い p.295
syslog、syslog-ng、cron、rotatelogs

5章 省力運用 安定したサービスへ向けて

5.1 サービスの稼働監視
Nagios

安定したサービス運営と、サービスの稼働監視

　安定したサービスの運営には、サービスの稼働監視が欠かせません。サーバを二重化して冗長化していたとしても、知らない間に片方が落ちてしまうと冗長化が失なわれた危険な状態となってしまい、もう一度障害が発生するとサービス停止となってしまいます。このようにシステムの一部で異常が発生した時に、速やかに知らせてくれるサービスの稼働監視が安定したサービス運営の鍵となります。

　OSSのサービスの稼働監視ツールで有名なものは、Nagios[注1]です。Nagiosは、柔軟な設定が可能で世界中で広く使われています。

稼働監視の種類

　一般に稼働監視は、ある機能が動いているかどうかだけではなく負荷状態のチェックも含まれます。稼働監視はおもに以下の3つに分類されます。

1. ホストやサービスの稼働状態といった死活状態の監視
2. ホストのCPU使用率やサービスの同時処理数などの負荷状態の監視
3. 一定期間(1カ月や1年など)でのサービス提供ができていた割合である稼働率の計測

1 死活状態の監視

　「死活状態の監視」は、ある機能が動作しているかしていないかをチェックするもので、稼働監視の基本となる監視です。

注1　URL http://www.nagios.org/

たとえば、pingによる応答を確認することでホストが生きているかどうか、サービスに対してTCPコネクションを張れるかどうか、対象とするサービスの基本的なプロトコル処理ができるかどうかをチェックすることで、対象となるサービスが正しく動いているかどうかを検出します。

もし、pingによる応答が返ってこなかったり、TCPコネクションを張れない、基本的なプロトコル処理が動かないといった場合、そのホストやサービスが停止していると判断し、管理者に通知します。それを受けて、管理者は、ホストやサービスの再起動や、代替ホストの用意などの復旧手段を速やかにとることができます。

監視対象とするサービスが冗長化されている場合、サービスを構成するそれぞれのホストに対する監視だけではなく、冗長化された後のVIP（仮想IPアドレス）に対しても監視をすることで、最終的なユーザからの観点から正常にサービスができているかどうかを監視できます。こうすることで障害が発生した際に、冗長化されているホストの一部のみの障害でサービスには影響ないのか、サービス提供に影響のある障害なのかを容易に判断することができるようになります。

図5.1.1の例では、サーバBで障害が発生しても、ロードバランサが自動的にリクエストをサーバAに転送し、サービスへの影響はありません。このような構成の場合に、サーバAとサーバBだけではなくロードバランサ上のVIPも監視対象とすることで、サービスへの影響の有無を確認でき、障害の緊急度を判断することができます。

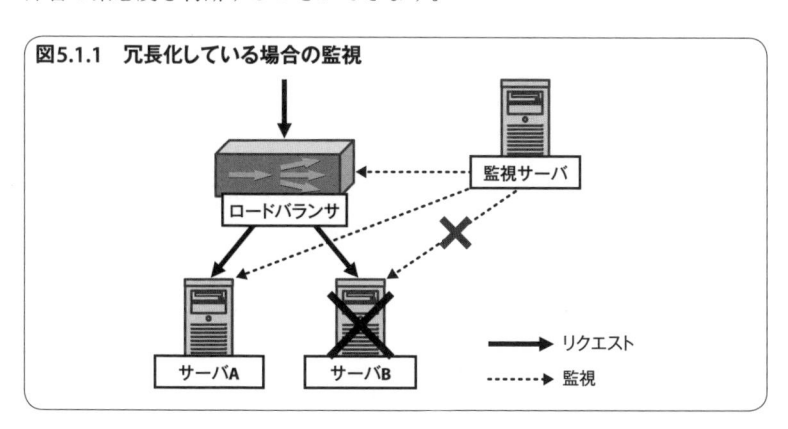

図5.1.1 冗長化している場合の監視

2 負荷状態の監視

「負荷状態の監視」は、サービスは止まっていないものの異常に重かったりしないかどうかをチェックするという、サービスの稼働監視の応用的な監視です。

負荷状態を監視するために、対象となるホストのCPU負荷や、OSレベルでの待ちプロセス数などを計測し、ホストの負荷が異常なレベルに到達していないかを監視します[注2]。また、サービスを提供しているプロセスのリクエストキューにある待ちリクエスト数や、リクエストの応答時間を計測し、そのサービスへのリクエストが許容可能なサービスレベルで処理されているかどうかを監視します。待ちリクエスト数が異常に多かったり、応答時間が長過ぎる場合は、ホストやサービスに過剰な負荷がかかっていると判断します。

過剰な負荷は、以下のような3つに分けられます。

❶ DoS攻撃のような異常なリクエストによる負荷
❷ Slashdot効果[注3]のような突発的なリクエストによる負荷
❸ 純粋にサービスの人気が出たことによる恒常的なリクエストによる負荷

このため、通知が来た際の対応も死活監視のように単純ではなく、それぞれの負荷に応じた対応が必要となります。たとえば、❶と推測とされるような場合はリクエストの遮断をしたり、❷と推測される場合は、コンテンツの一時的なキャッシュをしたりします。そして、❸のようにサービス自体に人気が出て恒常的な負荷が上昇した際には、ホストの増設などが必要となります。

負荷状態を監視することで単純な死活監視では検出することができない、「一応使えるのだけど、遅い」というような状態を検出することができ、その対策を行うことで良好なレスポンスを維持することができるようになります。

注2 負荷の計測について、4.1節に詳しい説明があります。
注3 人気のある他のサイトからリンクを張られて、多数のユーザが来る現象のことをいいます。

■3 稼働率の計測

「稼働率の計測」は、上の2つの監視とは異なり、数週間～数カ月といった、ある程度の期間の監視結果を解析することで、システムの中長期的な改善につなげるためのものです。

上の2つのサービスの死活監視と、負荷状態の監視を続けることで、そのサービスがどれぐらい稼働し続けていたのか、どれぐらいの負荷がかかっていたのか、を知ることができます。それにより、システムのどの部分が落ちやすいか、システム全体としてどの程度の稼働率なのか、を客観的に分析することができるようになります。

この分析により、特定のホストの不安定さを把握したり、そもそもシステムの構成が不安定であることを認知できるようになります。それによって、システム全体における冗長化のレベルや、管理者の保守体制などの戦略的な判断へのフィードバックをかけることができます。

Nagiosの概要

以上のような監視や計測を可能とする代表的な監視ツールとして、「Nagios」があります。Nagiosは、pingによるホストの死活監視、TCPコネクション接続による各種サービスの監視、SNMP（*Simple Network Management Protocol*）によるホストの状態監視のほか、独自プラグインによる任意の監視が可能となっています。また、監視結果の通知も、メールを基本として、任意の手段を定義することができます。さらに、Webインタフェースによって状態の参照や、監視の停止・再開などの制御ができます。

なお、本節では執筆時点の最新版であるNagios 3.0.2をベースに解説します。

Nagiosのインストール

NagiosはRed Hat Enterprise Linux 5やCentOS 5では標準パッケージに含まれていませんので、以下の公式サイトからパッケージをダウンロードしてインストールしてください。

5章 省力運用 安定したサービスへ向けて

　Nagios本体に合わせて、さまざまな対象を監視するためのスクリプトを含む「Official Nagios Plugins」もインストールしてください。Official Nagios Pluginsは、ほかに依存しているパッケージがいくつかありますので、必要に応じて追加でインストールしてください。以降、本節ではCentOS 5.0で動作確認をしています。

　🔗 http://www.nagios.org/

Nagiosの設定

　Nagiosは、柔軟な設定が可能な代わりに設定ファイルが若干複雑なものとなっていますので、インストール時に同時にインストールされるサンプル設定ファイルを流用しながら設定するのがお勧めです。
　まず、Nagiosの設定に必要となる基本的な概念を**表5.1.1**にまとめておきます。以降では、表5.1.1にある主要な概念に添って説明を進めます。

表5.1.1　Nagiosの基本概念

用語	説明
host	サーバやルータなどのネットワーク上の物理的な要素
hostgroup	1つないしそれ以上のホストをグループにまとめられる。いずれのホストも、少なくとも1つのホストグループに属する必要がある。ホストグループ単位で、各ホストのイベント（ホストの障害・復帰など）の通知先を指定することができる。各hostは1つ、もしくはそれ以上のhostgroupに属する必要がある
service	ホスト上で稼動しているサービス。このサービスには、POPやHTTPなどのわかりやすいサービスだけではなく、pingへのレスポンスや、ディスクの空き容量など、ホスト上のさまざまなものをサービスとすることができる
servicegroup	サービスグループ定義は、Web管理画面での表示のために1つ以上のサービスを分類するのに使用される
contact	Nagios上の各種イベントを通知する通知先（コンタクト）の定義
contactgroup	複数のコンタクトをグループにまとめられる。ホストグループとサービスで指定する通知先は、このcontactgroupになる
テンプレート	複数のホストやサービスに共通する設定がある場合、テンプレートを利用することで、共通部分を繰り返す必要がなくなり、設定を簡潔に記述できるようになる

設定ファイル

以降の解説は、3.0.2をインストールした際に同時にインストールされる「nagios.cfg」「commands.cfg」と「localhost.cfg」をベースにしています。

設定ファイルは、**cfg_file**という設定項目で別ファイルを読み込むことができますので、任意に分割することができます。ホスト数が増えるとともに、設定ファイルはどんどん肥大化していく傾向がありますので、わかりやすく分割してください。

host……ホストの設定

hostで監視対象となるホストを定義します。hostで設定する項目は多岐にわたり、かつ複数のホストで共通になることが多いので「テンプレート」を使うことをお勧めします。

リスト5.1.1の例では、まず、generic-hostというテンプレートを定義し、そのテンプレートをベースにホストlocalhostを定義しています。

各設定項目は、リスト5.1.1内にコメントで簡単に説明していますが、重要な項目について補足しておきます。

- flap_detection_enabled
  障害発生と障害復旧が異常な頻度で繰り返されることを「フラッピング」（*Flapping*）という。フラッピングが発生すると大量の通知が来ることになり、他の通知が埋もれてしまう。この設定を有効にすると、フラッピングを検出したらフラッピング開始・終了のみを通知するようになる

- max_check_attempts
  ここで指定した回数以上、チェックに失敗した場合、ホストに障害が発生したと判断され、通知される

- notification_period
  通知する時間帯。localhost.cfgにて「24x7」（24時間）、「workhours」（平日の9時から5時）、「nonworkhours」（平日の9時から5時以外）、「none」（対応時間なし）の4つが定義されている。基本的には「24x7」を使う

- check_command
  監視に使うコマンド。設定例で指定しているcheck-host-aliveは、pingを発行することでホストの死活確認をするcheck_pingコマンドをベースとしたコマ

ンドである。デフォルトの設定では、5,000ms以内に応答がないとCRITICALとするようになっている

service ……サービスの定義

serviceで、ホスト上で動作するサービスを定義します（**リスト5.1.2**）。hostと同様にテンプレートを利用することで簡潔に記述できます。

リスト5.1.1　hostの設定例

```
define host{
  name                          generic-host    ←テンプレートの名前
  notifications_enabled         1  ←ホストに関する通知を有効にする
  event_handler_enabled         1  ←ホストに関するイベントハンドラを有効にする
  flap_detection_enabled        1  ←フラッピングを検出する
  failure_prediction_enabled    1  ←故障予測を有効にする
  process_perf_data             1  ←パフォーマンスに関する情報を処理する
  retain_status_information     1  ←再起動時に状態に関する情報を保持する
  retain_nonstatus_information  1  ←再起動時に状態以外に関する情報を保持する
  notification_period           24x7  ←常に通知する
  register                      0  ←この定義をテンプレートとする
}
define host{
  name                          linux-server    ←テンプレートの名前
  use                           generic-host    ←使うテンプレートを指定
  check_period                  24x7  ←常にチェックする
  max_check_attempts            10    ←チェックを10回まで試行する
  check_command                 check-host-alive  ←チェック用のコマンド
  notification_period           workhours  ←平日昼間のみ通知する
  notification_interval         120   ←通知間隔
  notification_options          d,u,r ←通知する状態
  contact_groups                admins    ←通知対象となる通知グループ
  register                      0  ←この定義をテンプレートとする
  }
define host{
  use        linux-server    ←使うテンプレートを指定
  host_name  localhost       ←ホスト名
  alias      Localhost Server  ←別名
  address    192.168.0.1     ←IPアドレス
}
```

command ……コマンド定義

commandでコマンドを定義します。先のリスト5.1.2(serviceの設定例)

リスト5.1.2 serviceの定義例

```
define service{
  name                          generic-service    ←テンプレートの名前
  active_checks_enabled         1  ←能動的チェックを有効にする
  passive_checks_enabled        1  ←受動的チェックを有効にする
  parallelize_check             1  ←能動的チェックで並列チェックを有効にする
  obsess_over_service           1  ←分散環境で結果を通知する
  check_freshness               0  ←受動的チェックの新鮮さをチェックする
  notifications_enabled         1  ←ホストに関する通知を有効にする
  event_handler_enabled         1  ←イベントハンドラを有効にする
  flap_detection_enabled        1  ←フラッピングを検出する
  failure_prediction_enabled    1  ←故障予測を有効にする
  process_perf_data             1  ←パフォーマンスに関する情報を処理する
  retain_status_information     1  ←再起動時に状態に関する情報を保持する
  retain_nonstatus_information  1  ←再起動時に状態以外に関する情報を保持する
  is_volatile 0
  register            0  ←この定義をテンプレートとする
}
define service{
  name                          local-service   ←テンプレートの名前
  use                           generic-service  ←使うテンプレートを指定
  check_period                  24x7  ←常にチェックする
  max_check_attempts            4  ←チェックを4回まで試行する
  normal_check_interval 5
  retry_check_interval 1
  contact_groups admin
  notification_options          w,u,c,r  ←通知する状態
  notification_interval         60   ←通知間隔
  notification_period           24x7
  register            0
}
define service{
  use local-service  ←使うテンプレートを指定
  host_name localhost  ←適用するホストグループ
  service_description PING  ←サービスの名前
  check_command check_ping!100.0,20%!500.0,60%  ←チェックコマンド
}
```

では、サービスの死活監視にcheck_pingで行っていました。コマンド名（check_ping）の後の"!100.0,20%!500.0,60%"は、コマンドに与えるパラメータです。パラメータは!で区切られ、"100.0,20%"が$ARG1$として、"500.0,60%"が$ARG2$として渡されます。

このコマンドは、デフォルトの設定ではリスト5.1.3のように設定されています。-wに渡されるパラメータがWARNINGとなる条件、-cに渡されるパラメータがCRITICALとなる条件となります。リスト5.1.2の例のとおりのパラメータを渡すと、100ms以上の遅延もしくは20%以上のパケットロスでWARNING、500ms以上の遅延もしくは60%以上のパケットロスでCRITICALとなります。

contactとcontactgroup ……通知先と通知先グループ

contactで通知先を、contactgroupで通知先グループを定義します（リスト5.1.4）。通知は、通知先グループを指定することで行いますので、最低1つの通知先グループが必要です。

service_notification_commandsでサービス関連の通知を処理するコマンドを、host_notification_commandsでホスト関連の通知を処理するコマンドを定義します。リスト5.1.4の例では、いずれもメールによる通知の設定となっています。

設定のテスト

Nagiosの設定を変更した際には、以下のコマンドで設定を反映します。

```
/etc/init.d/nagios reload
```

もし、設定に文法ミスなどのエラーがあれば、エラーメッセージが出力されます。その場合は適切に設定ファイルを修正してください。

リスト5.1.3　command定義の例

```
# 'check_ping' command definition
define command{
        command_name    check_ping
        command_line    $USER1$/check_ping -H $HOSTADDRESS$ -w $ARG1$ -c $ARG2$
        }
```

Web管理画面

Nagiosは、強力なWeb管理画面を持っており、さまざまなホストやサービスの状態を確認したり、監視の一時的な停止などある程度の制御ができます。図5.1.2が、Nagiosのメインメニューです。メニューの内容について表5.1.2にまとめておきます。

リスト5.1.4　contactとcontactgroupの定義例

```
define contact{
  contact_name                   nagios-admin           ←通知先の名前
  alias                          Nagios Admin           ←通知先の別名
  service_notification_period    24x7                   ←サービスについて通知する時間帯
  host_notification_period       24x7                   ←ホストについて通知する時間帯
  service_notification_options   w,u,c,r                ←サービスについて通知するイベント種別
  host_notification_options      d,r                    ←ホストについて通知するイベント種別
  service_notification_commands  notify-by-email        ←サービスの通知コマンド
  host_notification_commands     host-notify-by-email   ←ホストの通知コマンド
  email                          nagios-admin@localhost ←通知先のメールアドレス
}

define contactgroup{
  contactgroup_name  admins                 ←通知先グループの名前
  alias              Nagios Administrators  ←通知先グループの別名
  members            nagios-admin           ←この通知先グループに含まれるコンタクトの名前
}
```

図5.1.2　Nagiosのメインメニュー

5章 省力運用 安定したサービスへ向けて

表5.1.2　Nagiosのメインメニュー

項目	説明
Monitoring	監視関連の状態をさまざまな観点で表示するためのメニュー
Tactical Overview	ホストとサービスの各ステータスごとの件数が表示される。また、各ホストやサービスのモニタリングについても状況ごとに件数が表示される。全体像を把握するのに有益である
Service Detail	全ホストについて、それぞれのサービスが一覧ですべて表示される。各カラムでソート可能で、網羅的に把握するのに利用できる
Host Detail	全ホストを一覧できる。ホストの死活状態を確認可能
Hostgroup Overview	ホストグループごとに、状態を確認できる。ホストグループにまとめることで、目的ごとに把握できる。また、ホストグループ名のリンクをたどることで、特定のホストグループのみの一覧を表示させられる
Hostgroup Summary	ホストグループごとの状態を件数で表示する
Hostgroup Grid	Hostgroup Overviewと似ているが、サービスが状態ごとではなく、列挙されるため不具合の時のサービスの特定が容易となっている（図5.1.3）
Servicegroup Overview Servicegroup Summay Servicegroup Grid	それぞれ、Hostgroup Overview、Hostgroup Summay、Hostgroup Gridのホストグループがサービスグループになった画面である
Status Map 3-D Status Map	ホスト定義の親子関係をネットワーク図として表示するための画面。Status Mapは2Dで、3-D Status Mapは、VRMLによる3-Dマップとなっている
Service Problems	障害が発生しているサービスのみを一覧表示する
Host Problems	障害が発生しているホストのみを一覧表示する
Network Outages	ホストの親子関係を元に、親ホストの障害の影響範囲を表示する
Comments	ホストやサービスに付けたコメントを一覧表示する
Downtime	計画しているダウンタイムを一覧を表示する
Process Info	Nagiosプロセスについての情報を表示する。プロセスの起動時間などが表示されるほか、Nagios全体の監視や通知を一時的に無効にできる
Performance Information	Nagiosのパフォーマンス情報として、監視コマンドの実行時間の統計などを表示する
Scheduling Queue	監視のコマンド実行のスケジュール一覧を表示する
Reporting	過去の監視結果を解析するためのメニューである
Trends	ホストやサービスについて、時間を横軸に状態を縦軸に表示する
Availability	ホストやサービスについて、指定した期間の間の稼働率や各状態の頻度、監視ログを表示する

（表5.1.2の続き）

Alert Histogram	ホストやサービスについて、時間を横軸に警告数を縦軸に表示する
Alert History	全ホストと全サービスについての警告の履歴を表示する（図5.1.4）
Alert Summary	指定したホストやサービスの警告履歴についての最新25件や最多25件といった集計結果を表示する
Notifications	過去に行われた通知を一覧表示する。特定の種類の通知に表示を絞り込むこともできる
Event Log	Nagiosの起動や警告、通知を含むすべてのイベントログを表示する
Configuration	設定に関するメニュー
View Config	ホストとサービスの設定を一覧表示する

図5.1.3　Hostgroup grid画面

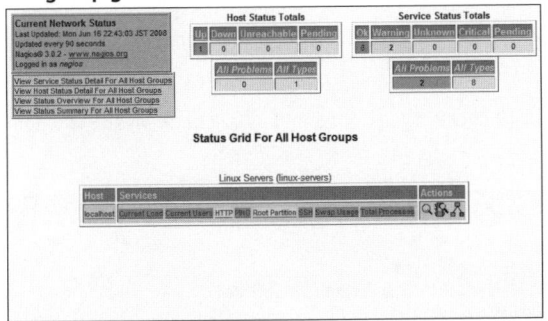

図5.1.4　NagiosのAlert History画面

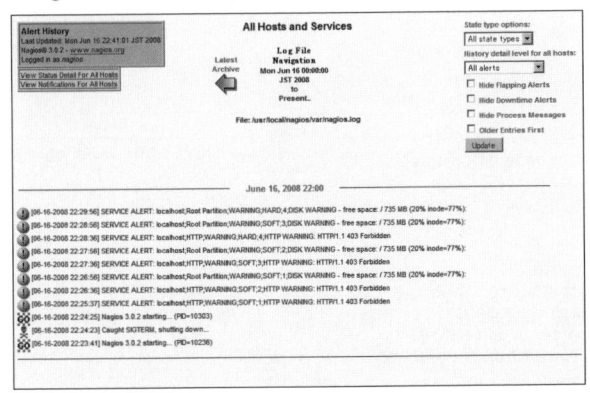

5章 省力運用 安定したサービスへ向けて

Nagiosの基本的な使い方

Nagiosは柔軟な設定が可能な代わりに、少々とっつきにくくなっています。ここでは、Webサーバ監視を題材に基本的な使い方を紹介します。

ホストとサービスの定義

まずは、サービスが稼働しているホストを登録していきます(リスト5.1.5)。そして、サービスごとにホストグループに振り分け、それぞれのホストグループに監視サービスを定義していきます。

追加するサービスには、全サーバで共通のサービスと、サーバごとの役割に応じたサービスがあります。共有のサービスとしては、ホストの死活監視として`check_ping`コマンド、ディスクの残容量チェックとして`check_snmp`コマンドをベースとしたSNMPによる監視をしています。

ApacheなどのWebサーバについては、`check_http`を定義したり、MySQLのサーバには`check_mysql`を使います。`check_mysql`は、Official Nagios Pluginsに含まれています。

リスト5.1.5 ホストとサービスの定義の例

```
define command{
    command_name check_mysql
    command_line $USER1$/check_mysql -H $HSTADDRESS$ -u $ARG1$ -p $ARG2$ -P $ARG3$
}

define host{
    use         linux-server
    host_name   databaseserver1
    alias       databaseserver1
    address     192.168.0.100
}

define hostgroup {
    hostgroup_name database-servers
    alias Database Servers
    members databaseserver1
}

define service{
    use http-service
    hostgroup_name database-servers
    service_description MySQL
    check_command check_mysql!nagios!nagios!3306
}
```

通知

　稼働監視によって、発見した異常や警告が明らかになった場合、速やかに対応可能な管理者に通知する必要があります。そのための基本機能として、異常や警告内容のメール送信があります。またほかにも任意のコマンドを起動できますので、コマンドの実装次第でIRCやIMなどへの通知もできるようになります。

　たとえば、筆者らは障害通知を各担当者の携帯に送っているのですが、それに加えてIRCへ通知を送っています。IRCは、おもに障害対応時の情報共有のために利用しているのですが、そこにNagiosからの通知を投げるようにすることで、複雑な障害が発生した場合の状況の見通しを良くしています。

●── メール

　メールは、Nagiosからの障害通知の基本となります。障害が発生すると、図5.1.5のような文面のメールが送付されます。デフォルトの設定では、ホストの場合には`host-notify-by-email`コマンドが、サービスの場合には`notify-by-email`コマンドが利用されます。それぞれのコマンドの設定例をリスト5.1.6に示します。

●── IRC

　はてなでは、メールに加えてIRCのチャンネルへも警告を流すようにしています。障害が発生した時に、管理者間での対策方針を相談したり、各種連絡をするためのチャットに、刻一刻と変化するサーバの状態を流すことで、情報共有を円滑にし効率的な対策が可能となります。また、影響範囲の大きな障害が発生すると大量のメールが送られてくるため一覧性が悪くなります。このような時にもIRCのチャンネルログを確認することで、状況を網羅的に把握できるようになります。

　IRCへメッセージを流すには、IRCサーバ、IRCボット、ボットへメッセージを投げるクライアントの3つが必要となります。IRCサーバは標準的なircdを利用しています。また、IRCボットとして、Kwiki::Notify::IRCと

図5.1.5　Nagiosの通知メール例

```
From: nagios@example.com
Subject: CRITICAL 1011/http_service
To: maintenance@example.com


***** Nagios   *****


Notification Type: PROBLEM


Service: http_service
Host: 1011
Address: 192.168.1.11
State: CRITICAL


Date/Time: 02-08-2008 12:37:51


Additional Info:

(Service Check Timed Out)
```

リスト5.1.6　メールによる通知コマンドの設定

```
# 'host-notify-by-email' command definition
define command{
  command_name    host-notify-by-email
  command_line    /usr/bin/printf "%b" "*****Nagios *****\n\
nNotification Type: $NOTIFICATIONTYPE$\nHost: $HOSTNAME$\nState:
$HOSTSTATE$\nAddress: $HOSTADDRESS$\nInfo: $HOSTOUTPUT$\n\nDate/Time:
$LONGDATETIME$\n" | /bin/mail -s "$HOSTSTATE$ $HOSTNAME$!"
$CONTACTEMAIL$
      }


# 'notify-by-email' command definition
define command{
  command_name    notify-by-email
  command_line    /usr/bin/printf "%b" "***** Nagios *****\n\
nNotification Type: $NOTIFICATIONTYPE$\n\nService: $SERVICEDESC$\nHost:
$HOSTALIAS$\nAddress: $HOSTADDRESS$\nState: $SERVICESTATE$\n\nDate/Time:
$LONGDATETIME$\n\nAdditional Info:\n\n$SERVICEOUTPUT$" | /bin/mail -s
" $SERVICESTATE$ $HOSTALIAS$/$SERVICEDESC$ " $CONTACTEMAIL$
  }
```

いうCPANモジュールに含まれる「notify-irc.pl」というbotを利用しています。クライントは、同モジュールのKwiki::Notify::IRC.pmを単体のスクリプトとして動かせるようにした、「notify_irc.pl」を使っています(リスト5.1.7、リスト5.1.8)。

リスト5.1.7　notify_irc.plのための設定

```
define contact{
  contact_name irc
  alias irc-bot
  email test@example.com
  service_notification_period 24x7
  host_notification_period 24x7
  service_notification_options w,u,c,r
  host_notification_options d,u,r
  service_notification_commands notify-irc
  host_notification_commands host-notify-irc
}

# 'notify-by-irc' command definition
define command{
  command_name     notify-irc
  command_line     $USER1$/notify_irc.pl "$SERVICESTATE$ $HOSTALIAS$/$SERVICEDESC$($HOSTNAME$)"
}
# 'host-notify-by-irc' command definition
define command{
  command_name     host-notify-irc
  command_line $USER1$/notify_irc.pl "$SERVICESTATE$ $HOSTALIAS$($HOSTNAME$)"
}
```

リスト5.1.8　notify_irc.pl

```perl
#!/usr/bin/perl
use strict;
use warnings;
use POE::Component::IKC::ClientLite;
my $message = shift;

my $remote = POE::Component::IKC::ClientLite::create_ikc_client(
  port => 9999,
  ip => 'localhost',
  name => "Nagios$$",
  timeout => 5,
) or die "Couldn't create IRC connection!";
$remote->post('notify_irc/update', $message);
exit 0;
```

応用的な使い方

ここでは、稼働率の測定と独自プラグインといったNagiosの応用的な使い方を紹介します。

稼働率の測定

稼働率を計測するには、まずサービスの稼動チェックができるようにする必要があります。基本的には、そのサービスのグローバルIPでホストを定義して、その上に計測対象とするサービスを定義します。たとえば、http://www.hatena.ne.jp/の稼働率を計測するためのNagiosの設定はリスト5.1.9のようになります。check_vhostは、check_httpコマンドを利用して、FQDNでドメインを指定し、任意のパスを指定できるようにしたコマンド定義です。

次に稼働率をグラフ化するために記録してみます。リスト5.1.10にNagiosのWeb管理画面からスクレイピング（*Scraping*）して、はてなグラフに投稿す

リスト5.1.9　稼働率測定のための設定

```
define service {
  use generic-service
  host_name hatena-www.hatena.ne.jp
  service_description hatena-www
  check_command check_vhost!www.hatena.ne.jp!/
}

define host {
  use generic-host
  host_name hatena-www.hatena.ne.jp
  address 59.106.108.86
  alias hatena-question
}

# 'check_vhost' command definition
define command{
  command_name    check_vhost
  command_line    $USER1$/check_http -H $ARG1$ -u $ARG2$ -t 120
}
```

るスクリプトを示します。このスクリプトを1日1回動かすことで、サービスの稼働率を簡単にグラフ化して他の人や外部に公開したりすることができます。図5.1.6に稼働率をグラフに投稿した例を示します。

独自プラグイン

Nagiosでは、多数のチェック用のコマンドが用意されていますが、それ

リスト5.1.10　稼働率のグラフ化のためのスクリプト

```ruby
#!/usr/bin/env ruby
require 'rubygems'
require 'hatena/api/graph'
require 'hpricot'
require 'pathname'
root = Pathname.new(__FILE__).parent
require root.parent.join('lib/hatena_consts')

targets = [
          { :host => "hatena-a.hatena.ne.jp",
            :service => "hatena-antenna",
            :id => "hatenaantenna",
            :graphname => 'availability' },
]

targets.each do |target|
  cmd = "curl 'http://192.168.0.1/nagios/cgi-bin/avail.cgi?host=#{target[:host]}&service=#{target[:service]}&assumeinitialstates=yes&assumestateretention=yes&assumestatesduringnotrunning=yes&includesoftstates=no&initialassumedhoststate=0&initialassumedservicestate=0&timeperiod=last31days'"
  body = `#{cmd}`

  graphname = target[:graphname]
  count = Hpricot(body).search('td.serviceOK').last.innerText.to_f

  g = Hatena::API::Graph.new(target[:id], HatenaConsts::HATENA_PASSWD)
  puts "#{target[:host]}/#{target[:service]} #{target[:id]}, #{graphname}, #{count}"
  g.post_data(graphname, :value => count)
end
```

5章 省力運用 安定したサービスへ向けて

でも非対応のサービスの状態監視や、特殊なハードの状態監視などのように対応されていない監視対象が出てきます。そのような対象を監視するには、NRPE(*Nagios Remote Plugin Executor*)を使う方法、SNMPを使う方法、独自プラグインを作る方法の3種類があります。

　NRPEを利用すると手軽に監視対象を加えることができるのですが、各サーバにNagiosのためのプロセスを新しく立ち上げる必要があるため、はてなでは利用していません。その代わりに、MySQLなどのように元々リモートからアクセス手段が用意されている場合は独自プラグインを、リモートからアクセスできない場合は、net-snmpによるSNMP経由で監視しています。

　ここでは独自プラグインの例として、「MySQLのレプリケーション監視」「MySQLのプロセス数監視」「memcached監視」の3つを紹介します[注4]。

● ── MySQLのレプリケーション監視 ……check_mysqlrep.sh

　MySQLのレプリケーションが正しく動作していることを監視します(リ

図5.1.6　稼働率のグラフ(はてなグラフで作成)

注4　3つの独自プラグイン(check_mysqlrep.sh、check_mysql_process.sh、check_memcached.shについては、本書のWeb補足情報コーナー(p.344を参照)も合わせて参照してください。

スト5.1.12、リスト5.1.13)。このスクリプトでは、MySQLサーバにshow slave statusコマンドを投げて、レプリケーションの正常性を監視しています。エラーで止まっている場合は、エラーを表示して停止させています。

●── MySQLのプロセス数監視……check_mysql_process.sh

MySQLの処理中のクエリ数(プロセス数)を監視するスクリプトです(リスト5.1.14)。このスクリプトでは、MySQLサーバにshow processlistコマンドを投げて、MySQLサーバで処理中のプロセス数を数えています。ま

リスト5.1.12　check_mysqlrep.shのための設定

```
# 'check_mysqlrep'
define command{
  command_name check_mysqlrep
  command_line $USER1$/check_mysqlrep.sh -H $HOSTADDRESS$ -u $ARG1$ -p $ARG2$ -P $ARG3$
}
```

リスト5.1.13　check_mysqlrep.sh(抜粋)

```
status=`$mysqlpath/mysql -u $user -p$pass -P $port -h $host -e 'show slave status\G' 2>&1`
if [ $? -gt 0 ]
then
  echo $status | head -1
  exit $STATE_CRITICAL
fi

badcount=`echo $status | grep Running | grep No | wc -l`;
lasterror=`echo $status | grep Last_error`
IFS=$_IFS_OLD

if [ $badcount -gt 0 ]; then
  echo "NG: $lasterror"
  exit $STATE_CRITICAL
else
  echo 'OK'
  exit $STATE_OK
fi
exit $STATE_UNKNOWN
```

た、プロセス数を数える際にSleep状態にあるプロセスはカウントしていません。

● ── memcached監視 ……check_memcached

メモリ上で動作するキャッシュツールであるmemcached（http://www.danga.com/memcached/）が正しく動作していることを監視します（リスト5.1.15）。Ian Zilbo氏のサイト[注5]で公開されています。このスクリプトでは、指定されたmemcachedサーバに接続し、正常に値の設定・取得ができるかどうかを確認しています。

おわりに

Nagiosは、サーバ監視という安定動作が期待される領域での実用的なOSSとしては、ほとんど唯一といっていいと思います。大規模環境での動作実績も多く、豊富なプラグインも用意されており、あらゆる環境に対応できますので、うまく有効利用して、インフラの安定化を目指してください。

リスト5.1.14　check_mysql_process.sh（抜粋）

```
processcount=`$mysqlpath/mysql -u $user -p$pass -P $port -h $host -BNe
'show processlist' | awk '{print $5}' | grep -v Sleep | wc -l`;

echo "processcount:   $processcount"
if [ $processcount -ge $crit ]; then
  exit $STATE_CRITICAL
elif [ $processcount -ge $warn ]; then
  exit $STATE_WARNING
else
  exit $STATE_OK
fi
exit $STATE_UNKNOWN
```

注5　URL http://zilbo.com/（執筆時点では接続できなくなっています）

リスト5.1.15　check_memcached（抜粋）

```perl
my $memd = new Cache::Memcached {
    'servers' => [ "$host:$port" ],
    'debug' => 0,
    'compress_threshold' => 10_000,
};

unless ( $memd->set( $key , "Nagios Check key", 4*60 ) ) {
  print "unable to set memcached $key";
  exit $ERRORS{'CRITICAL'};
}

my $val = $memd->get( $key );
if ( defined($val) and $val eq "Nagios Check key" ) {
    exit $ERRORS{'OK'};
}
else {
  print "unable to get memcached $key/wrong value returned";
  exit $ERRORS{'CRITICAL'};
}
```

5章 省力運用 安定したサービスへ向けて

5.2 サーバリソースのモニタリング
Ganglia

サーバリソースのモニタリング

　本節では、サーバリソースのモニタリングにまつわる話をします。前半はモニタリングについてその意義などを整理し、後半では実際に筆者らが使っているモニタリングのしかけを紹介したいと思います。

モニタリングの目的

　まずは「モニタリング」という行為について整理しておきましょう。モニタリングの目的を一言でまとめると「変動を観察する」といえます。「変動を観察する」とはどういうことかというと、サーバの状態を示すさまざまな指標、

- CPU使用率
- メモリ使用率
- ロードアベレージ
- ネットワークトラフィック

などといった値を継続的に記録し、視覚化し、傾向や変動をつかみやすくすることを意味します。

　即座の対応が必要なサービス監視（これは「異常を検知する」といえます）とは違い「変動を観察する」は派手さはありませんが、実践しておくと後々、そのありがたみが感じられます。

　たとえば、メルマガやテレビコマーシャルや大手ポータルサイトへの広告掲載などといった訴求活動をした場合、その瞬間に大量のアクセスが押し寄せてきます。アクセスが落ち着くまではあれやこれやの対応で管理者はてんてこ舞いでしょう。一段落してからどこがボトルネックになっていたのか？ と振り返るときに、過去に遡ってサーバリソースの変動をグラフ

で視覚的に比較することができると、とても役に立ちます。

　また、環境に変化がないにもかかわらず観測値に増減がある場合は、それは故障や障害の予兆かもしれません。一例を挙げると、I/O待ちのプロセスが増え続けて高止まりしている場合は、ディスク故障によるI/O性能の低下が原因かもしれません。モニタリングを行うことで、そのような場合の対策にもつながるでしょう。

モニタリングのツールの検討

　では、実際にモニタリングを行うにはどうしたらよいでしょうか。ゼロからしくみを作り上げてもいいのですが、モニタリングのためのデータ収集とそのグラフ化をやってくれるツールにはいろいろなものがありますので、まずはそれらを試してみるのがいいでしょう。いくつか列挙しておきます。

- Munin **URL** http://munin.projects.linpro.no/
- Cacti **URL** http://www.cacti.net/
- Centreon（旧称Oreon）**URL** http://www.centreon.com/
- Monitorix **URL** http://www.monitorix.org/
- NetMRG **URL** http://www.netmrg.net/
- collectd **URL** http://collectd.org/

　MuninとCactiについては個人的な使った感想をまとめておきます。Muninの配布物には非常にたくさんのプラグインが含まれているので、プログラムを書いたり凝った設定をしたりしなくても、とてもたくさんのリソースをグラフ化できるのがいいなと思いました。Cactiはレイヤ（データ収集、データ定義、グラフ描写）の機構がきれいに分かれていることと、その設定がすべてブラウザで行えることがいいなと思いました。

　ただどちらも、監視対象となるノード（サーバ）を追加や削除した場合は設定を書き換える必要があったり、グラフ表示画面の一覧性がよくなかったりと、大量のサーバをモニタしたい場合にはちょっと不向きかなという印象を試したときに持ちました。

5章 省力運用 安定したサービスへ向けて

Ganglia……大量ノード向けのグラフ化ツール

では何を使っているかというと、サーバファームではGanglia[注6]というものを使っています。Ganglia のサイトによれば、Ganglia は元々クラスタやグリッドコンピューティングといった、大量のノードがいる環境での使用を想定して作られたモニタリングシステムだそうです。実際に使ってみて「便利」と思った点を挙げてみます。

まず1つめは、ノード（サーバ）を追加、削除した際に設定変更が不要という点です。追加したノードではエージェント（gmond）を動かすだけでOKです。これだけで、データ収集とグラフ化を行う役割のステーション（gmetad）と通信して、グラフ化対象となるグループに追加されます。通信はマルチキャストで行われるので、互いのIPアドレスを設定する必要もありませんし、ノードを検出するためにサブネット全域にSNMPしまくるといったこともありません。

2つめはグラフの一覧性の良さです。図5.2.1を見てください。こんな風にすべてのノードのグラフがグリッド状に表示されるので、ざっと眺めて傾向を比較しやすい画面構成になっています。

逆に、「ここはいまいち」と思った点も挙げてみます。

まず、グラフの種類がそれほど多くないという点です。CPUやメモリの使用率、トラフィックなど、基本的なグラフは描けるのですが、Muninほどその種類は多くありません。また、独自のグラフを追加する場合、値が1種類のものならばgmetricというコマンドで値を送信するだけでグラフが描けるので簡単でいいのですが、1つのグラフに複数の値を描きたい場合（たとえば1つのグラフ中にI/O readとI/O writeの両方を描写したいとか）は、Ganglie本体のコード（PHP）に手を入れる必要があり、ちょっとめんどうです。

2つめは、グラフの表示期間の指定の選択肢が固定で、1時間、1日、1週間、1カ月、1年しか選べない点です。これでは「大量アクセスがあったあの日の何時から何時までだけのグラフを見たい」といった柔軟な表示ができ

注6　URL http://ganglia.info/

ません。ただ、観測データは全時間保存されているので、表示期間指定の
ユーザインタフェースと描写ロジックにちょっと手を入れれば、任意の期
間のグラフを見られるようにできます。筆者の場合もそのように改造し、
ついでにYahoo! UI Library[注7]のカレンダーを使って日付の指定をしやすい
ようにもしています。

＊　＊　＊

　結局のところ、オリジナルのままのGangliaではかゆいところには手が届
きません。しかし、大量のノードがいる環境での使用を考えた場合、基本的
な設計・しくみがよくできており、また、PHPで書かれているので、全体の
見通しの良さとカスタマイズしやすさはいいほうだと思います。したがっ
て、Gangliaを使うならば、気に入らないところはどんどんいじって改良し
て使うのがいいでしょう。続いて、ちょっと凝ったグラフを追加する方法を
紹介します。なお、本節で使用するGangliaのバージョンは3.0.5です。

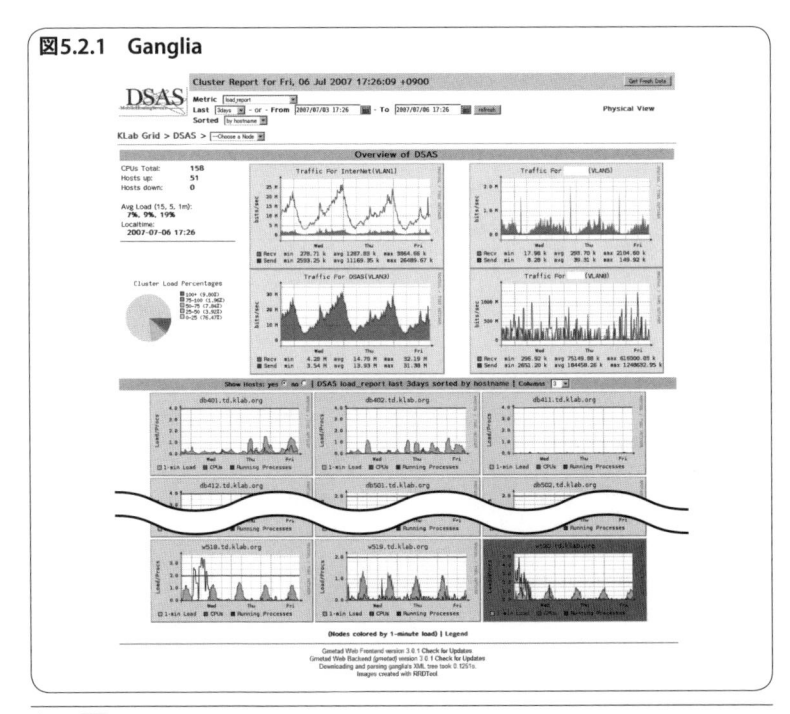

図5.2.1　Ganglia

注7　**URL** http://developer.yahoo.com/yui/

5章 省力運用 安定したサービスへ向けて

Apacheプロセスの状態をグラフ化

Gangliaにカスタムグラフを追加する例として、Apacheプロセスの状態をグラフ化する方法を紹介します。

Apacheに付属するモジュールmod_statusを有効にすると、立ち上がっているhttpdプロセスそれぞれの状態を知ることができます（表5.2.1）。たとえば、httpd.confにリスト5.2.1と設定すると、「http://example.org/server-status」というURLにアクセスすることでこれらの状態情報を見ることができます。また、/server-status?autoにアクセスすると、プログラムで処理しやすい形式でレスポンスが返ってきます。

そこで、このプロセスの状態ごとに累積して色分けしたグラフが図5.2.2です。このようにグラフ化することにより、単純に「Webサーバ忙しそうだ

表5.2.1 Apacheの状態

記号	意味
_	接続を待っている
S	起動中
R	リクエストを読んでいる
W	リプライを送っている
K	Keep-Alive要求のため待機している
D	DNS問い合わせ中
C	接続を切断中
L	ログ書き込み中
G	終了処理中（Graceful）
I	アイドルワーカを整理中
.	プロセス不在の空きスロット

リスト5.2.1 mod_statusの設定

```
<Location /server-status>
  SetHandler server-status

  Order Deny,Allow
  Deny  from all
  Allow from 192.168.31.0/24
  Allow from 127.0.0.1
</Location>
```

図5.2.2 Apacheプロセス状態のグラフ

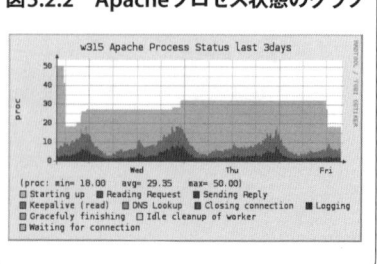

な」という以上に、どんな処理をしていて忙しいのか、Keep-Aliveのタイムアウト待ちで滞留している、あるいはログ書き込みのI/O待ちで待たされているのかなどが一目でつかめます。

Gangliaにグラフを追加する方法

さて、Gangliaにグラフを追加する場合、1つの観測値を1つのグラフとして描写するならば、gmetricコマンドを使うだけでできます。gmetricはマルチキャストを使って観測値などの情報を送信し、それを受け取ったgmetadが観測値を保存します。

一方、複数の観測値を1つのグラフの中に描く場合は、Gangliaのコードに手を入れる必要があります。具体的には、それぞれの観測値は別々のデータファイルに保存されているので、それをまとめて読んで1つのグラフとして描写する処理が必要になってきます。

実際に複合グラフを追加してみる

では実際にApacheのプロセス状態のグラフを追加してみましょう。まずは、リスト5.2.1の設定をしてから、「http://localhost/server-status?auto」にアクセスして応答が得られるかどうかを確認します。

確認できたら、このURLにアクセスしてその応答を処理し、gmetricで観測値を送信するプログラムを実行します。今回は、デフォルトで60秒ごとにApacheにアクセスしてプロセス情報を取得し、gmetricで送信するサンプルプログラムを使いました[注8]。

ここまでで、GangliaのWebフロントエンドのクラスタビューのMetricのプルダウンメニューとホストビューのページの下のほうには、個別の観測値のグラフ(ap_closingなどap_で始まるもの)が表示されるはずです。

続いて、ここの観測値をまとめて前出の図5.2.2のように1つのグラフにしてみます。ここでは、変更するファイルごとに簡単に説明をします。すべての変更個所は、本書Appendixを参照してください[注9]。

注8 プログラムは、本書のAppendixに全文を掲載しています(apache-status)。本書のWeb補足情報コーナーも合わせて参照してください。

注9 変更個所は、本書のAppendixに全文を掲載しています(ganglia.patch)。本書のWeb補足情報コーナーも合わせて参照してください。

- conf.php、my-conf.php
  conf.phpでmy-conf.phpという名のファイルをincludeするようにして、今回の変更に関する設定項目はmy-conf.phpに書くようにしていく

- functions.php
  run_apacheという関数を追加している。これは、引数で渡されたホストでApacheのグラフを描くかどうかをbooleanで返すものである。今回は単純にホスト名を見て判別するような処理にしている

- graph.php
  行数ではいちばん多い変更が必要なのがgraph.phpだが、難しくはない。RRDtoolの文法でグラフ描写の指示をしているだけで、読み込むデータが多いので行数が多くなっているだけである

- templates/default/host_view.tpl、host_view.php
  ホストビューの画面のカスタマイズをしている。テンプレートに「functional」というラベルで挿入ポイントを追加して、host_view.phpではrun_apacheが真の場合にApacheのグラフを表示するためのHTMLを「functional」に割り当てている

- header.php
  クラスタビューのMetricのプルダウンメニューにApacheのグラフ（Apache_Proc_report）を表示するようにしている

そのほかのカスタムグラフ

ほかに有用なグラフをいくつか挙げてみます。先ほどのApacheのプロセス状態のグラフと同じ要領でGangliaをカスタマイズすればグラフが描けますので、ぜひチャレンジしてみてください。

- MySQLの各種キャッシュ（キーキャッシュやクエリキャッシュなど）ヒット率のグラフ（図5.2.3 ❶）
- MySQLの秒あたりの処理クエリ数のグラフ（図5.2.3 ❷）
- MySQLのSELECT、INSERT、UPDATE、DELETEのクエリの比率のグラフ（図5.2.3 ❸）
- MySQLのInnoDBのテーブルスペースの空き容量のグラフ（図5.2.3 ❹）
- MySQLのコネクション数のグラフ（図5.2.3 ❺）
- Tomcatのヒープメモリ使用状況のグラフ（図5.2.3 ❻）

図5.2.3 カスタムグラフ

❶ 各種キャッシュのヒット率

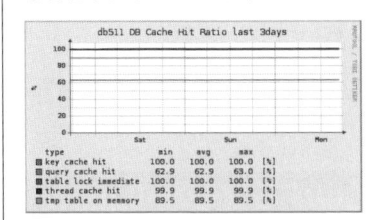

❷ 秒あたりの処理クエリ数

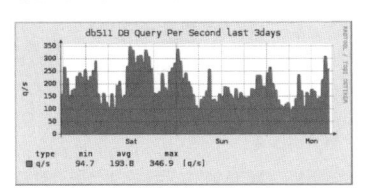

❸ クエリの比率

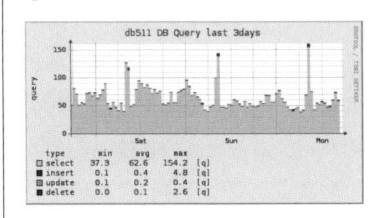

❹ InnoDBテーブルスペースの空き容量

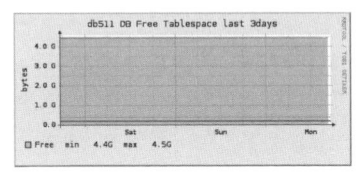

❺ コネクション数

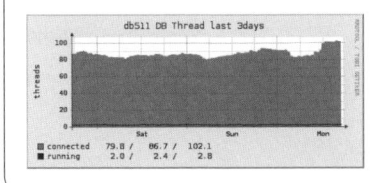

❻ Tomcatのヒープメモリ使用状況

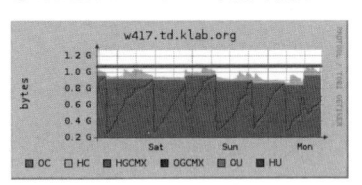

5.3 サーバ管理の効率化
Puppet

効率的なサーバ管理を実現するツールPuppet

運用しているサービスが成長して徐々に規模が大きくなると、必然的にサーバ台数が増加し、それにともないサーバ管理コストも増大していきます。たとえば、個人サービスで1台〜数台のサーバを管理する方法を、企業で数百台〜数千台のサーバを管理する場合に適用していては、途方もない作業が必要となってしまいます。そのため、ある程度の規模の企業におけるサーバ管理では、均質な環境の維持や設定変更の全体への反映を、効率的かつ確実にすることが要求されます。

Puppet[注10]は、このような大規模環境での効率的なサーバ管理を実現するためのツールです。Puppetによって、各サーバにログインして手作業で行ってきた設定が、ほぼ自動的に反映させることができるようになります。これにより、

- 新規サーバの投入
- 既存サーバの設定変更

における各サーバへの設定の反映を省力化することができるようになります。また、設定漏れによる不具合も減らすことができるようになります。

なお、本節の動作確認はCentOS 5.0、Puppet 0.24.4で行いました。

Puppetの概要

Puppetとは、Reductive Labsによって開発されているRubyで実装された、

注10 **URL** http://puppet.reductivelabs.com/

OSSのサーバ設定の自動化ツールです。

Puppetでは、各サーバ設定(マニフェスト)を、クラスとして定義したり、定義済みのクラスを継承して新しいクラスを定義するなど、オブジェクト指向的に柔軟に記述できる特徴を持っています。Puppetは2003年に開発が始まり、ここ1、2年ほど注目度が上昇中であり、国内での導入事例もいくつか報告されています。

Puppet(図5.3.1)は、各サーバで実行されるpuppetdと、管理サーバで実行されるpuppetmasterdの2つのデーモンによって動作します。各サーバのpuppetdは定期的(デフォルトでは30分間)にpuppetmasterdに問い合わせを行い、得られた定義を現状と比較し、反映するべきことがあれば反映します。この際、設定ファイルは、puppetmasterdからダウンロードされます。また、定期的に問い合わせるだけではなく、直接puppetdをコマンドとして実行することで、設定を確認したり、反映させたりできます。さらに、サーバであるpuppetmasterd側からpuppetrunコマンドにより、明示的に反映させることもできます。

puppetdとpuppetmasterdの間の通信は、SSLによって暗号化されるなど、セキュリティも考慮された設計となっています。

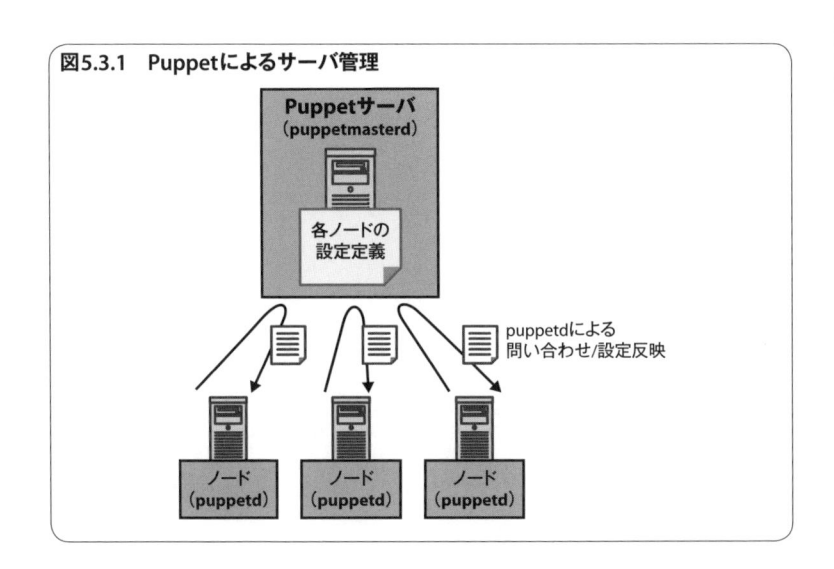

図5.3.1 Puppetによるサーバ管理

# Puppetの設定

本節では、ApacheによるWebサーバの設定を題材にPuppetの設定の概要を解説します。Puppetの設定には、以下の二種類があります。

- Puppet自体の設定（/etc/puppet/puppet.conf）
- Puppetによって設定されるサーバの設定内容を定義する設定ファイル（マニフェスト）

ここでは、後者のマニフェストについて解説します。Puppetのマニフェストでは、ノード（puppetdが設定対象とするサーバ）に、各サーバの設定定義の集合であるクラスを割り当てます。また、クラスは、オブジェクト指向のように他のクラスを継承することができます。これらの設定は、通常、/etc/puppet/manifests/以下に記述します。すべての設定を1カ所に書くと長大なファイルになりますので、サーバの役割ごとで切り分けるなどして適切に分割することをお勧めします。

ノードの定義

まず、個々のサーバを意味するノードについて、そのノードの設定内容を記述します。ここで具体的な設定を直接記述するのではなく、設定の集合であるクラスを指定することで、スマートに記述できます。1つのノードに複数のクラスを指定することもできます。リスト5.3.1では、設定対象のサーバ（testserver）に、Apacheとmod_perlによるWebサーバのクラス（apache-mod_perl）を指定しています。

クラスの定義

クラスは、具体的な設定の集合です。他のクラスを継承することで、似た役割を持つサーバの共通設定をまとめて記述することができるようにな

リスト5.3.1　ノード定義ファイル（nodes.pp）

```
node testserver {
  include apache-mod_perl
}
```

ります。

　リスト5.3.2に示すapache-mod_perlクラスでは、各種rpmパッケージ（httpd、mod_perl）がインストールされているか、httpd.confが最新か、httpdが起動されているか、といった設定項目を定義します。具体的な設定内容を説明していきます。

　リスト5.3.2❶のpackage宣言により、httpd、mod_perl、perl-libapreq2の各種パッケージがインストールされていること（ensure => installed）を指定します。もしインストールされていなければ、パッケージ管理システムにより、自動的にインストールされます。

　リスト5.3.2❷のconfigfile宣言により、httpd.confとsysconfig/httpdの2つのファイルを配信します。require => Package["httpd-mod_perl"]と書いておくことで、パッケージがインストールされた後に、ファイル配信が行われるようになります。configfileは、Puppetが標準で備えている宣言ではなく、後述のdefine宣言により独自に拡張したものです。実際に配信されるファイルの場所は、configfile宣言内のsource属性で指定されています。puppetmasterdはファイルサーバも兼ねており、指定されたファイルがサーバへダウンロードされるようになります。

　リスト5.3.2❸のuser宣言により、apacheユーザを定義しています。公式ドキュメントでは、passwordも設定できることになっていますが、現バージョンではコメントアウトされており、パスワードの設定は1台ずつ行う必要があります。

　リスト5.3.2❹のservice宣言により、httpdプロセスが立ち上がっており、chkconfigで起動時に実行されるように定義します。subscribe => [File[$path], File[$sysconfigpath], Package['httpd'], Package['mod_perl']]と書くことで、パッケージのインストールや更新、設定ファイルの更新時に自動的にhttpdプロセスが再スタートされるようになります。また、enable => trueにより、サーバの再起動時に自動的にサービスが起動されるようになります。ちなみに、手動で管理していると自動起動されるように設定するのを忘れることはよくあることです。

　リスト5.3.2❺のfile宣言により/var/wwwディレクトリの属性を定義します。

リスト5.3.2　クラス定義ファイル（apache-mod_perl.pp）

```
class apache-mod_perl {
  package { httpd:       ←❶
    ensure => installed
  }

  package { mod_perl:
    ensure => installed
  }

  package { perl-libapreq2:
    ensure => installed
  }

  $path = '/etc/httpd/conf/httpd.conf'
  configfile { "$path":   ←❷
    source => "/apache-mod_perl/httpd.conf",
    mode => 644,
    require => Package["httpd-mod_perl"]
  }

  $sysconfigpath = '/etc/sysconfig/httpd'
  configfile { "$sysconfigpath":
    source => "/apache-mod_perl/sysconfig.httpd",
    mode => 644,
    require => Package["httpd-mod_perl"]
  }

  user { apache:          ←❸
    ensure => present,
    uid => 48,
    gid => 48
  }

  service { httpd:        ←❹
    hasrestart => true,
    hasstatus => true,
    ensure => running,
    subscribe => [ File[$path], File[$sysconfigpath], Package['httpd-mod_perl'] ],
    enable => true
```

```
  }
  file {      ←⑤
    "/var/www": owner => apache, group => apache, mode => 755;
  }
}
```

設定の反映

これらのノード定義ファイルとクラス定義ファイルをpuppetmasterdに読み込ませ、testserverで以下のようにpuppetdを実行することで、testserverでApacheとmod_perlが起動し、Webサーバとして、正しく動作するようになります。puppetmasterdが動作しているサーバを192.168.0.1としています。

```
puppetd -o -v --server 192.168.0.1
```

正しく設定がされると、以下のような出力が得られます。

```
info: Caching configuration at /var/lib/puppet/localconfig.yaml
notice: Starting configuration run
notice: Finished configuration run in 1.27 seconds
```

設定ファイルの書き方

設定ファイルの文法は、Ruby似の文法をPuppetが独自に定義しています。概要を以下に解説します。公式ドキュメントに詳細な説明がありますので、興味のある方は参照してください。

リソースの定義

定義ファイルなどのリソース(Resource)を集めたものです。クラス(Class)、関数(Definition)、ノード(Node)の3種類があります。

● クラス

複数のリソースを集めて「クラス」を定義します。1つのホストには、各

クラスのインスタンスは1つしか作れません。下のunixクラスでは、/etc/passwdファイルと/etc/shadowファイルの属性を定義しています。

```
class unix {
    file {
        "/etc/passwd": owner => root, group => root, mode => 644;
        "/etc/shadow": owner => root, group => root, mode => 440,
    }
}
```

他のクラスを継承し、一部だけ変更することができます。下の例では、それぞれのファイルの所有グループがrootからwheelに変更されます。

```
class freebsd inherits unix {
    File["/etc/passwd"] { group => wheel }
    File["/etc/shadow"] { group => wheel }
}
```

● ── 関数

引数をサポートした「関数」を宣言することができます。クラスと異なり、継承することができません。1つのホストで同じ関数を複数定義できるのも、クラスと異なるポイントです。

リスト5.3.3ではconfigfile関数を定義し、いくつかのパラメータのデフォルト値を設定しています。

● ── ノード

「ノード」で定義できることは、クラスと同じですが、実サーバに反映されるようになります。ホストの識別子として、hostnameが使われます。IPアドレスは使えません。以下では、testserverにapache-mod_perlクラスの設定が反映されるようになります。

```
node testserver {
    include apache-mod_perl
}
```

リソース

各クラスの実体であるリソースを、タイプ(Type)により定義します。タ

イプは、ファイル(file)やパッケージ(package)など具体的な設定項目となります。

● ── file

「file」ではファイルの属性を定義します。sourcesを定義することでpuppetmasterdからファイルをダウンロードすることができます。また、contentを定義すると内容を直接書いたり、テンプレートを利用することができます。

以下では、/etc/passwdファイルの所有者と権限を指定しています。

```
file {
  "/etc/passwd": owner => root, group => root, mode => 644;
}
```

● ── package

「package」ではパッケージを定義します。ensure => installedとすると、

リスト5.3.3　configfile関数の定義と、デフォルト値の設定

```
define configfile($owner = root, $group = root, $mode = 644, $source,
$backup = false, $recurse = false, $ensure = file) {
  file { $name:
    mode => $mode,
    owner => $owner,
    group => $group,
    backup => $backup,
    recurse => $recurse,
    ensure => $ensure,
    source => "puppet://$server/config$source"
  }
}

$path = '/etc/httpd/conf/httpd.conf'
configfile { "$path":
  source => "/apache-mod_perl/httpd.conf",
  mode => 644,
  require => Package["httpd-mod_perl"]
}
```

インストールされていなければ、インストールされます。Red Hat系OSでは、yumによってrpmパッケージがインストールされ、Debian系OSでは、apt-getによってdebパッケージがインストールされるなど、それぞれのOSに応じた挙動となります。

以下では、mysqlパッケージがインストールされることを定義しています。

```
package { mysql:
  ensure => installed,
}
```

- **exec**

「exec」では任意のコマンドの実行します。下の例では、iptablesの設定ファイルの更新を受けて、iptablesを再起動しています。

```
exec { "/etc/init.d/iptables stop && /etc/init.d/iptables start":
  subscribe   => File["/etc/sysconfig/iptables"],
}
```

- **service**

「service」ではサービス（プロセス）を定義します。起動状態や、再起動時の挙動を定義することができます。

以下では、httpdサービスが実行している（ensure => running）ことと、OS起動時に自動起動される（enable => true）ように定義しています。

```
service { httpd:
  ensure => running,
  enable => true
}
```

サーバごとの設定の微調整

設定項目を適用するサーバごとに微調整したい場合は、Puppetが利用しているfacterライブラリの変数を使って、設定の定義を変更することができます。たとえば、$operatingsystemという変数を参照することで、Solarisの場合と、それ以外（default）の場合で、ファイルを配置するパスを変更することができます。

```
path => $operatingsystem ? {
    solaris => "/usr/local/etc/ssh/sshd_config",
    default => "/etc/ssh/sshd_config"
},
```

コマンドライン上でfacterコマンドを実行してみると、一覧が表示され$operatingsystem以外にどのような変数が使えるかがわかります。

リソース間の依存関係

リソース間の依存関係を定義することで、設定反映の順序や、反映のために再起動が必要なサービスを指定することができます。たとえば、httpd.confを更新したら、httpdを再起動する、ということが可能になります。これにより、ファイルは更新したけど反映されていない、という事態を避けることができます。

以下では、service定義のsubscribeの項目で、/etc/httpd/conf/httpd.confという設定ファイルにhttpdサービスが依存していることを定義しています。この設定により、Puppetの実行によって新しい/etc/httpd/conf/httpd.confが配置されると、自動的にhttpdサービスが再起動されます。

```
$path = "/etc/httpd/conf/httpd.conf"
configfile { "$path":
  source => "/apache-mod_perl/httpd.conf",
  mode => 644,
}
service { httpd:
  hasrestart => true,
  hasstatus => true,
  ensure => running,
  subscribe => [ File[$path] ],
  enable => true
}
```

テンプレートによるマニフェストの定義

Puppetの特徴として、テンプレートを利用して、複雑なマニフェストを用途ごとにカスタマイズしながら配信することができるようになります。ここでは、デュアルマスタMySQLクラスとiptablesクラスの2つを題材に設定方法を解説します。

5章 省力運用 安定したサービスへ向けて

●── デュアルマスタMySQLクラス

MySQLの設定ファイル（my.cnf）は、server_idやレプリケーションの設定、デュアルマスタのための設定など、各サーバで設定ファイルが異なります。そのため、テンプレート機能を利用することで、簡便に記述できるようになります。このクラスでは、各ノードの定義においてパラメータを渡すことで設定ファイルを調整しています。

まず、リスト5.3.4のようにmysql-master-conf関数を定義します。次に、リスト5.3.5のノード側の定義で、server_id、master_hostといったパラメータをノードに合わせて設定します。また、リスト5.3.6のmultimaster-my.cnfのテンプレートを配置します。

こうすることでpuppetdが実行されると、テンプレートにserver_idや、master_hostなどの渡されたパラメータに従って、設定ファイルを生成され、実際のサーバに配置されます。ちなみに、「server-id」ではなく「server_

リスト5.3.4　mysql-master-conf関数

```
define mysql-master-conf($path, $server_id, $master_host = false,
$auto_increment_increment = false , $auto_increment
_offset = false, $log_bin = false, $log_slave_updates = false, $innodb =
false, $replace = true) {
  templatefile { $path:
    source => "mysql/multimaster-my.cnf.erb",
    notify => Service[mysqld],
    replace => $replace
  }
}
```

リスト5.3.5　mysqldbノード定義

```
node mysqldb {
  mysql-master-conf {"my.cnf":
    path => "/etc/my.cnf",
    server_id => "1001",
    master_host => "192.168.1.1",
    auto_increment_increment => "16",
    auto_increment_offset    => "1",
  }
}
```

id」としているのは、Puppetの言語仕様がパラメータとして「-」を許容しないためです。

● ── iptablesクラス

LVSにおけるDSRに対応するためのiptables設定は、そのホストの用途ごとにVIPが異なります。そのため、VIPごとに設定ファイルも異なることになりますが、それらを一つ一つ用意するのは煩雑です。iptablesクラスでは、テンプレート機能を使い、ノードを定義する時にパラメータを渡すことで、適切な設定ファイルが展開されるようにしています。

```
node foobar {
  iptables-lvs-conf {"iptables":
    path => "/etc/sysconfig/iptables",
    lvs_iptables => "59.106.108.97:80"
  }
}
```

iptables-lvs-confという独自関数でiptablesの設定をします。pathがファイルの配置先、lvs_iptablesがiptableの内容です。ここでは、"59.106.108.97:80"と定義されており、実際には、

```
/sbin/iptables -t nat -A PREROUTING -d 59.106.108.97 -p tcp -j REDIRECT --to-ports 80
```

が実行されます。また、"59.106.108.97:80:81"とすることで、

リスト5.3.6　multimaster-my.cnf（抜粋）

```
server-id   = <%= server_id %>
log-bin

master-host = <%= master_host %>
master-user = repli
<% if auto_increment_increment then -%>
auto_increment_increment = <%= auto_increment_increment %>
<% end -%>
<% if auto_increment_offset then -%>
auto_increment_offset    = <%= auto_increment_offset %>
<% end -%>
```

5章 省力運用 安定したサービスへ向けて

```
/sbin/iptables -t nat -A PREROUTING -d 59.106.108.97 -p tcp -m tcp
--dport 81 -j REDIRECT --to-ports 80
```

が実行されるようになっています。

リスト5.3.7では、iptables-lvs-conf関数を定義しています。sourceで元になるテンプレートを、notifyでテンプレート更新時にiptablesを再スタートすることを指定しています。また、templatefileはfunctions/utils.ppで定義している関数で、テンプレートを展開する関数です。

リスト5.3.8で、iptablesクラスを定義します。

configfileに含まれているiptables_check.shというのは、iptablesが設定されているかどうかをチェックするためのコマンドです。ファイルを配置するパスに、存在しないディレクトリを指定するとエラーになってしまうため、ここでは/usr/binに配置するようにしています。exec定義で、configfileで生成されるファイルをsubscribeすることでsysconfig/iptablesが変更されたら、再起動されるように指定しています。

最後のservice定義によりiptablesが実行されるようにしています。iptablesサービスのstatusチェックのために（リスト5.3.8❶で）配置したiptables_check.shを使用しています。

リスト5.3.9は、テンプレートファイルとなります。与えられたパラメータを処理して、適切なファイルを生成するようにしています。理想的にはパラメータを配列で渡せるとよかったのですが、Puppetの言語仕様が対応していないようなので[注11]、:区切りで渡してテンプレートの中で配列に展開しています。

リスト5.3.7　iptables-lvs-conf関数

```
define iptables-lvs-conf($path, $lvs_iptables = []) {
  templatefile { $path:
    source => "iptables/lvs_iptables.erb",
    notify => Service[iptables]
  }
}
```

注11　Puppetの言語仕様では、テンプレートに渡せるパラメータは文字列のみとなっています。

リスト5.3.8　iptablesクラス

```
class iptables {
  package { iptables:
    ensure => installed
  }

  $path = '/etc/sysconfig/iptables'
  $binpath = '/usr/local/hatena/bin'

  $checkcmd_path = '/usr/bin/iptables_check.sh'   ←❶
  configfile { "$checkcmd_path":
    owner  => root,
    group  => root,
    mode   => 755,
    source => "/iptables/iptables_check.sh",
  }

  exec { "/etc/init.d/iptables stop && /etc/init.d/iptables start":
    subscribe   => File["/etc/sysconfig/iptables"],
    refreshonly => true,
  }

  service { "iptables":
    status => "$checkcmd_path",
    start  => "/etc/init.d/iptables start",
    ensure => running,
  }
}
```

リスト5.3.9　templates/iptables/lvs_iptables.erb

```
# Generated by puppet
*nat
:PREROUTING ACCEPT [6180:371400]
:POSTROUTING ACCEPT [42:5009]
:OUTPUT ACCEPT [42:5009]
<% lvs_iptables.split(/,/).each do |lvs_params| -%>
<% lvs = lvs_params.split(/:/) -%>
-A PREROUTING -d <%= lvs[0] %> -p tcp -j REDIRECT<%= lvs.length > 2 ? " --dport #{lvs[2]}" : "" %><%= lvs.length > 1 ? " --to-ports #{lvs[1]}" : "" %>
<% end -%>
COMMIT
# Completed
```

5章 省力運用　安定したサービスへ向けて

動作ログの通知

puppetdはサーバの設定を確認し、必要に応じて変更します（必要がなければ変更しません）。このときに変更された内容はsyslogに出力されます。メールやログで通知させることもできます。

- tagmail

tagmail機能は、各サーバでPuppetが動作した時のログをメールで送信するための機能です。たとえば、/etc/puppet/tagmail.confに、

```
all: user1@example.com
apache: user2@example.com
```

のように記述します。allはすべての変更を通知し、apacheなどのタグを指定すると、そのタグに関連する変更のみが通知されます。タグは、各クラスにおいて、タグ名を定義することができます。また、クラスのクラス名はデフォルトでタグ名となっていますので、クラス名を指定することもできます。

- puppetmaster.log

/var/log/puppet/puppetmaster.logに実行結果が出力されます。ただし、エラーメッセージがあまり親切ではないので、設定のデバッグにはあまり使えません。

- report

/var/lib/puppet/reportsにYAML形式で出力されます。1回の反映で1ファイルが生成され、何もなければ何も生成されません。人が見るというよりは、他のツールなどで処理し、グラフなどを生成するためのものです。

- puppetdでのログ

以下のように各サーバで直接puppetdを起動することでも、puppetdを実行することができます。

```
% sudo /usr/sbin/puppetd --server=192.168.0.1 -o -v --waitforce 60
```

このときのログが一番詳細に出力されますので、設定のデバッグ時には、この方法がわかりやすいです。--noopオプションを付けることで、実際に設定を書き換えずにどういう設定が行われるのかを確認することができます。

運用

Puppetは、多数のサーバの設定ファイルを簡単に更新できるため、設定ミスの影響も大きくなります。たとえば、sshd_configの設定を失敗して、ログインできなくなったら…などなど。そのために、大きく変更する際には、簡単に後戻りができるような方法で修正を加えることが重要となります。

そのための対策として、以下のような手法が考えられます。

- 全体に適用する前に一部のサーバでテストする。普段はpuppetdからの自動更新をオフにしておき、テスト用のサーバでpuppetdを明示的に実行することでテストし、正しく動作しているようだったら、puppetrunで全体に適用する
- Subversionでの設定ファイルを管理する。/etc/puppet以下のPuppet関連の設定ファイルはすべてSubversionで管理することで、変更のバージョン管理を可能になる。これにより、過去の変更を追跡したり、不具合が発生した時にロールバックできる。また、Subversionからチェックアウトしたツリーをmakeコマンドなどを利用して、本番反映前に--noopオプション付きでPuppetを実行することで事前に文法チェックを入れることができる

自動設定管理ツールの功罪

ちょっと前まではcfengine、最近だとPuppetが、OSSの自動設定ツールの有名どころでしょう。これらの自動設定ツールは、一見便利そうですが、なかなかちゃんと運用するのは大変です。

自動設定ツールというのは、ぱっと聞くとすごいいいものに聞こえますが、実際はなかなかやっかいなものです。実際に適用した時のありがちな状況を含め、まとめておきます。

5章 省力運用 安定したサービスへ向けて

- **何か本質的に新しいことができるようになるわけではない**
  本来は手でやっていたことを自動化するだけなので、当たり前のことである。人はすでにできていることのやり方をなかなか変えようとはしない、という話もよく聞く

- **その割に、覚えることがいろいろと多く面倒**
  あるアプリケーションの設定をする時に、そのアプリケーションの設定の仕方を覚えるだけではなくて、設定するための設定までしなければならなくなる。書いているだけで面倒だし、そもそもなぜそんなことをしなければならないのかわわからなくなる

- **しかも、そのツールのおかげで、トラブルが発生することが(よく)ある**
  一部の人が直接手で設定を変更してしまうと、非常にトラブルが発生しやすくなる。典型的には、ある日、設定ツールを動かしてみたら、手で修正した部分が綺麗さっぱり消えてしまって、まともに動作しなくなってしまった！というようなことがあり得る。これもなかなか難しい問題で、トラブルが発生している最中は、設定のための設定をしている余裕はないし、もし、対処している人が設定のための設定のノウハウを持っていない場合は、直接触らざるを得ない

このように書いているとデメリットが大き過ぎる気がしますが、「多数のサーバを効率的に管理する」ためには、やはり自動設定ツールはとても魅力的です。たとえば、sshd_configのちょっとした設定変更を何百台、何千台のすべてのサーバに適用しなければならない、というのは、やっぱり自動設定ツールにやらせたくなるものです。

このような自動設定ツールをうまく導入するには、どこまでを自動化して、どこまでは手でするか、という問題が大事だと思います。しかし、一般的な指針を示すのは非常に難しい領域です。適用しようとしているところの規模や、担当する管理者のやる気にも大きく依存するためです。

ざっくりと自動設定ツールを適用して、うまく運用できる状態に持っていくための戦略としては、

- 台数が多いところ
- 手動では、設定漏れが発生しがちなところ

から、徐々に導入して、自動設定ツールというものに慣れていくのがいいでしょう。

5.4 デーモンの稼働管理
daemontools

デーモンが異常終了してしまったら

　OS起動時に自動で起動して動き続けてくれるデーモンですが、いつの間にかいなくなってしまって大変な思いをしたことはないでしょうか？ Webサーバやメールサーバなど、目立つサービスは落ちるとすぐに気づくと思いますが、地味な役割のデーモンなどは、落ちたことになかなか気づきにくいものです。

　なかには落ちたら自動的に起動し直してくれるものもあります[注12]が、/etc/init.dにある多くの起動スクリプトは、起動し直しの機能は持っていません。かといって、個々の起動スクリプトにプロセス監視と起動し直しの処理を実装するのは面倒です。

　このようなデーモンの稼働管理にうってつけのツールが**daemontools**[注13]です。本節では、このdaemontools（バージョン0.76）の使い方のツボを解説していきます。

daemontools

　daemontoolsとは、デーモンプロセスの開始、終了、再起動、プロセスが落ちた場合の自動起動、といったデーモンプロセスの管理を行うためのプログラム群です。

　daemontoolsでは、いくつかのプログラムが連携してデーモンの監視、管理を行います。おもな部分のみを図示したものが**図5.4.1**です。

注12　MySQLに付属するmysqld_safeなど。
注13　**URL** http://cr.yp.to/daemontools.html
　　　ちなみにdaemontoolsとよく似た、runit（http://smarden.org/runit/）というツールもあります。

まず、svscanbootがsvscanを起動します。svscanは、指定されたディレクトリ（デフォルトでは/service）を監視して、新たなデーモンが追加された場合はsuperviseを起動します。superviseはrunというファイルを実行し、このrunでデーモンプロセスを起動します。superviseは1つのデーモンで1つ起動されるので、svscanは複数のsuperviseを管理する形になります。

また、svcというコマンド使い、superviseを経由してデーモンプロセスにシグナルを送ることができます。

daemontoolsを使う理由

daemontoolsを使う大きな理由は2つあります。

❶プロセスが落ちた場合に、自動的に起動し直してくれる
❷手軽にデーモンを作れる

❶の理由については、デーモンプロセスが落ちてしまった場合に、superviseが検知して起動し直してくれるという利点は魅力です。これにより、気がつかずにデーモンプロセスが落ちっぱなしになってしまっていた、という事態が防げます。

❷については、一般的に、デーモンとして振る舞うためにはいろいろな

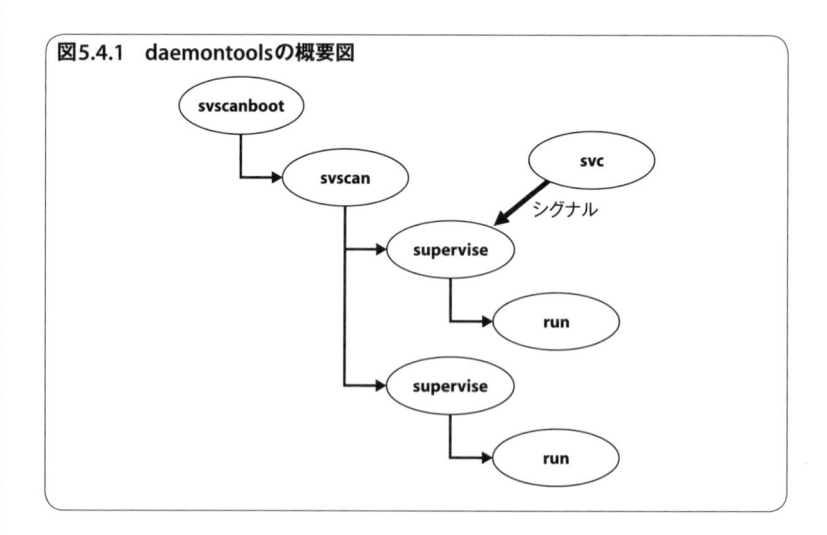

図5.4.1 daemontoolsの概要図

処理が求められます。たとえば、

- 制御端末から切り離す
- カレントワーキングディレクトリをルート(/)に変更する
- 標準入出力を/dev/null(もしくはそのほかのファイル)にリダイレクトする

などといった処理が必要[注14]で、少々面倒です。

しかし、daemontoolsを使えば、ある条件(後述します)を満たすプログラムならば何でもデーモンにすることができます。ささっと書いた自作の監視スクリプトでも、簡単にデーモン化できるのでとても重宝します。

デーモンになるための条件……フォアグラウンドで動作する

前節で、daemontoolsでデーモン化するにはある条件を満たす必要があると書きました。それは「フォアグラウンドで動作する」です。

httpdやsshdといった一般的なデーモンプログラムは、forkしてバックグランドで動作するようになっているので、そのままではdaemontoolsの管理下には置けません。フォアグラウンドで動作するためのオプション(sshdの-Dオプションなど)がそのデーモンプログラムで提供されているか、さもなければdaemontoolsに含まれるツール`fghack`を使う必要があります。

一方、自分でデーモンプログラムを書く場合は、whileやforで無限ループして、終了せずにフォアグラウンドで動き続けるようなコードを書くだけでOKです。

また、daemontoolsには`multilog`という優れたログ収集ツールが付属しているのですが、この`multilog`を使いたい場合は、「デーモンプロセスは標準出力(か標準エラー出力)にログを出力する」という必要もあります。

デーモンの管理方法

以下ではデーモンの作成や停止、再起動などの典型的なオペレーションの方法を確認します。

[注14] OSによりますが、これらの処理をまとめて行ってくれるdaemon(3)という関数もあります。

5章 省力運用 安定したサービスへ向けて

デーモンの新規作成

仮に「xxxd」というデーモンを新たに作ろうとしている場合を考えます。

まずはこのデーモンに関するファイルを置くディレクトリを作ります。デーモンたちを置くディレクトリは、どこか一つにまとめておいたほうが後々管理しやすいでしょう。ここでは、以下のようにおきます。

- /etc/daemon ➡ デーモンたちを置くディレクトリ
- /etc/daemon/xxxd ➡ xxxd用のディレクトリ

次に、superviseが実行する/etc/daemon/xxxd/runというファイルを作ります。典型的なrunファイル[注15]はシェルスクリプトで、実効ユーザの変更や環境変数の設定をした後、デーモンプログラムをexecします。

サンプルコードをリスト5.4.1に示します。簡単に解説します。

❶ 標準エラー出力を標準出力にリダイレクトする
❷ このプロセスを後続のコマンドで置き換える
❸ 実効ユーザを変更する
❹ 環境変数をリセットして、必要な環境変数を設定する
❺ envというディレクトリにファイルがある場合は、それを参照して環境変数を設定する
❻ デーモンプログラムを実行する

multilogを使ってログ収集する場合は、さらにlogというサブディレクトリを作り、log/runというファイルを作ります（図5.4.2、リスト5.4.2）。

デーモンの開始

デーモンを開始するには、svscanが監視しているディレクトリ（デフォルトでは/service）に、以下のようにデーモン用ディレクトリを指すシンボリックリンクを作ります。これで5秒以内にはrunが実行されてデーモンが開始するはずです。

注15 以下のページに、runファイルのサンプルがあります。参考になるでしょう。
　　 URL http://smarden.org/runit/runscripts.html

```
# ln -s /etc/daemon/xxxd /service/
```

デーモンの停止、再開、再起動

デーモンを停止、再開、再起動するには、daemontoolsに付属するsvcコマンドを使います（表5.4.1）。

デーモンの削除

デーモンを削除する場合は、シンボリックリンクを削除した上で、svcコマンドを使いsuperviseを解放する必要があります。

```
# cd /service/xxxd
# rm /service/xxxd
# svc -dx . log
```

↓または、以下でも解放できる
```
# mv /service/xxxd /service/.xxxd
# svc -dx /service/.xxxd /service/.xxxd/log
# rm /service/.xxxd
```

リスト5.4.1 典型的なrunファイル

```
#!/bin/sh
exec 2>&1     ←①
exec \        ←②
  setuidgid USERNAME \   ←③
  env - PATH="/usr/local/bin:$PATH" \   ←④
  envdir ./env \   ←⑤
  /usr/local/bin/xxxd   ←⑥
```

図5.4.2 multilogを使う場合

```
# mkdir /etc/daemon/xxxd/log
# mkdir /etc/daemon/xxxd/log/main
# chown USERNAME /etc/daemon/xxxd/log/main
```

リスト5.4.2 /etc/daemon/xxxd/log/run

```
#!/bin/sh
exec setuidgid USERNAME multilog t ./main
```

シグナル送信

表5.4.1で、svcコマンドを使ってTERMシグナルを送れると説明しましたが、他のシグナルも同様に送ることができます（表5.4.2）。

keepalived ……runファイルの例❶

runファイルの例を2つ紹介します。1つめ、keepalivedをdaemontoolsで管理する場合のrunファイルは、リスト5.4.3のようになります。

keepalivedは-n(--dont-fork)オプションを指定するとフォアグラウンドで動き続けるようになっているので、daemontoolsで管理する場合はこのオプションを使います。またこの例では、ロギングはmultilogを使わずに、

表5.4.1 停止、再開、再起動

動作	コマンド	説明
停止	svc -d /service/xxxd	TERMシグナルを送ってプロセスを終了する。再起動はしない
再開	svc -u /service/xxxd	プロセスが存在しなければ起動し、停止中ならば再起動する
再起動	svc -t /service/xxxd	TERMシグナルを送る

表5.4.2 svcコマンドで送れるシグナル

svcのオプション	シグナル
-p	STOP
-c	CONT
-h	HUP
-a	ALRM
-i	INT
-t	TERM
-k	KILL

リスト5.4.3 keepalived用のrunファイル

```
#!/bin/sh
exec 2>&1
exec /usr/local/sbin/keepalived -n -S 1
```

syslogのファシリティLOCAL1で出力するようにしています。ディスクレスサーバでログを書き込むディスクがない場合や、ログを1カ所に集約したい場合は、このようにsyslogでsyslogサーバにログを飛ばすのも手です。

自作の監視スクリプト……runファイルの例❷

2つめは、自作の監視スクリプトをdaemontoolsで管理する例を紹介します。リスト5.4.4がrunファイルで、リスト5.4.3と処理は同じです。

続いて、リスト5.4.5です。このmonitor-pingが監視スクリプトの本体（シェルスクリプト）になります。

ポイントは、無限ループ(while true; do)して終了しないようにすることです。ただし、全力でループするとそれでマシンパワーを使ってしまうので、sleepしてある程度間隔を空けてループするようにします。

それから、リスト5.4.5のスクリプトではスクリプト外でセットされるいくつかの変数(TARGET_HOSTS、INTERVAL、DEBUG)を参照しています。runファイルでenvdirを使っているので、たとえば、図5.4.3のように変数と同名のファイルをenvディレクトリの下に作りその中身を変数の値にすれば、環境変数としてmonitor-pingに伝えられます。このようにしておけば、監視するホストが増えたときなどでも、runファイルや監視スクリプトmonitor-pingを一切、編集することなく、動作を変えることができます。

daemontoolsのTips

最後にdaemontoolsを使う際のTipsとして「依存するサービスの起動順序の制御」「便利シェル関数」を紹介します。

リスト5.4.4　自作監視スクリプト用のrunファイル

```
#!/bin/sh
exec 2>&1
exec \
  setuidgid monitor \
  env - PATH="/usr/local/bin:$PATH" \
  envdir ./env \
  /usr/local/bin/monitor-ping
```

5章 省力運用 安定したサービスへ向けて

依存するサービスの起動順序の制御

daemontoolsで管理するデーモンとrcスクリプトで起動するデーモンとの間で、起動順序が問題になる場合があります。DNSがその一例です。

リスト5.4.5　監視スクリプトの本体（monitor-ping）

```sh
#!/bin/sh
[ "$DEBUG"   = '1' ] && TRACE='echo DEBUG:' || TRACE=:
INTERVAL=${INTERVAL:=5}

$TRACE "TARGET_HOSTS: $TARGET_HOSTS"
$TRACE "INTERVAL: $INTERVAL"

alert() {
  host=$1
  # TODO: implement
  echo "$host is down!!"
}

monitor() {
  host=$1
  if ping -qn -c 1 "$host" >/dev/null 2>&1; then
    $TRACE "OK $host"
  else
    $TRACE "NG $host"
    alert $host
  fi
}

while true; do
  for h in $TARGET_HOSTS; do
    monitor $h
  done
  sleep $INTERVAL
done
```

図5.4.3　envdirを使った環境変数の指定の仕方

```
# echo 'host1 host2 host3' > env/TARGET_HOSTS
# echo 10                  > env/INTERVAL
# svc -t /service/monitor-ping
```

daemontoolsと同じ作者のdjbdns[注16]というDNSサーバがあります。このdjbdnsをdaemontoolsで管理していて、daemontools（のsvscanboot）を/etc/inittabで起動している場合に、もし、rcスクリプトで起動するデーモンで、起動時にDNSの名前解決ができないと起動できなかったり挙動が変わってしまったりするものがあると問題になります。なぜなら、daemontools管理下のdjbdnsが起動する前、いい換えると、DNSの名前解決ができるようになる前にrcスクリプトのデーモンが起動されてしまうからです。

　これを解決にするには一捻り（ひとひね）が必要です。解決方法の一例として、KLabで行っている方法を紹介しますので参考にしてみてください。

　まず、リスト5.4.6を見てください。このように/etc/inittabを編集して、svscanbootを起動した後に、DNSサーバが動き出してから起動したいデーモンの起動コマンドを記述した自作スクリプトを書きます。ちなみに各スクリプトで起動しているサービスは表5.4.3のとおりです。

　さて、この起動スクリプト（/etc/init.d/log）は、スクリプトの先頭でリスト5.4.7のwaitdnsのような処理を行っています。これで、名前解決ができるようになったことが確実に確認できてから、次の処理、つまりサービス用のデーモンの起動を行うようにしています。

　また、リスト5.4.6の起動スクリプトの行の第3フィールドがwait[注17]となっているので、waitdnsが必要なのは先頭の/etc/init.d/logだけでいいのです

リスト5.4.6　/etc/inittab（抜粋）

```
SV:123456:respawn:/command/svscanboot
LG:2345:wait:/etc/init.d/log    >/dev/null
SH:2345:wait:/etc/init.d/share  >/dev/null
WE:2345:wait:/etc/init.d/web    >/dev/null
```

表5.4.3　起動しているデーモン

起動スクリプト	起動しているサービス
/etc/init.d/log	syslog-ng
/etc/init.d/share	NFSクライアント
/etc/init.d/web	Webサーバ

注16　URL http://cr.yp.to/djbdns.html

が、念には念を入れて、後続の /etc/init.d/share と /etc/init.d/web でも、先頭でwaitdnsしておいたほうがいいでしょう。

便利シェル関数

筆者らが運用で実際に使っている便利シェル関数を3つ紹介します。

- ── daemonup

/serviceにシンボリックリンクを作って、デーモンを登録、起動します（リスト5.4.8、図5.4.4）。

- ── daemondown

daemonupとは逆に、デーモンを停止、削除して/serviceからシンボリックリンクを消します（リスト5.4.9、図5.4.5）。

- ── daemonstat

/service下にシンボリックリンクのあるデーモンの起動日時と起動してからの経過時間を表示します（リスト5.4.10、図5.4.6）。経過秒数しか表示されないdaemontoolsに付属するsvstatコマンドの出力を、見やすいように加工しています。

リスト5.4.7　waitdns

```
waitdns() {
  while true; do
    dig @127.0.0.1 +short +time=1 {DOMAINNAME} >/dev/null 2>&1 && break
  done
}
```

注17　waitは、OS起動時に一度だけ実行され、4番めのフィールドのスクリプトが終了するのを待つ、という指示です。

リスト5.4.8 daemonup

```
daemonup() {
  [ -z "$1" ] && return

  case $1 in
    */*)
      DAEMONDIR=$1
      ;;
    *)
      DAEMONDIR=/etc/daemon/$1
      ;;
  esac
  [ -d $DAEMONDIR ] || { echo "no such dir: $DAEMONDIR"; return; }

  d=$(basename $DAEMONDIR)
  if [ ! -s "/service/$d" ]; then
    ln -snf ${DAEMONDIR} /service/
  fi
  /command/svc -u /service/$d >/dev/null 2>&1
}
```

図5.4.4 daemonupの使用例

```
# daemonup monitor-ping
    （もしくは）
# daemonup /path/to/monitor-ping
```

リスト5.4.9 daemondown

```
daemondown() {
  [ -z "$1" ] && return
  if [ -s /service/$1 ]; then
    mv /service/$1 /service/.$1
    /command/svc -dx /service/.$1
    if [ -d /service/.$1/log ]; then
      /command/svc -dx /service/.$1/log
    fi
    rm -f /service/.$1
  else
    echo "not found: /service/$1"
  fi
}
```

5章 省力運用 安定したサービスへ向けて

図5.4.5 daemondownの使用例

```
# daemondown monitor-ping
```

リスト5.4.10 daemonstat

```
daemonstat() {
  local -a ds
  if [ $# -gt 0 ]; then
    for i in "$@"; do
      ds[${#ds[@]}]=${i#/service/}
    done
  else
    ds="*"
  fi
  cd /service/
  svstat ${ds[@]} | \
    while read daemon state dsec pid sec dumy; do
      [ "$state" == "down" ] && sec=$dsec
      printf "%-20s %4s %8ds = %3ddays %02d:%02d:%02d, since %s\n" \
             $daemon $state $sec                                  \
             $((sec / (60* 60* 24) ))                             \
             $(( (sec / (60* 60 )) % 24 ))                        \
             $(( (sec / 60) % 60 ))                               \
             $((sec % 60))                                        \
             "$(date -d "$sec seconds ago" "+%y/%m/%d %T")";
    done
}
```

図5.4.6 daemonstatの使用例

```
# daemonstat
dhcpd:                  up  7417649s =  85days 20:27:29, since 07/10/05 05:21:57
dnscache.in:            up  5227391s =  60days 12:03:11, since 07/10/30 13:46:15
dnscache.lo:            up  7417649s =  85days 20:27:29, since 07/10/05 05:21:57
qmail:                  up  5637954s =  65days 06:05:54, since 07/10/25 19:43:32
qmqpd:                  up  7417649s =  85days 20:27:29, since 07/10/05 05:21:57
smtpd:                  up  7417649s =  85days 20:27:29, since 07/10/05 05:21:57
stone:                  up  7417649s =  85days 20:27:29, since 07/10/05 05:21:57
tinydns.ex:             up  7417649s =  85days 20:27:29, since 07/10/05 05:21:57
tinydns.in:             up  7417649s =  85days 20:27:29, since 07/10/05 05:21:57
```

5.5 ネットワークブートの活用
PXE、initramfs

ネットワークブート

ネットワークブート（*Network Boot*）とは、マシンがブートするために必要なデータやファイルをネットワークから取得してブートすることです。通常のブートでは、マシンの起動に必要なブートローダやOSのカーネルは、BIOSがローカルに接続されたハードディスクやCD-ROMなどの二次記憶装置から読み出します。これに対して、ネットワークブートでは、これらのファイルをネットワーク上のサーバから読み出します。

ネットワークブートの特徴と利点

ネットワークブートを使えば、マシンの起動にローカルの二次記憶装置は必要なくなります。しかし、ブートローダとカーネルをネットワークから取得するだけでは、実際のところ通常の起動に比べて運用の柔軟性が少々増す程度です。より柔軟性を持たせるには、ネットワークブートにinitramfs[注18]というしくみを組み合わせます。

initramfsとは、カーネルがルートファイルシステムをマウントしてinitを起動する前に、カーネルの外部でしか行い得ない初期化をするためのしくみです。initramfsの典型的な役割は、カーネルがルートファイルシステムをマウントするのに必要とするドライバモジュールを、カーネルにロードすることです。

initramfsの実体は、初期化するのに必要なファイルを集めてcpioでまとめ、gzip圧縮したファイルです。このファイルはブートローダがカーネル

注18 initramfsについては、Linuxカーネルの付属文書が一次情報です。kernel.orgなどからカーネルの配布パッケージを入手してlinux-2.6.X.X/Documentation/filesystems/ramfs-rootfs-initramfs.txtを参照してください。

をメモリに読み込む際に、カーネルとともにメモリ上に配置します。initramfsのイメージがメモリ上にあればカーネルは、自身の初期化が終わった後ルートファイルシステムをマウントする前に、initramfsの中にある/initというファイル名のプログラムを実行します。大抵の場合このinitは、通常の起動時に用いられるinitプログラムとは違ってシェルスクリプトです。

ネットワークブートでは、ブートローダがinitramfsをカーネルとともにファイルサーバから取得します。これはつまり、事前に起動するマシン上で何も準備しておかなくても、ファイルサーバ上にいろいろなシステム用のカーネルとinitramfsを用意しておけば、どのマシンでも任意のシステムとして起動することができるということを意味します。

ネットワークブートを使えば、OSを起動する上でディスクは不要になります。これを一歩進めて、OSの動作に必要なファイルシステムをディスク以外におけば、「ディスクレスシステム」にすることも可能になります。ディスクレスシステムでは、ルートファイルシステムは、「NFS」(*Network File System*)[注19]や「メモリファイルシステム」上に置きます。

ハードディスクはマシンの構成要素の中でも最も故障率が高い部品ですので、ディスクレス構成にすればサーバの故障率はぐっと下がります。

ネットワークブートの動作……PXE

では、ネットワークブートの動作を見てみましょう。ネットワークブートの枠組みはいくつかありますが、現在のところx86系のアーキテクチャでメジャーなのは、Intel社が規格化した**PXE**(*Pre-eXecution Environment*)[注20]と呼ばれるものです。PXEの実体はNIC上に実装された拡張BIOSです。PXEブートの流れは次のようになります(図5.5.1)。

注19 LinuxでNFSサーバをルートファイルシステムとして使う方法については、カーネルの付属文書であるlinux-2.6.X.X/Documentation/nfsroot.txtに詳しい説明があります。

注20 URL http://www.pix.net/software/pxeboot/archive/pxespec.pdf
なお、PXE BIOS自体の設定項目はないですが、PXEブートするためにはDHCPサーバの設定がいくつか必要になります。これについては以下のページ(PXELINUX)に説明がありますので、必要に応じて参照してください。
URL http://syslinux.zytor.com/pxe.php

❶通常のBIOSが初期化作業をする。この過程で拡張BIOSのスキャンが行われて、PXE BIOSが登録される

❷起動デバイスとしてPXEが選択されると、PXE BIOSに制御が渡る

❸制御を受け取ったPXE BIOSは、DHCPを使ってIPアドレスなどの情報を取得し、IP通信の準備をする

❹次にPXE BIOSは、ファイルサーバからブートローダを取得して起動し、制御を引き継ぐ。ファイルサーバのアドレスとブートローダのファイル名は、❸でDHCPサーバから知らされる

❺ブートローダは起動すると、❹と同じファイルサーバからブートローダ自身の設定ファイルを取得する。ファイルサーバのアドレスはPXE BIOSからブートローダに通知される

❻同様にブートローダは起動するカーネルと、設定ファイルで指定されていればinitramfsのファイルをファイルサーバから取得し、メモリ上に配置してカーネルに制御を渡す

カーネルに制御が渡れば、以降は通常の起動と変わりません。使用するカーネルもとくにPXEに対応したものを用意する必要はありません。通常と同じのものが使えます。

PXE BIOSがサーバからファイルを取得するには、TFTP（*Trivial File Transfer Protocol*）を使います。これはUDPベースの簡易なファイル転送プロトコルで、認証もしません。

まとめると、PXEブートするために必要なものは以下のとおりです。

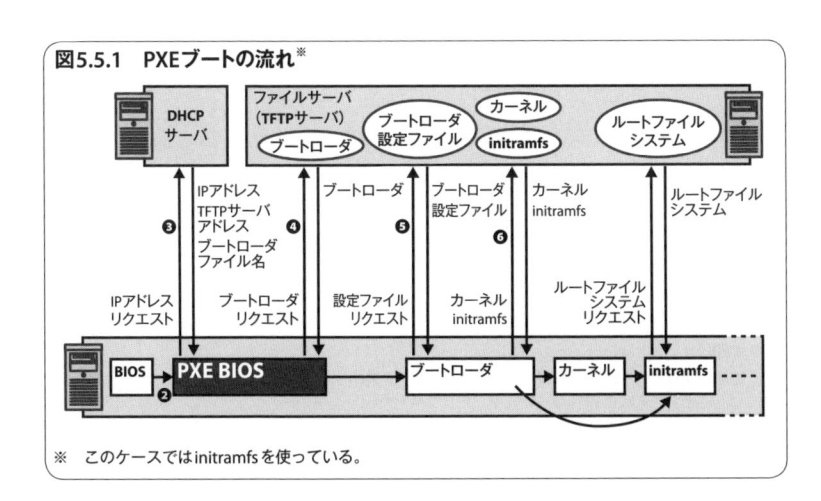

図5.5.1　PXEブートの流れ※

※　このケースではinitramfsを使っている。

- **PXEブートに対応したNIC**
  最近のサーバマシンに搭載されているNICならば、大抵対応している
- **DHCPサーバ**
  PXEブートに必要な情報を提供する
- **TFTPサーバ**
  PXE BIOSが必要なファイルを取得するのに使う。atftpdなどのTSIZEオプションをサポートしている実装を使う必要がある
- **PXE対応のブートローダ**
  PXEブートに対応したものを使う必要がある。GRUB[注21]をPXE対応させたPXEGRUBや、SYSLINUX[注22]のPXE版であるPXELINUX[注23]がある
- **カーネル**
  PXEブート用に特別なものを用意する必要はない
- **ルートファイルシステムの初期化用システム(initramfs)**
  ルートファイルシステムをメモリファイルシステム上にとるのならば必須である。それ以外の場合でも、initramfsを使えば起動するシステムを柔軟に構成できるようになる
- **ルートファイルシステム(の中身)**
  どのようなルートファイルシステムを使うにしても、OSが動作するために必要なファイルを何らかの形で用意しておく必要がある

ルートファイルシステム用のファイルは、ディスクレス構成にする場合には、ファイルサーバに用意します。NFSサーバを直接ルートファイルシステムとしてマウントするならばNFSマウントできる形で、メモリファイルシステムをルートファイルシステムとして利用するならinitramfsの初期化スクリプトが利用しやすい形で、用意しておきます[注24]。

注21 URL http://www.gnu.org/software/grub/
注22 URL http://syslinux.zytor.com/
注23 URL http://syslinux.zytor.com/pxe.php
注24 筆者の管理する環境では、ルートファイルシステム用のファイルは、tarで一つにまとめて外部からはアクセスできないWebサーバに置いています(このtarでまとめたファイルは、起動するサーバの目的に合わせて複数用意してあります)。initramfsの初期化スクリプトは、起動するシステムにあったtarファイルをHTTPで取得し、メモリファイルシステムに展開します。PXEが使うTFTPではなくわざわざHTTPを使っているのは、TFTPでのファイル転送がHTTPに比べて遅いからです。

ネットワークブートの活用例

筆者が管理する環境で、ネットワークブートを活用している事例を紹介します。

ロードバランサ

ロードバランサ（もちろんLVSを使っています）は、サービスの要です。ロードバランサがハードディスクの故障のたびに停止しては困りますので、完全なディスクレスシステムにしています。おかげで、ハードウェアトラブルが原因でロードバランサが停止したことはこれまで一度もありません。

もちろん、ハードディスクを使わないからといって故障がなくなるわけではありません。万が一故障した場合は、たくさんあるWebサーバの内の1台を代替機として使います。Webサーバをロードバランサに仕立て直すには、ロードバランサとしてネットワークブートするだけです[注25]。つまり、マシンを1台再起動するだけで復旧作業が完了します。

DBサーバ/ファイルサーバ

DBサーバやファイルサーバもネットワークブートしています。しかし、さすがにデータの保存先をメモリファイルシステムでまかなうことは、容量の点からもデータの永続性の点からも現実的ではありません。そこで、データの保存先にはRAIDを使って冗長化したハードディスクを用います。RAIDディスクがあるのに、わざわざメモリファイルシステム上にルートファイルシステムをおいているのは、おもにインストール作業を不要にするためです。

RAIDディスクにしたとしても、それだけでマシンの故障がなくなるわけではありません。したがって、万が一の事態に備えて代替機を用意しておくべきですが、普段は使わない代替機をDBサーバ用とファイルサーバ

注25 実際には、Webサーバとロードバランサでは必要とするレイヤ2ネットワークは異なります。しかし復旧の際にネットワークケーブルを接続し直すのは手間なので、物理的な配線はすべてのマシンで同じにしておき、レイヤ2を分離する必要がある個所はVLANを使って分離しています。したがって、実際にWebサーバをロードバランサにする際は、加えてそのマシンが必要なVLANに参加するように、スイッチの設定の変更作業も必要です。

用にそれぞれ用意するのも無駄な話です。

　DBサーバとファイルサーバは、動作するプログラムも用途も違いますが、ハードウェア的にはどちらも同じような構成です。そこで、これらの代替機は共通で1台だけ用意しておき、いずれかのマシンが故障すれば、故障したほうのシステムとして代替機をネットワークブートします。こうすれば1台分のコストで2つのシステム用の代替機が用意でき、かつインストール作業が不要なためよりすばやく復旧できます。

メンテナンス用ブートイメージ

　ネットワークブートはサービスを提供する上で必要なシステムだけではなく、メンテナンス目的でも活用しています。

　たとえばサーバマシンの初期セットアップ用のシステムや、メモリテスト用のシステム（memtest[注26]が起動します）、故障したディスクを交換する際やリースアウトしたサーバを返却する際に、ディスク上のデータを消去するためのシステム（shred[注27]が入っています）など目的に応じたシステムを用意しています。

ネットワークブートを構成するために

　最後にネットワークブートサーバを構成する上で、考慮すべき点をいくつか紹介します。

initramfsの共通化と役割の識別

　複数の種類のシステムをinitramfsを使ってネットワークブートするのなら、initramfs自体は共通で使えるように構成したほうが楽です。というのも、initramfsはカーネルの起動直後に動作するのでデバッグがしづらく、作り込むのに結構な労力を要するからです。initramfsを共通化した場合に問題になるのは、マシンをどのシステム用に初期化すればいいのかを、init

---

注26　URL http://www.memtest86.com/
注27　ハードディスクのデータは、単純に消しただけでは磁気の痕跡を解析することで復元できてしまいます。shredはハードディスクに対して特別なビットパターンを書き込むことで、データの復元をより困難にするツールです。

スクリプトが判断する方法です。これにはいくつか方法が考えられます。

一つは、カーネルのコマンドラインを通じてinitスクリプトにパラメータを渡す方法です。

```
        ↓システムの指定
boot: db id =100
          ↑どのDBサーバかの指定
```

カーネルのコマンドラインは、カーネル組み込みのドライバにパラメータを渡すためのものですが、余計なものが入っていても無視されるだけでエラーにはなりません。カーネルのコマンドラインに渡された文字列は、procファイルシステムを通じて起動後に取得できます。起動するシステムにあったパラメータをカーネルのコマンドラインを通じてinitramfsに渡すには、起動するシステムの数だけブートローダの設定を作り起動時に選択するか、あるいは起動の度に手で入力します。いずれにせよ、ブートローダに対して対話的な操作が必要になります。

ほかの方法としては、起動したマシンに割り振られたIPアドレス（もしくは対応するホスト名）を元にinitramfsが判断するという方法があります。IPアドレスの割り振りはDHCPサーバの仕事です[注28]。DHCPサーバが、起動するマシンに対して特定のIPアドレスを割り振るためには、あらかじめそのマシンのMACアドレスを調べて、IPアドレスとMACアドレスの対応をDHCPサーバに設定しておきます。

ほかにも方法があるかもしれません。いずれにせよ、自分が管理する環境に合った、使いやすくかつ拡張しやすい枠組みを作り込む必要があります。

ディスクレス構成にする際に考慮すべき点

ディスクレス構成にする場合に、気をつけなければいけない点がいくつかあります。

注28 IPMI（5.6節を参照）を使っているのなら、IPMIに設定されたIPアドレスを読み出して使用することもできます。

5 章 省力運用　安定したサービスへ向けて

● —— ログの出力

　一つめはログの出力先です。通常ログはローカルのハードディスクに書かれます。しかし、ディスクレス構成ではハードディスクがない場合もあります。ディスクレスシステムでも、保存しておかなければいけないログはあります。そのようなログは別のマシンに転送して保存します。ログを手軽に転送する方法としては、「NFSに書く方法」と「syslogの転送機能を使う方法」の2つがあります。

　ネットワークブートするマシンがNFSを使うのであれば、そこにログを出力するのが一番手軽です。この場合気をつけなければいけない点が二つあります。一つは複数のマシンが同じファイルにログを書き出さないようにすることです。もう一つは出力するログの量です。ログの量が多いとNFSサーバへのI/Oを圧迫してしまい、本来の使用目的に支障をきたします。

　NFSを使わないのならば、syslogのログ転送機能を使うのが手軽です。その場合、普通のsyslogではなく「syslog-ng」を使えば、送信側でログのフィルタリングなどができるので便利です[注29]。

　保存する必要はないけれどもトラブル時には参照したいログはメモリファイルシステムに出力します。その場合、メモリファイルシステムの容量はハードディスクに比べてずっと小さいので、保存するログの量に気をつけなければいけません。通常よりは短いスパンでログをローテート（Rotate）し、古いログは積極的に消すようにします。これには「multilog」が便利です。

　multilogはdaemontoolsに付属するプログラムの1つで[注30]、標準入力からログを受け取ってフィルタリングや加工をした上で、ファイルに出力します。ログをファイルに出力する際にmultilogは、出力先のファイルのサイズが一定以上であれば、ログファイルをローテートします。またローテートしたファイルの数が決められた数を超えた場合、古いファイルを消してくれます。これにより、ログファイル全体の量が一定以上にならないことを保証できます。

注29　syslog-ngについては、5.7節を参照してください。
注30　daemontools、multilogについては、5.4節を参照してください。

●── ファイルの変更管理

　二つめは、ルートファイルシステム用のファイルの変更管理です。ルートファイルシステムとしてメモリファイルシステムを使う場合、起動中のマシンにあるファイルを変更しても再起動すれば元に戻ってしまいます。したがって、ファイルを変更した際は、同時にその元となるファイルにも変更を反映しなければなりません。これを怠ると、たとえばトラブルが発生した際に、それを解決するためにシステムを再起動すると別のトラブルに見舞われるという、笑えない状況に陥ります。このような事態に陥らないようにするためには、運用しやすい手順を確立することです。

　筆者の管理する環境では、起動中のシステム上でファイルを更新して動作確認をしたら、それをマスタにコピーし、古いマスタを念のためバックアップしています。またこれら一連の作業は、専用のスクリプトを用意して簡単化しています。

●── マスタファイルのセキュリティ

　マスタファイルのセキュリティには、気をつける必要があります。ルートファイルシステムをメモリファイルシステム上にとる場合、ルートファイルシステムのマスタを用意することになります。このマスタには、たとえば何かのパスワードやSSHの秘密鍵など、一般ユーザがアクセスできてはいけないファイルを含めてはいけません。なぜならば、マスタのファイルは、マシンの起動時にファイルサーバからコピーされます。このコピーはinitramfsが行いますが、initramfsがコピーできるということは一般ユーザもコピーできることになります。

　ファイルサーバからのコピーに認証をかければよいと思われるかもしれませんが、それは無意味です。なぜなら、認証を通過するためには認証情報をinitramfsの中に含める必要がありますが、initramfsのパッケージはTFTPで取得でき、このTFTPには認証がないからです。

5.6 リモートメンテナンス
メンテナンス回線、シリアルコンソール、IPMI

楽々リモートログイン

　高い可用性を求められるサーバマシンは、多くの場合間借りしたデータセンターに設置されます。しかし、システムの管理者がデータセンターに常駐することは、とくに小規模なサイトでは稀でしょう。サーバの設置場所とシステムの管理者が普段いる場所が離れていると、メンテナンスのたびにサーバの設置場所に赴くのは時間的にも金銭的にも無駄です。そのため、普段の管理作業はSSHなどでリモートログインして済ませます。

　しかしながら、トラブル時にはネットワークを使ったリモートログインができるとは限りません。またそもそも、リモートログインはOSが起動し正常に動作していることが前提です。本節では、トラブルの際やOSが動いていない場合でも**リモートメンテナンス**(*Remote Maintenance*)を実現する方法を紹介します。

ネットワークトラブルに備えて

　まずは、ネットワークトラブル時にもリモートメンテナンスを可能にする方法を紹介します。リモートメンテナンスする上でデータセンターにあるサーバマシンにログインする経路としては、サービス提供用の商用回線があります。この商用回線はルータに接続され、ルータはスイッチングハブを介してサーバと通信します。ネットワークトラブルに対する備えは、この商用回線とルータのトラブルに対するもの、そしてネットワークスイッチのトラブルに対するものとに分けて考えます。

メンテナンス回線

商用回線やルータ(レイヤ3スイッチ)のトラブルの際にもリモートメンテナンスを可能にするためには、別系統の経路を用意することで備えます。これをここでは「メンテナンス回線」と呼びます。メンテナンス回線を別に用意するのはコスト的に厳しいと思われるかもしれませんが、実は意外と安く済みます。なぜならメンテナンス回線が絶対必要になるのは商用回線からログインできない時だけで、それならば家庭用のグレードの低いもので十分だからです[注31]。またメンテナンス回線はトラブルの際だけではなく通常時にも、大量のファイル転送など商用回線を使うとサービスに悪影響を及ぼす作業などに活用でき、決して無駄にはなりません。

筆者が管理している環境では図5.6.1のように構成しています。回線はNTTのBフレッツ(+固定IPのオプション付きのISP契約)です。Bフレッツの光回線はONU(*Optical Network Unit*)で終端されてLANケーブルが引き出されますが、このLANケーブルはルータに接続するのではなく、ハブを

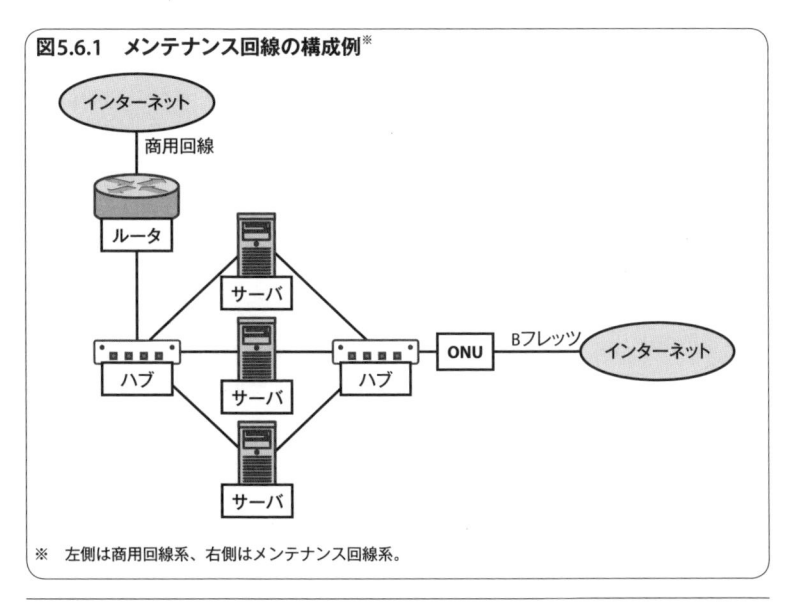

図5.6.1 メンテナンス回線の構成例※

※ 左側は商用回線系、右側はメンテナンス回線系。

注31 商用回線とメンテナンス回線が完全に別の系統の回線ならば、同時に使えなくなることはまずありません。

5章 省力運用 安定したサービスへ向けて

介して数台のサーバに接続します。このハブは商用回線系のものとは物理的に完全に別のものを使います。商用回線用のハブをVLANで区切って間借りするのも御法度です。なぜなら、そのハブがトラブルの元になった場合、両方使えなくなってしまうからです。

　ハブを介してメンテナンス回線のONUに接続されたサーバの内の1台が、実際にインターネットに接続します。このサーバは外部に直接つながっていますので、商用回線や内部のネットワークトラブルの影響を受けずにリモートログインできます。ちなみにわざわざハブを使って複数台のサーバをONUに接続しているのは、インターネットに接続するサーバを変更する場合の備えで、これによりデータセンターに赴いてLANケーブルを差し替えることなく、リモートメンテナンスで済ませられるようにしてます。

スイッチのトラブルに対する備え

　商用回線からリモートログインできない場合も、メンテナンス回線を通じて1台のマシンにはログインできるようになりました。このマシンから隣のマシンにログインするにはスイッチが必要です。次はこのスイッチのトラブルに対する備えです。

　スイッチのトラブルの要因は2つ考えられます。1つはスイッチ自体が原因の場合で、これに対する対処法はスイッチの再起動です。もう1つはスイッチに送られてくるパケットが原因の場合で、これに対する対処法は送信元が接続されているポートの遮断です。

　スイッチングハブには、インテリジェントスイッチとノンインテリジェントスイッチの2種類があります。ノンインテリジェントスイッチの場合、これらの作業はリモートからはできません。一方インテリジェントスイッチの場合は、スイッチ自体にログインして、スイッチの設定インタフェースからスイッチの再起動やポートの遮断ができます。

　スイッチにログインする方法は大抵の場合、TelnetやSSHを使ったネットワークログインと、シリアルコンソールからのログインの2種類が用意されています。普段の作業にはネットワークログインのほうがレスポンスが良いのでそちらを使いますが、トラブルでネットワークログインができないときのために、シリアルコンソールからもログインできるように備え

ておきます。シリアルコンソールに関しては次節で詳しく述べますが、ここではシリアルコンソールの接続先についてだけ説明します。

　商用回線系のトラブルの際に確実にログインできるマシンは、メンテナンス回線が接続されたマシンだけです。ですので、スイッチのシリアルコンソールにも、このマシンからアクセスできるようにしておきます。そのためには、すべてのスイッチのシリアルインタフェースをこのマシンに接続しなければいけないのですが、通常マシンに用意されているシリアルインタフェースは多くて2つです。3台以上のスイッチを接続するには、USB-シリアル変換コネクタ（**写真5.6.1**）などを使います。

シリアルコンソール

　ここまでで、ネットワークのトラブルに対する備えはできました。次は、マシントラブルが発生してネットワークからログインができない場合や、あるいはマシンを再起動する時のリモートメンテナンスの手段として、シリアルコンソール[注32]を紹介します。

写真5.6.1　USB-シリアル変換コネクタ

注32　シリアルコンソールをLinuxで使う上で全般的によくまとまっているのが「Remote Serial Console HOWTO」です。元のものも日本語訳も少々古いですが、事情が大きく変わる分野ではないので今でも十分参考になります。xmodemやMagic SysRqに関しても述べられています。
　　　URL http://tldp.org/HOWTO/Remote-Serial-Console-HOWTO/（元の文書）
　　　URL http://www.linux.or.jp/JF/JFdocs/Remote-Serial-Console-HOWTO/（日本語訳）

コンソールとは、具体的にいえばキーボードとディスプレイ、つまり入力と出力です。UNIX系のOSの場合ほとんどの管理作業にはGUIは必要ないので、テキストデータの入出力さえできれば済みます。シリアルコンソールでは、ディスプレイとキーボードの代わりに、管理したいマシンにシリアルインタフェースを使って別のマシンを接続し、テキストの入出力を行います[注33]。

シリアルコンソールには、一般的にRS-232Cと呼ばれるインタフェースが使われます。RS-232Cの通信は一対一です。Ethernetとは違って、1本のケーブルを使って通信できる相手はたかだか1台だけです。したがって、2台のマシンが1つのペアになります。あるマシンにシリアルコンソールからログインするには、まずペアになっているマシンにリモートログインしてから、改めて目的のマシンにログインします。少々使いにくい面もありますが、大概のサーバマシンにはRS-232Cの端子が1つか2つは備わっていますので、ケーブル[注34]さえ用意すれば後はソフトウェアを設定するだけで使えます。

シリアルコンソールの実現

シリアルコンソールは、SSHなどとは違ってログインされる側をサーバとは呼びません。しかしここではわかりやすいように、操作される側をサーバ/操作する側をクライアントと表現します。

シリアルコンソールのためのクライアントソフトは、有名なところではcuやkermit、minicomがあります。cuは歴史の古いプログラムですので、取っつきにくいかもしれません。単純にシリアルコンソールを使うのならば、minicomのほうがわかりやすいでしょう。一方、cuやkermitはシリアルコンソールだけでなく、シリアル接続を使ってファイル転送することができます[注35]。

注33 ワークステーションが一般的になる前は、1台のUNIXマシンに多数のシリアルコンソール専用の装置（ダム端末）を接続して利用するのが主流でした。現在ではダム端末は姿を消しましたが、その機能はソフトウェアで実現され、利用されています。

注34 一般的に「シリアルクロスケーブル」と呼ばれるものを使います。またRS-232Cに使われる端子は9ピンのものと25ピンのものがありますが、サーバマシンに用意されているのは9ピンのものです。

注35 xmodemやymodem、zmodemと呼ばれるプロトコルを使います。どちらの方向にもファイルを送ることができますが、サーバ側では送受信のためのプログラムが別に必要になります。詳しくは前ページの注32で紹介した参考資料を参照してください。

シリアルコンソールのサーバ側[注36]は、マシンの起動が進むにつれて担当が変わります。順に、BIOS、ブートローダ、OS、gettyです。

- BIOS
  サーバマシンに搭載されたBIOSなら、「コンソールリダイレクション」という機能を持っている。これはマシンの起動時にBIOSが出力するメッセージやBIOSの設定画面を、指定されたシリアルインタフェースに出力する機能である
- ブートローダ
  liloやSYSLINUX、GRUBなどの一般的なブートローダはシリアルコンソールに対応している。設定すれば（図5.6.2 ❶）通常のコンソールと同じように、シリアルコンソールを通じてブートローダの制御画面にアクセスできる
- OS
  大半のUNIX系OSは、OSや起動時に実行される初期化スクリプトが出力するメッセージを、シリアルコンソールに出力することができる。Linuxの場合ならばカーネルのパラメータで、デフォルトのコンソールとしてシリアルインタフェースを指定する（図5.6.2の❷）
- getty
  UNIX系のOSではコンソールからのログインはgettyと呼ばれるプログラムが処理する[注37]。シリアルコンソールからのログインにもgettyを使う

図5.6.2　GRUBにおけるブートローダとカーネルの設定例※

```
default=0
timeout=10
serial   --unit=1 --speed=19200 -word=8 --parity=no --stop=1   ←❶
terminal --timeout=30 console serial     ←❶

title Linux (Console Mode)
  root (hd0,0)
  kernel /vmlinuz ro root=/dev/sda3 console=ttyS1,19200n8 console=tty0  ←❷
title Linux (Serial  Mode)
  root (hd0,0)
  kernel /vmlinuz ro root=/dev/sda3 console=tty0 console=ttyS1,19200n8  ←❷
```

※　この例のGRUBのバージョンは、0.99のものである。
❶GRUB自身のシリアルコンソールの設定、❷カーネルのパラメータ。

注36　ここでは挙げていませんが、前述のスイッチもシリアルコンソールのサーバ側になります。
注37　正確にいうとgettyは指定されたインタフェースを監視して、何か入力があればloginというプログラムにログイン処理を引き継ぎます。

5章 省力運用 安定したサービスへ向けて

　gettyは多くの種類があって、大概のものはシリアルコンソールからのログインを扱えますが、ここではmgettyをお勧めします。通常gettyは起動されると、監視するインタフェースをロックします。しかしmgettyでは起動オプションに-rを付けるか、設定ファイル（mgetty.config）で「direct yes」を指定すれば、インタフェースをロックすることなく動作します[注38]（リスト5.6.1）。これにより1本のシリアル接続のみで、mgettyが監視している間でも、クライアントプログラムを使ってペアになっているマシンのシリアルコンソールにアクセスできます。

IPMI

　さて、これでサーバにネットワークログインできない場合や、OSを再起動する際にもリモートメンテナンスできるようになりました。しかし、カーネルがパニックしたりストールすれば、シルアルコンソールからもログインできなくなります。そのような時はマシンがそばにあればリセットボタンや電源ボタンを押すことで強制的に再起動しますが、リモートにあるマシンではボタンは押せません[注39]。

　代わりに、隣のマシンからネットワークを通じて電源を制御するしくみ

```
リスト5.6.1  mgetty.configの例※

port ttyS0
    speed           19200
    direct          yes
    blocking        no
    data-only       yes
    need-dsr        yes
    toggle-dtr      n
    ignore-carrier  no
    login-time      10
    term            vt102
```
※　この例のmgettyのバージョンは1.1.31-Jul24のものです。

注38　loginが起動すれば、インタフェースはロックされます。
注39　大抵のデータセンターでは、このような簡単な作業を代行するサービスがあります。しかしお願いしてから実際に再起動されるまで時間がかかりますし、何度も頼むのも気が引けます。

があります。それが IPMI（*Intelligent Platform Management Interface*）[注40] です。IPMI は Intel 社などによって作成された、ソフトウェアからマシンの電源を制御したり状態を確認するための規格です。IPMI ではローカルマシンからはもちろんのこと、ネットワーク上の別のマシンからもこれらの機能にアクセスできます。IPMI の機能はハードウェアで実装されていて、OS とは独立して動作します。さらに IPMI はマシンの電源のオン/オフの状態に依存しません。マシンに電源が供給されてさえいれば、IPMI を使って外部からマシンを制御できます。IPMI はいわば本体とは独立した制御用の小さなマシンのようなものです。

IPMI でできること

IPMI のおもな機能を表 5.6.1 にまとめました。現在使われている IPMI のバージョンには 1.5 と 2.0 があります。どちらも電源の制御やセンサー情報/イベントログの取得ができます。IPMI 2.0 の目玉は Serial over LAN（SoL）対応です。これはサーバマシンのシリアルコンソールに IPMI を通じてアクセスする機能です。SoL を使えばシリアルケーブルに縛られずに、ネットワーク上のどのマシンからでもシリアルコンソールにアクセスできます。

表5.6.1　IPMI でできること

1.5	2.0	機能
○	○	電源の on/off、reset
○	○	FAN の回転数や温度、電源電圧の取得
○	○	イベントログの取得
○	○	ウォッチドッグタイマ
△	○	Serial over LAN。1.5 では規格化されてないが独自に実装している場合もある
×	○	VLAN 対応
×	○	通信の暗号化

注40　IPMI について詳しくは、ハードウェアのマニュアルおよび各ソフトウェアのサイトをご覧ください。
　　・GNU FreeIPMI **URL** http://www.gnu.org/software/freeipmi/
　　・IPMItool **URL** http://sourceforge.net/projects/ipmitool/
　　・ipmiutil **URL** http://sourceforge.net/projects/ipmiutil/

IPMIを使うには

　IPMIを使うには、まずマシンがIPMIの機能を実装している必要があります。実装の仕方はマシンによって異なります。はじめからIPMIの機能を実装しているものもあれば、オプションのサブボードが必要なものもあります。お使いのハードウェアメーカに確認してください。

　IPMIにアクセスするためのソフトウェアは、ハードウェアメーカが配布しているものと、OSSのものとがあります。ハードウェアメーカのものは同じメーカのマシンでしか使えないこともありますので注意が必要です。OSSのものは、OSやハードウェアのメーカに依存せずに使えて便利です。OSSのIPMIクライアントのソフトウェアにはFreeIPMIやIPMItool、ipmiutilがあります(他にもあるかもしれません)。

おわりに

　ここで紹介した備えは、もちろん万全ではありません。しかし、比較的安く導入できる割には普段の管理作業でも便利に使えるので、導入しておいて損はないと思います。もちろん、ここで紹介したもの以外にも便利な技術はいろいろあります。ここでは詳しく取り上げられませんが、たとえばMagic SysRqやウォッチドッグタイマ、kdumpなどなど。いろいろな技術やしくみを試して、より管理しやすい環境を作り上げてください。

5.7 Webサーバのログの扱い
syslog、syslog-ng、cron、rotatelogs

Webサーバのログの集約・収集

　分散環境を整えてサービスの提供を本格的に開始すると、アクセスの集計やトラブルの解析のために、ログを扱う場面が増えてきます。分散環境では1つのサービスを複数台のWebサーバで提供するので、ログはサーバの台数分だけ分散して出力されます。しかし、ログの解析や保存の観点からすると、ログは1カ所に集まっているほうが望ましいです。そこで、本節ではログの集約と収集について解説します。Webサーバ（Apache）のログを集約・収集する方法を述べますが、その他のログに対しても考え方としては応用できるはずです。

集約と収集

　ここでは、ログの**集約**と**収集**を区別して扱います。ここでいう集約とは、Webサーバが出力するログを常に転送して1つにまとめることです。これに対して収集とは、各サーバ上に出力されたログを定期的に集め、保存することをいいます。これらを区別しているのは、それぞれ目的と精度が異なるからです。

　ログを常に集約する目的は、その時々の状況を把握するためです。たとえば、トラブルが発生した際はどのマシンで問題が起きているのかを確認したり、サイトのアクセス状況、すなわち瞬間的なPVやユーザ数など、をざっと集計したりするのに使います。つまり、何が起こっているのか、どこで起こっているのか、あたりを付けるために使います。

　一方ログを収集する目的は、おもに集計と解析、そして保存です。サービスを運用する上で、WebサーバやAPサーバのログを集計・解析するこ

とは基本です。ログ解析には日ごとや週ごと、月ごとなどいろいろな単位でのログが必要になります。そのため、必要なログがあちこちに分散していると非常に手間です。また保存を考える上でも、1ヵ所にまとまっているほうが扱いやすいわけです。

結局のところ両方とも1ヵ所にログを集めるのに、ログの集約と収集を区別しているのは、前述のとおり両者のログの精度が異なるからです。Webサーバの場合、アクセスの量に比例して単位時間あたりに出力されるログの量も増えます。アクセスが一時的に増大すると、そのすべてのログを集約して漏れなく保存するには、それに見合った性能を持つハードウェアが必要になります。一時的にしか発生しない状況に合わせて高性能なハードウェアを用意するのはコストパフォーマンスの面から好ましくないので、集約するログは精度を求めず、それでは問題になる用途のために、別途各サーバのローカルに出力されたログを収集するわけです。

ログの集約・収集にはいろいろな方法があります。たとえば、ログをファイルに書くのではなくDBに書き込むのも1つの方法です。DBにログを登録すれば検索性は上がりますが同時に管理のコストも増えますので、通常はそこまでする必要はないことの方が多いと思います。以下では、筆者が管理する環境で採用している方法を紹介します。

ログの集約……syslogとsyslog-ng

ログを集約するにはsyslogを使うのが手軽です。syslogの役割はUNIX系のOSにおけるログの集約ハブです。Apacheのログをsyslogを使って集約するしくみを次に説明します[注41]。

syslogを使ったログの集約

Apacheはログの出力先として、指定されたファイルに書き込む以外に、

注41 本書では取り上げませんが、ログの集約をsyslogではなくmod_log_spreadというApacheモジュールを使って実現する方法について『スケーラブルWebサイト』（Cal Henderson著、武舎広幸/福地太郎/武舎るみ訳、オライリージャパン）の「10章：統計、監視、警告」に説明があります。
mod_log_spreadの入手については、以下を参照してください。
URL http://www.backhand.org/mod_log_spread/

別のプログラムを起動して標準入力にログを渡す機能を持っています[注42]。ログを渡されたプログラムは、そのプログラムの目的に従ってログを処理します。一方syslogには**logger**[注43]というプログラムが付属していて、標準入力から受け取ったログをsyslogに渡すことができます。この2つを組み合わせることで、Apacheのログをsyslogに出力できます。

syslogに集められるログには、**ファシリティ**（*Facility*）と**プライオリティ**（*Priority*）[注44]が設定されます。syslogはこれらを手掛かりにログを識別し、必要なログを指定されたファイルに書き出すかあるいは別のマシン上のsyslogにログを転送することができます。Apacheが出力するログを特定の1台のマシン（ここではログサーバと呼びます）にsyslogを使って集約する上でも、このファシリティとプライオリティを使います。つまりApacheが出力するログをsyslogが識別できるようにしておき、目的のログだけをログサーバに転送します（図5.7.1）。

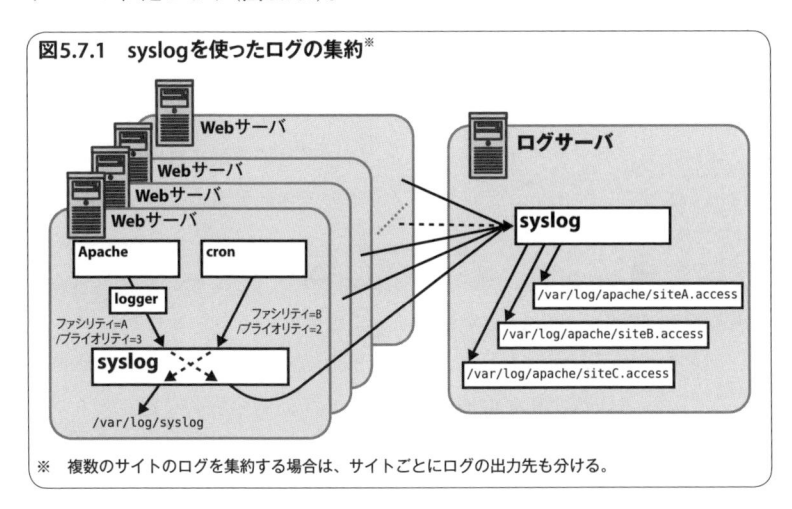

図5.7.1 syslogを使ったログの集約※

※ 複数のサイトのログを集約する場合は、サイトごとにログの出力先も分ける。

注42 Apacheにおいてログを外部のプログラムに渡す方法は、ApacheのドキュメントのCustomLogディレクティブの項に説明があります。
　　URL http://httpd.apache.org/docs/2.0/mod/mod_log_config.html
注43 Apacheからログを受け取るloggerについては、付属のmanを参照してください。
注44 syslogにおけるファシリティとは、別の言葉でいい換えるならカテゴリになります。ファシリティとプライオリティはあらかじめいくつか定められていて、syslogを通じてログを出力するプログラムは、出力の際にその中から適切なものを選んで指定します。ファシリティの例としてはkern（カーネル用）やmail（メール関連）daemon（各種デーモン用）等があります。プライオリティの例としては、debugやerror、emerg等があります。

syslogは、ログを時々取りこぼすことがあります。また同じログが連続して出力されるとそれらを1つのログにまとめます。このため集計など厳密さが要求される用途には適しませんが、一方で大量のログが出力された時でもディスクへの負荷を押さえることができます。syslogで集約したログはあくまでも、問題が発生したときにどのマシンでそれが発生したのかあたりを付けたり、あるいは現在のサイトのトレンドを観察するために使います。

syslog-ng

さて、複数のサイトを運用していて、それぞれのログを個別に集約したいとします。そのような場合に、サイトごとにファシリティとプライオリティを割り当てていたのでは手間がかかります。また、ファシリティとプライオリティの組み合わせは有限なので、設定できる数に上限が生じてしまいます。できればWebサーバ用として1つのファシリティとプライオリティで済ませたいところです。ただし、もちろんその場合でも各サイトのログが混ざってしまっては困ります。つまり、ログを転送するときは1つのファシリティとプライオリティを使い、ログを書き出す段階で別の情報を使って区別し、サイトごとに別のファイルにログを出力できるのが理想です。

このわがままを実現してくれるのが**syslog-ng**[注45]です。syslog-ngはsyslogの実装の1つです。syslog-ngではsyslogに比べて、出力するログのフィルタリングや、ログのローテート、ログを出力するディレクトリの自動的な作成など、いろいろ便利な機能を備えています。その便利な機能の1つに「マクロ」があります。これはログに関するメタ情報などを表すもので、イメージ的には変数が近いです。用意されているマクロには現在の日時やロ

注45 syslog-ngは以下で配布されています。
　　URL http://www.balabit.com/network-security/syslog-ng/
　　syslog-ngはオーソドックスなsyslogに比べて、設定ファイルの記述方法がかなり異なり少々取っつきにくいかもしれません。以下に日本語による解説があります。
　　・「安全性の高いログ・サーバへの乗り換えのススメ(1)」、および同連載の(2)（木村靖著、@IT）
　　URL http://www.atmarkit.co.jp/fsecurity/rensai/unix_sec09/unix_sec01.html
　　URL http://www.atmarkit.co.jp/fsecurity/rensai/unix_sec10/unix_sec01.html

グのファシリティ/プライオリティを表すもの、ログを出力したホストを表すもの、出力されたログに設定されているタグ（プログラム名）を表すものなどがあります。syslog-ngではこのマクロを使って、ログを出力するファイルの名前を組み立てることができます。つまり、たとえば出力先のファイル名としてタグを表すマクロを使えば、同じタグが付いているログは同じファイルに出力されることになります。ログのローテートも、ファイル名の一部に日時を表すマクロを使えば実現できます（図5.7.2）。

ログの収集

　ログを収集する一番の目的は、ログの保存と解析のためです。大抵の場合ログの解析は一日に一度行います。したがって、ログの収集も一日に一度、早朝の比較的にサーバの負荷が低い時間帯に、各マシン上にある前日の分のログを集めます。ちなみに筆者の管理する環境では収集と同時に、各マシン上にある古いログを削除します。また、ログサーバ上にある古いログの圧縮も行います[注46]。

　ログの解析は毎日の解析だけではなく、たとえば週次や月次などいろいろな期間の単位で行います。また過去に遡って新たな視点で解析をすることもあります。したがって、古いログもできるだけすぐにアクセスできる

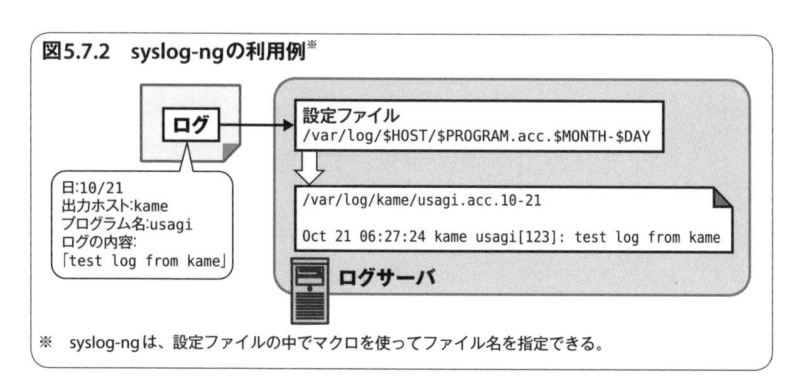

図5.7.2　syslog-ngの利用例[※]

```
[ログ]
日:10/21
出力ホスト:kame
プログラム名:usagi
ログの内容:
「test log from kame」

設定ファイル
/var/log/$HOST/$PROGRAM.acc.$MONTH-$DAY

/var/log/kame/usagi.acc.10-21
Oct 21 06:27:24 kame usagi[123]: test log from kame

ログサーバ
```

※　syslog-ngは、設定ファイルの中でマクロを使ってファイル名を指定できる。

注46　これらは一連の動作としてスクリプトを組んであります。このスクリプトを組む上では、エラー発生時の記録と回復にとくに気をつけなければなりません。なぜなら、ログの収集に失敗したことをログ解析プログラムが検知できないと、中途半端な状態で解析が行われて結果が報告されてしまい、混乱を招くからです。

状態にあるほうが望ましいです。しかし、生のままのログは非常にかさばりますので、一定以上古いログは圧縮します。この圧縮処理は時間がかかってもOKなので、できるだけ小さくなるように圧縮します[注47]。筆者の管理する環境では、bzip2を使ってWebサーバとAPサーバのログを圧縮保存していますが、500GB程度のディスクでも数年分のログは優に保存しておける見積もりです。

Apacheログのローテート……cronとrotatelogs

さて、ログを毎日収集するためには、Webサーバが出力するログが1日分ごとに分かれていたほうが便利です。Apacheが出力するログを1日分ごとにローテートするには、Apache本体がログのローテート機能を持っていないので、外部のプログラムに頼ることになります。これには2つの方法があります。

1つめの方法はcronを使ってログファイルのリネームとApacheの再起動を行う方法です。Apacheは動作している間はログファイルを開いたままにしますので、途中でログファイルをリネームしただけではログのローテートはできません。Apacheを再起動すればログファイルをいったん閉じますので、リネーム後ただちにApacheを再起動すれば、ログのローテートが実現できます。

2つめの方法は、Apacheに付属しているrotatelogsプログラムを使う方法です[注48]。これはログの集約の節で説明した、外部プログラムにログを渡す機能と組み合わせて使うプログラムです。rotatelogsは受け取ったログをファイルに書き出しますが、ログを書き出す際にログファイルをローテートする機能を持っています。

残念ながら、どちらの方法を使っても日付の変わり目ぴったりにローテートすることはできません。cronを使う方法ではその構成上、どうしても

注47 ログはテキストデータで、かつ出力される文字列のパターンも決まっているので、かなり高い圧縮率が期待できます。たとえばあるサイトのApacheのログの場合、bzip2を使って最も小さくなるオプションを指定すれば、元のファイルの約1/10になりました。

注48 rotatelogsでApacheのログをローテートする設定は、Apacheに付属するman、または次のページを参照してください。
URL http://httpd.apache.org/docs/2.0/programs/rotatelogs.html

Apacheを再起動するタイミングに揺らぎが発生してしまいます。rotatelogsを使えば1つめのcronを使った方法よりも厳密なタイミングでローテートさせることができます。しかし、Apacheがリクエストを受け取ってからログを生成しrotatelogsに渡すまでのタイムラグがあるので、たとえば0時ぴったりにローテートするように設定したとしても、昨日のアクセスのログが今日の分のログファイルに出力されることがあります。

ログサーバの役割と構成

　ログサーバの役割は、ログの集約と収集、そして収集したログの保存です。そのほかに収集したログの集計や解析をするためのマシンとしても、ログサーバを用います。ログの収集や古いログの圧縮、ログの集計/解析は、比較的重い部類の処理になります。したがって、サービスを提供するサーバが同時にログサーバの役割を担うのは適しません。またログの保存用に容量が大きめのディスクが必要になります。したがって、ログサーバにはそれ専用にマシンを割り当てることが望ましいです。

　筆者の管理する環境では、ログサーバはプライマリ用とバックアップ用の2台のサーバを用意しています。バックアップ用のログサーバは、ログファイルの保存先のバックアップとしての役割と、プライマリのログサーバが故障したときの代替マシンとしての役割を担います。また月次や年次のログ集計のような大量のファイルを扱う必要がある解析は、日々のログ集計に影響を与えないように、プライマリではなくバックアップのログサーバで行うようにしています。

　バックアップ用のログサーバを専用で用意できない場合でも、ログファイルだけはどこか別のマシンに転送して保存するようにしたほうがよいでしょう。転送先は必ずしもデータセンターの中のマシンである必要はなくて、オフィスにあるマシンにメンテナンス回線などを使って転送してくるのも、1つの方法です。その場合、ログファイルにはしばしばセンシティブな情報が含まれますので、その扱いには十分注意する必要があります。

5章 省力運用 安定したサービスへ向けて

おわりに

　本節では筆者が管理する環境での方法をベースに、ログの集約と収集について述べました。ログに対する要求は、その内容や扱い方がケースバイケースでかなり変わってきます。あるサイトではリアルタイムにPVやユーザ数の集計を取りたい、と要求されたこともありました。また、大規模サイトになると出力されるログの量が多過ぎて、保存するのもかなり苦労する、という話も聞きます。本当に、運用するサイトによってログに対する要求は千差万別です。また、同じサイトでも成長するに従って要求されることが変わってくるかもしれません。したがって、ログを取り扱うしくみもケースバイケースで変えていく必要があります。その際に、本節で述べたことが設計の一助になれば幸いです。

6章

あのサービスの舞台裏
自律的なインフラへ、ダイナミックなシステムへ

6.1
はてなのなかみ p.304

6.2
DSASのなかみ p.320

6章 あのサービスの舞台裏 自律的なインフラへ、ダイナミックなシステムへ

6.1 はてなのなかみ

はてなのインフラ

　㈱はてな[注1]では、はてなダイアリー、はてなブックマーク、人力検索はてなといったいくつかのWebサービスを提供しています。2008年2月時点でのトラフィックは、月間ユニークユーザ約970万となっています。はてなは、独自の考え方に基づくユニークなWebサービスで有名ですが、そのインフラも独特な考えを持って構築しています。

　はてなのインフラには、「自前主義」「オープンソース主義」の二つの考え方が脈々と流れています(**写真6.1.1**〜**写真6.1.3**)。自前主義という考えから、できあいのサーバを買ってくるのではなく、サーバのハードウェアやケースレベルから、自分達で設計・組み立てをしていますし、「オープンソース主義」という考えから、サーバの上で動作するソフトウェアは、ほぼすべてがOSSです。また、自分達でカスタマイズしたり機能追加したソフトウェアを、できるだけオープンソースコミュニティに還元していくように

写真6.1.1　はてなのサーバ

注1　URL https://www.hatena.ne.jp/

しています。

　執筆時点では、はてなのインフラ全体でサーバ台数は約350台程度となっています。それらのうち、サービス向けのインフラでは、基本的に、リバースプロキシサーバ、APサーバ、DBサーバの三層で構成されており、それらに必要性や負荷に応じてファイルサーバやキャッシュサーバ、バッチサーバが加わっています。それらの脇にログサーバや監視サーバ、リポジトリサーバなどの共用サーバが固めている、という構成です（**図6.1.1**）。

　これらのサーバ群が24時間365日安定して動き続けることで、はてなのサービスが提供され続けています。本章では、はてなのインフラの中におけるスケーラビリティと安定性／運用効率／電源効率のそれぞれを向上させ

写真6.1.2　設置された自作サーバ

写真6.1.3　データセンターの内部の様子

る取り組みについて紹介します。

スケーラビリティと安定性

　はてなで扱うぐらいの高いトラフィックになると効率的な負荷分散を行うことで、高いスケーラビリティを維持することが極めて重要となります。

　はてなでは負荷分散のためにLVS（IPVS）+ keepalivedを利用しています。この構成のサーバを2台用意し、VRRPで冗長化したものを1セットとして、リバースプロキシサーバ、APサーバ、DBサーバの3層のそれぞれの手前に1セットずつ配置しています。LVSサーバのストレージとしてハードディスクではなく、コンパクトフラッシュを利用することでハードウェア的な故障率を下げる努力をしています。また、LVSにおいて、DSRを利用することで、LVSサーバを通過するトラフィックを下げていることもあり、それぞれの層に対して1セットで十分捌けています。将来的にさらにトラフィックが伸びてくると、それぞれの層の手前に2セットずつ配置する時もくるかもしれませんが、それはもうしばらく先のようです。

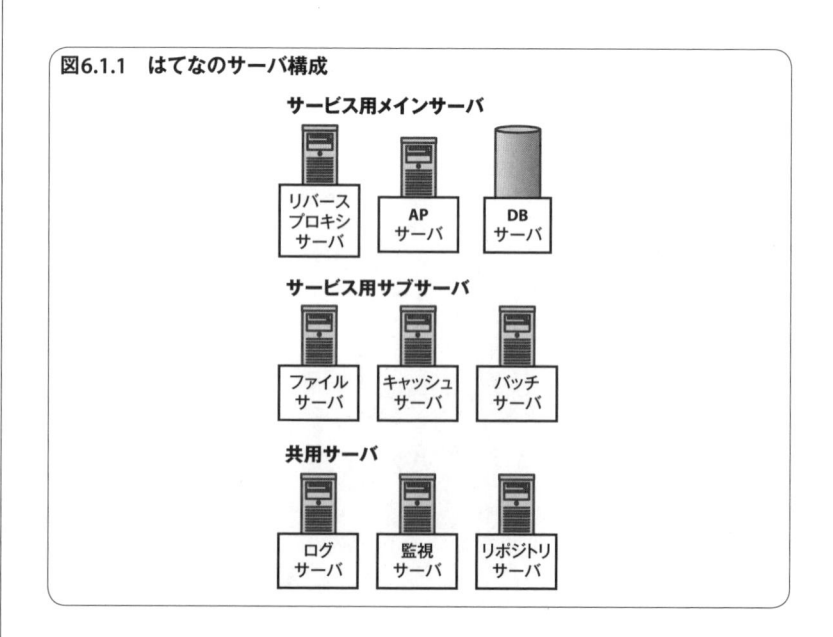

図6.1.1　はてなのサーバ構成

サービス用メインサーバ
- リバースプロキシサーバ
- APサーバ
- DBサーバ

サービス用サブサーバ
- ファイルサーバ
- キャッシュサーバ
- バッチサーバ

共用サーバ
- ログサーバ
- 監視サーバ
- リポジトリサーバ

リバースプロキシ

　リバースプロキシには、Apache 2.2をおもに利用しています。リバースプロキシから複数のバックエンドに処理をプロキシするモジュールは、mod_proxy_balancerではなく、mod_proxyを使い、負荷分散には前述のLVSを利用しています。また、APサーバとの間にSquidを利用することで最大限キャッシュをし、APサーバやDBへの負荷を低減しています。

　リバースプロキシのApacheに筆者が開発した**mod_dosdetector**[注2]を利用し、動的にDoS攻撃を検出するというDoS攻撃対策も行っています。mod_dosdetector導入以前は、DoS攻撃をされるたびに手動で攻撃元IPアドレスを引く設定を追加しており、安眠を妨害されていたのですが、mod_dosdetectorの導入により、動的に攻撃が排除され、単純なDoS攻撃では、ほとんど影響を受けなくなりました。

　Apacheのアーキテクチャは、1つのリクエストに対して、workerモデルの場合スレッドが、preforkモデルの場合プロセスが割り当てられ、APサーバの応答待ちでも割り当てが解除されることがないようになっています。そのため、極めて多数のリクエストが届くと、たとえAPサーバの負荷に余裕があったとしても、リバースプロキシのリソースを使い尽してしまうことがあります。少し前には、はてなブックマークのブックマークユーザ数を返却するAPIでこの問題が発生していました。このAPIへのリクエスト量は、他のリクエストに比較すると桁違いで、そのAPIの処理のために、通常のページの処理が滞るという事態になっていました。そのため、Apacheのさらに前面にlighttpdというアーキテクチャの異なるWebサーバをリバースプロキシとして用意し、APIか通常のリクエストかを分類させることで、効率が向上させることができました。現在では、極めて高速な応答を返せていると思います。

DB

　DBは、スケーラビリティと安定性を考える上で、ボトルネックとなりや

注2　URL http://sourceforge.net/projects/moddosdetector/

6章 あのサービスの舞台裏 自律的なインフラへ、ダイナミックなシステムへ

すい個所です。はてなでは、DBとしてMySQLを全面的に採用しています。はてなの最初期のころは、PostgreSQLを使っていたのですが、比較的早い時期にその高速性からMySQLに乗り換えて、現在に至っています。今は、MySQL 4.0系と5.0系が併存している状態となっています。筆者としては、サポートも終了している4.0系を使い続けるのではなく、すべて5.0系に移行したいのですが、4.0系列と5.0系列でタイムスタンプ周りの挙動が異なるため、アプリケーション側の改修が必要となり、なかなか進んでいません。

MySQLはレプリケーションによりマスタ・スレーブ構成を取っており、スレーブ群も前述のようにLVSで負荷分散されているため、スレーブの1台に障害が発生した場合も、障害が発生したサーバにリクエストを自動的に抑制することで、可用性を高めています。

また、MySQL 5.0系に移行が済んだDBでは、マルチマスタ構成を採用し、keepalivedによりActive/Standbyを切り替えることで、マスタDBについても冗長化を実現しています（**図6.1.2**）。マルチマスタの具体的な設定は**リスト6.1.1**のとおりです。この設定をすることで、相互にマスタでもありスレーブでもある関係となり、お互いへの書き込みが相手側に伝わるようになっています。マルチマスタ構成を採用した場合、auto increment指定

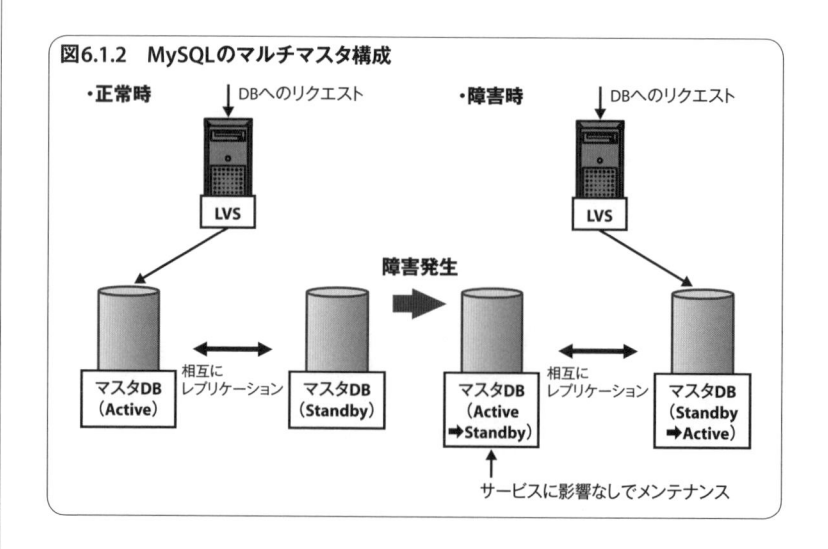

図6.1.2　MySQLのマルチマスタ構成

をしたフィールドへのINSERTの競合が問題となります。MySQLでは、auto incrementをするときに、インクリメントをする量（auto_increment_increment）と、初期オフセット（auto_increment_offset）を指定できるようにすることで、マルチマスタでauto incrementが正しく使えるようにしています。

また、DBのスキーマでauto incrementを利用していない場合でも、Active/Active構成で運用している場合、アプリケーションの性質によってはDuplicate Entryエラーによってレプリケーションが止まることがあります。そのため、それぞれのマスタサーバでkeepalivedを立ち上げ、VRRPによるActive/Standby構成とすることで、更新系のSQLは片側だけで処理するようにしています。これにより、アプリケーションの性質に依存せずに安定した運用ができるようにしています。

マルチマスタ構成に移行したDBでは、テーブルへのカラムの追加や、テーブルの最適化の実行など、従来のマスタスレーブ構成では、サービスを停止するしかなかったメンテナンスが、サービスへの影響を与えることなくできるようになったことも大きな前進です。

マスタ❹（Active）とマスタ❺（Stand-by）のマルチマスタ構成の場合、具体的な手順としては、以下のとおりになります。

- マスタ❺（Stand-by）のホストでkeepalivedを停止する

リスト6.1.1　マルチマスタの設定

```
・サーバA (192.168.1.1)
server-id=1001
master-host = 192.168.1.1
master-user = repli
auto_increment_increment = 16
auto_increment_offset    = 1

・サーバB (192.168.1.2)
server-id=1002
master-host = 192.168.1.2
master-user = repli
auto_increment_increment = 16
auto_increment_offset    = 2
```

- マスタⒶとマスタⒷのそれぞれでSLAVE STOPを実行し、レプリケーションを停止する
- マスタⒷでカラムの追加などメンテナンスを実行する
- マスタⒷでSLAVE STARTを実行し、AからBへのレプリケーションを再開する
- マスタⒷのレプリケーションがマスタⒶに追いつくのを待つ
- マスタⒷのkeepalivedを立ち上げ、マスタⒶのkeepalivedを停止し、マスタⒷをActiveにする
- マスタⒶでSLAVE STARTを実行し、BからAへのレプリケーションを再開する
- マスタⒶのレプリケーションがマスタⒷに追いつくのを待つ
- マスタⒶのkeepalivedを立ち上げ、マスタⒶをActiveに戻す

　若干、複雑な手順ですが、これで何回かサービス無停止でのメンテナンスを行っています。ただし、実施するメンテナンスの内容が、それと並行して実行され続けるActive側への更新内容と矛盾しないことが必要です。たとえば、メンテナンスの内容が、既存テーブルへのカラム追加で追加されるカラムの中身がすべてデフォルト値でよい場合は、矛盾がなく問題ありません。一方、カラムを削除するメンテナンスの場合は、Active側にカラム削除が反映される前に実行されたInsert文にそのカラムの項目が含まれていると「マスタⒷのレプリケーションがマスタⒶに追いつくのを待つ」時にレプリケーションエラーが発生してしまいます。後者の例のように、レプリケーションを再開した時にエラーでレプリケーションが停止してしまった場合は、諦めて、サービス停止をともなうメンテナンスを実施する必要があります。

　マルチマスタのその他の問題として、トラフィックが増えてきて2台のマスタだけではアクセスが捌けなくなり、スレーブを追加した場合の障害処理があります。各スレーブはどちらかのマスタのスレーブになるのですが、自分がマスタとしているサーバで障害が発生し、片側のマスタだけで動いていると、障害が発生した側にぶら下がっているスレーブDBには更新情報が伝わりません。そのため、障害が発生した場合にはなんらかの手段で更新を伝えるか、障害が発生した側のスレーブDBをすべて止めてしまうか、どちらかの対応が必要なのですが、現状ではうまい対策が見つかっていません。

前者のように生きている側のマスタから更新情報を受けとれたら理想的なのですが、MySQLのレプリケーションのしくみ上難しいため、対処するにしても、後者の障害が発生した側のスレーブを止めるしかなさそうです。ただ、こうすると処理能力が一気に半減してしまうので、サーバリソースに余裕を持たせておかないとピーク時間帯での障害が発生すると厳しいことになりそうです。今はまだ、そこまでは必要とされていないのですが、近い将来に解決しなければならない課題です。

ファイルサーバ

DBと同様にファイルサーバも、スケーラビリティや安定性のボトルネックとなりやすいサーバです。はてなでは、DRBD + keepalivedで冗長化したファイルサーバにlighttpdによるAPIとSquidによるキャッシュを用意することで、冗長性と高速性のバランスをとっています。また、DRBDにより冗長化したブロックデバイスをOCFS2(*Oracle Cluster File System for Linux 2*)[注3]というクラスタファイルシステムでフォーマットして利用しています。クラスタファイルシステムを利用することで、DRBDのActive側でサービスを提供し、Backup側でバックアップを行うということし、日々のバックアップによるI/O負荷がサービスに影響しないようにしています。

運用効率の向上

新しいサーバをインフラの本番環境に投入するまでには、大まかに以下のことが必要です。

- ハードウェアの組み立て・設置
- OSのインストール
- アプリケーションの動作に必要なライブラリなどのインストール・設定
- 監視などインフラの一部として動作するための設定
- アプリケーションのデプロイやDBの設定などサーバごとの役割に合わせた設定

注3　URL http://oss.oracle.com/projects/ocfs2/

- ロードバランサの設定への追加による本番への組み込み

アプリケーションの挙動に合わせた設定やDBのデータコピーなどは、どうしてもそれなりの時間がかかってしまうのですが、それ以外の部分は、ほぼ自動化されており、ハードの組み立てから、実際に使えるようになるまで、ほとんど管理者の手間なくできるようになっています。

以下では、その流れを簡単に紹介します。

キックスタートによるインストール

はてなのサーバは、基本的にパーツから調達/組み立てしています。この部分は純粋に人海戦術となっており、さすがにある程度の時間がかかります。サーバが組み上がり、BIOSの設定が済むと、まずキックスタートでOSの基本的なインストールを行います。通常の最小限のOSインストールに加え、LDAP（*Lightweight Directory Access Protocol*）やautofsによるユーザログイン周りの設定や、Puppetの初期設定を行い、最後にエンジニア間の連絡に使っているIRCチャンネルに自分のIPアドレスを通知します。ここでは、大量のパッケージインストールが発生するので、それなりに時間がかかります。

これにより、BIOS設定後リブートしてから後は、完全にリモートでの作業を可能としています。

パッケージ管理とPuppet

「アプリケーションの動作に必要なライブラリなどのインストール・設定」と「監視などインフラの一部として動作するための設定」の部分は、少し前までは相当の時間と人手がかかっていた部分でした。そこで、

- なんでもrpmパッケージ化＆yumで一発インストール
- Puppet（設定自動化ツール、5.3節を参照）

の2つを作成・導入することで、ほぼ自動化されるようになり、大幅な時間短縮ができるようになりました。

なんでもrpmパッケージ化＆yumで一発インストールでは、MySQLは

Apacheで特定のバージョンを使いたいとか、標準ではないライブラリを使いたい、という時もすべてrpm化してから自前yumリポジトリ経由でインストールする、ということです。一番大変なのは大量のCPANモジュールなのですが、CPANの依存関係を解析してrpm化する手製スクリプトで、CPANモジュールのrpm化がほぼ自動化されています。おかげで、200以上に上るはてなのアプリケーションが依存しているCPANモジュールも、簡単にインストールができるようになっています[注4]。

5.3節で解説したPuppetは、徐々に運用ノウハウを蓄積しながら、サーバに必要とされる初期設定が自動化されるところまで達することができています。Puppetの使い所としては、めったに触らないような設定、たとえば、ネームサーバの設定やsshdの設定などを中心に適用し、バックエンドサーバやDBサーバの基本的な設定を行う、というところまでにしています。アプリケーションごとに負荷に合わせて細かく設定を変更していくような設定ファイルについては初期ファイルを配置するのみで、それ以上の設定まではPuppetで適用しないようにしています。

Puppetは、その特性上、設定を微調整するのにも数ステップの冗長とも思える操作が必要になります。そのため、トライ＆エラーが必要だったり、頻繁な書き換えが必要とされる設定、たとえば、Apacheのhttpd.confやMySQLのmy.cnfといった設定ファイルは、設定反映までのスピードと効率を重視して各管理者が直接書き換えられるようにしています。

これで、サーバの設定が済んだら、アプリケーションのデプロイと動作確認を軽くして、ロードバランサ(LVS)の設定を更新して本番投入終了となります。

サーバの管理と監視

日々、サーバの追加・設定、チューニングをしていると、あるサービスがどのサーバで動いているか、とか、あるサーバがどういうスペックなのかを管理するのが極めて大事になります。以前は、はてなグループのキーワード機能(いわゆるWikiのような機能を持っています)で一覧を管理して

注4 また、rpm化のおかげでCPANモジュールのアップデートを適用するのも簡単になっています。

いました。ですが、その更新作業があまりに煩雑で、更新漏れが出て、いざ触ろうと思った時に実は別のサーバで動作していた、ということが頻発していました。

その最大の原因は、1台サーバの役割を変更すると、

- サーバ管理キーワードの修正
- Nagiosによる監視設定の変更
- MRTG（*Multi Router Traffic Grapher*）注5 によるリソースグラフ化ツールの設定の変更
- アプリケーションデプロイ対象リストの変更
- LVSの設定変更

などと、修正すべき項目が多岐にわたっていたことで、人為的なミスは避け難い状態となっていました。

そのため、独自のサーバ管理ツールを構築し始めています。これにより、サーバ管理ツールのデータを変更するだけで、他の設定項目も自動的に修正されるように徐々に変えていっています。現状では、MRTGによるグラフ化ツールを独自サーバ管理ツールにグラフ化機能も加えることで吸収し、デプロイ対象リストの更新を不要としています。NagiosやLVSの設定の反映は今後進める予定です。

また、サーバ管理ツールで、全サーバ台数や、スペックごとのサーバ台数といった統計データを出力できるようにしており、はてなグラフへの投稿スクリプトと合わせることで、インフラ規模や中身の変遷が把握できるようにしています。最近では、はてなのインフラの中にPentium MMXがまだ使われていることがわかって、少し感動を覚えました。

このサーバ管理ツールも、OSSとして公開する予定です。

Capistranoによるデプロイ

アプリケーションのデプロイはずいぶん前からCapistrano注6で、ほぼコマンド一発で済むようになっています。CapistranoはRubyで実装されたア

注5 URL http://oss.oetiker.ch/mrtg/
注6 URL http://www.capify.org/

プリケーションのデプロイ支援ツールです。デプロイ以外にも複数のサーバに対して任意のコマンドを発行したり、シェルでインタラクティブにコマンドを実行できる便利なツールです。

はてなでは、このCapistranoをそのまま使うのではなく、一部独自に修正して利用しています。たとえば、デプロイなどのコマンドを送るサーバリストを、前述のサーバ管理ツールのAPIから取得するようにしています。これにより、インフラチームがサーバを増設しても、アプリケーション開発者はそれを意識することなくアプリケーションのデプロイやアップデートなどが可能となっています。

電源効率・リソース利用率の向上

多数のサーバを運用し、増強を繰り返していると、インフラのコストは、どうしても膨れていってしまいます。その時に問題となるのは、今あるサーバを使い続けるのがいいか、より効率の高い新しいサーバを導入するのがいいか、ということです。

はてなでは、サーバの購入費などの初期コストの圧縮を重視するとともに、電源コストの圧縮を重視しています。そのために、以下の三つの考え方でサーバの調達と選定を日々行っています。

- サーバを設計・調達する時に、1Aあたりのパフォーマンスを重視する
- 1台あたりのサーバ能力をできるだけ高めて、仮想化技術により、分割して利用する
- 不要なパーツは載せない

1Aあたりのパフォーマンスを重視する

サーバを選定する時にそのハードの価格は大抵の場合重要視されますが、その消費電力はそれほどは重視されていない傾向があるように思います。とくにメーカ製のサーバだと、消費電力を公開していないこともよくあるようです。はてなでは、ハードを自分達で組み上げていることもあり、CPUやチップセットの消費電力だけではなく、メモリ、ハードディスクや電源ユニットの消費電力も一つ一つテストして計測しながら選定しています。

また、既存のサーバについても、一部のパーツを置換することで性能が向上する、消費電力が下がる、という場合には積極的に置換を進めています。最近の事例で一番劇的だったのは、CPUのCore2 Duoから「Core2 Quad」への載せ替えで、単にCPUを載せ替えるだけで性能二倍/消費電力そのまま、ということがありました。このときは、Core2 Duoの導入からまだ1年程度だったのですが、相当な勢いでCore2 Quadに置き換え、今では、Core2 Duoは最盛期の1/3程度まで少なくなっています。この置き換えによって、サーバ台数を増加させることなくトラフィックの増加に対応でき、データセンターのラック費用、電源費用を抑えることができ、結果としてインフラコストの圧縮に結び付けることができました。

1台あたりのサーバ能力をできるだけ使い切る

前述のようにCore2 DuoからCore2 Quadに載せ替え、さらに、冗長化のために同じ用途のCore2 Quadを搭載したサーバを用意すると、次に発生する問題が、サーバ能力を使い切ることができない、というものになります。Core2 Quadの性能は相当高く、1台だけでもある程度のトラフィックは捌くことができ、小振りなサービスならその性能を使い切ることができず、冗長化のために2台用意すると相当の規模のサービスにならないとサーバ能力が余ることになってしまいます。また、将来的にも、1台あたりのサーバ性能はどんどん向上していくことが予想され、この傾向はさらに強まると思われます。

そのような場合に、より安価なCPUを使う、という解もあるのですが、そもそもCPUは価格的にも消費電力的にも、それほど支配的ではありません。そのため、小さいサービスのためにもある程度のコストがかかってしまう、ということになります。そこで、はてなでは、仮想化技術Xen[注7]を導入することで、サーバリソースの効率化を図っています。

Xenを使うことで、1台の物理的なサーバの上に論理的なサーバを複数用意することができ、メモリとハードディスクと負荷の許す限り詰め込んでいくことができます。現在のはてなでの標準的な構成では、最初に起動す

注7 URL http://www.xen.org/

るホストOS(Xen用語ではDom0)を管理用として、最小限のハードディスクとメモリのみを割り当て、残りにいくつかのゲストOS(Xen用語ではDomU)を作っています。たとえば、2台のサーバにAPサーバのDomUとマルチマスタのDBのDomUを構築しています。2台用意しているのは冗長化のためで、片方のサーバにハード障害が発生してもAPサーバとDBのDomUが1つずつは残ることを期待しています。また、APサーバとDBを分離しているのは、将来的にサービスが成長した時にそれぞれのDomUを別のサーバへの再配置を容易にするためです。

さらに、DBサーバはメモリ容量とI/O性能がボトルネックになりやすく、APサーバはCPU性能がボトルネックになりやすい、という傾向があります。そのため、DBサーバの余っているCPUをAPサーバのDomUを同居させて使うことで、CPUもI/Oも限界近くまで使うことができるようになります。

はてなでは、この方針で徐々にインフラリソースの効率化を進めており(図6.1.3)、現状では物理的なサーバ台数は350台程度なのですが、仮想的な論理サーバ数では、その2割増しぐらいとなっています。

ただ、リソース利用率の向上とともに1台あたりの消費電力も上っているため、1つの電源に想定していたより少ない台数のサーバしかつなげられない、という別の悩みが生じてきているところです。

不要なパーツは載せない

もう一つ電源の効率を向上させる方法として、不要なパーツはサーバに載せない、ということがあります。たとえば、メモリを安直に最大まで載せない、ハードディスク容量は控えめに、無駄にRAIDを組まない、などがあります。今、はてなでは、そもそもハードディスクをなくしたディスクレスサーバの取り組みを進めています。

ディスクレスサーバは、その名のとおりハードディスクがないサーバのことですが、そのメリットとして、消費電力の低下、ハードウェア故障確率の低下、ネットワークブートによる役割設定の変更を容易に、という点が挙げられます。逆にデメリットとしては、自力ではブートもできない、ログなどがローカルに保存できない、など、足が地に着いていないような

6章 あのサービスの舞台裏 自律的なインフラへ、ダイナミックなシステムへ

不安定感があります。

はてなでのディスクレスサーバは、以下のような特徴を持っています。

- ネットワークブート＆DHCPによる役割の設定
- 仮想化技術による高いメンテナンス性
- オンメモリファイルシステム[注8]によるファイルサーバとの疎結合

実際にファイルサーバが起動すると、以下のような流れで起動します。

- DHCPによりMACアドレスからIPアドレスとディスクイメージのパスを取得
- 初期ルートにより、ディスクイメージの取得と実ルートとしてのマウント
- 実ルートによる起動

ファイルサーバやDHCPサーバなどの外部との接続が必要なのは起動時のみで、起動後はそれらのサーバとの接続が遮断されても単体で動作し続けることが可能です。起動後にアプリケーションのデプロイなどで、ファイルが更新されたときは、その差分がディスクイメージに自動的に書き戻され、ユーザからは、ディスクレスサーバであることを意識せずに使うことができます。ただし、同じ役割を与えられたディスクレスサーバは、すべて同じイメージで起動するようになっているので、そこは気をつける必

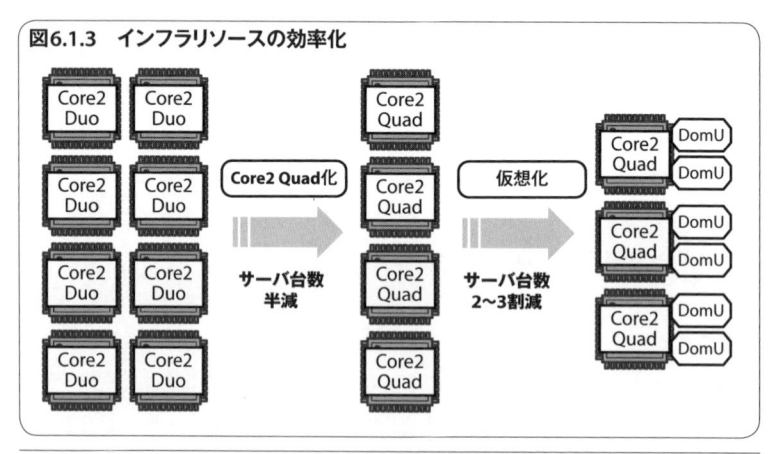

図6.1.3 インフラリソースの効率化

Core2 Duo × 8 → (Core2 Quad化 サーバ台数半減) → Core2 Quad × 4 → (仮想化 サーバ台数2～3割減) → Core2 Quad × 3 (各DomU × 2)

注8 aufsを指しています。 aufsはAnother Unionfsの略。 URL http://aufs.sourceforge.net/

要があります。

　ディスクレスサーバを利用すると、たとえば、負荷分散のために新しいバックエンドサーバを追加する際に、DHCPの設定ファイルを書き換え、そのサーバを起動させるだけで、自動的に適切なディスクイメージがダウンロート＆マウントされ、運用に投入することができるようになります。

自律的なインフラに向けて

　はてなのインフラは、この1、2年で、負荷分散と冗長化、リソース効率向上のノウハウが一通り蓄積され、相当な規模のトラフィックに耐えられるサーバを効率良く運用できるようになってきています。ただ、職人的な感覚に頼って設定しているところや、手動での微調整を繰り返しているところは、まだまだ残っています。日々トラフィックは増加し、サービスの種類は増え続けており、またインフラ技術的にも、仮想化技術によりチューニングが必要な個所が増え、効率の向上とともに、サーバ能力の余剰も減りつつあります。そのため、近い将来に、このような細かいチューニングに管理者の時間がますます費されていくことが容易に想像できます。

　これからしばらくは、チューニングのための蓄積したノウハウをしくみに落し込むことで、各サーバのチューニングから、サーバの追加、撤去まで、徐々に自動化していきたいと思っています。たとえば、Apacheのプロセスを監視し、負荷が増大したらMaxProcessを増やす、プロセスの消費メモリが増大したらMaxProcessやRequestsPerChildを絞ったりというようなことは、すぐにでもできそうです。また、ディスクレスサーバの運用がうまく軌道に乗れば、ある役割のサーバを動的に増やしたり、減らしたり、ということも、容易にできそうです。

　このような自律制御を究極に突き進めていくと、インフラは生物のようになるのではないかと思っています。個々のサーバが自律的に動いて、障害が発生すれば自己修復し、負荷が高まればその部位が増強され、使わなくなれば衰えていく。もちろんハードレベルの作業は人の力が必要なのですが、論理的なソフトウェアで完結する部分は、生物のように自律で頑強な「系」を構築することがインフラの究極の形だと思っています。

6.2 DSASのなかみ

DSASとは

DSAS（*Dynamic Server Assign System*）とは、KLab㈱[注9]で運用しているサーバ・ネットワークインフラの総称です。現在は東京と福岡のデータセンターで300台以上のサーバが稼働しています（**写真6.2.1**）。本節では、DSASの特徴や内部構造を紹介します。

DSASの特徴

はじめに、DSASの大きな特徴である以下の点について解説します。

- 一つのシステムに複数のサイトを収容
- OSSで構築
- どこが切れても止まらないネットワーク
- サーバ増設が簡単
- 故障時の復旧が簡単

一つのシステムに複数のサイトを収容

新しいサイトを立ち上げるたびに、サーバやネットワークを新しく構築していくと、全体構成は**図6.2.1**のようになっていきます。この構成では、サイトAのトラフィックが急増してサーバの処理が追いつかなくなったとしても、サイトBのサーバを流用することができないので、アクセスのピークに合わせてサイトA用のサーバを増設する必要があります。定常的に

注9　URL http://www.klab.org/

アクセスが多いならばこれでいいのですが、一過性のピーク（キャンペーン時など）のためにサーバを増設するのはコスト的に見合わないことが多いでしょう。

　DSASの構成は、図6.2.2のように、一つのシステムを複数のサイトが共有しています。さらに、どのサイトがどのサーバを利用するかを動的に変更できるしくみになっています[注10]。これによって、サイトAのアクセス数

写真6.2.1　DSASの外観

注10　「DSAS」という名前は「動的にサーバ割り当てを変更できる」という特徴に由来しています。

が急増しても、一時的にサイトBのサーバを利用して乗り切ることができます。複数のサイトを一つのシステムに収容することで、サーバリソースを無駄なく利用できるようになっています。

OSSで構築

サーバ構成は**図6.2.3**のようになっています。役割によって「フロントエンドサーバ」と「バックエンドサーバ」に分かれていますが、すべてのサーバはLinux（Debian GNU/Linux 4.0）をベースとしたOSSで構築しています。**表6.2.1**はおもに利用しているソフトウェアの一覧です。フロントエンドサーバと、バックエンドサーバについて、**表6.2.2**、**表6.2.3**にまとめておきます。

どこが切れても止まらないネットワーク

図6.2.4はネットワークの物理配線図です。完全冗長化にこだわって、ど

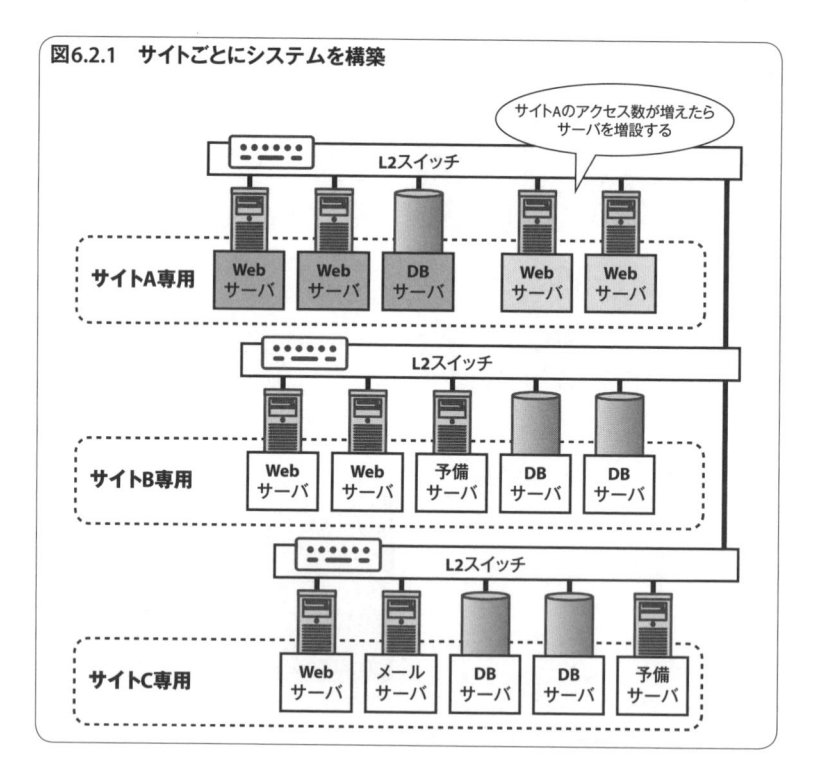

図6.2.1　サイトごとにシステムを構築

こが切れても止まらない構成になっています。L2スイッチはRSTPで冗長化し、サーバはBondingドライバを利用しています。インターネット回線も2本引き込んでおり、どちらか片方がリンクダウンしても影響のない構成になっています。

サーバ増設が簡単

マスタサーバ以外のサーバは、すべてネットワークブートしています。ネットワークブートの利点は、サーバを増設する際にインストールが不要な点です。買ったばかりでディスクがまっさらなサーバでも、BIOSでネットワークブートを有効にするだけですぐにOSを起動することができます。起動時に入力するパラメータによって、Webサーバにも、ロードバランサにも、DBサーバにもなることができます。

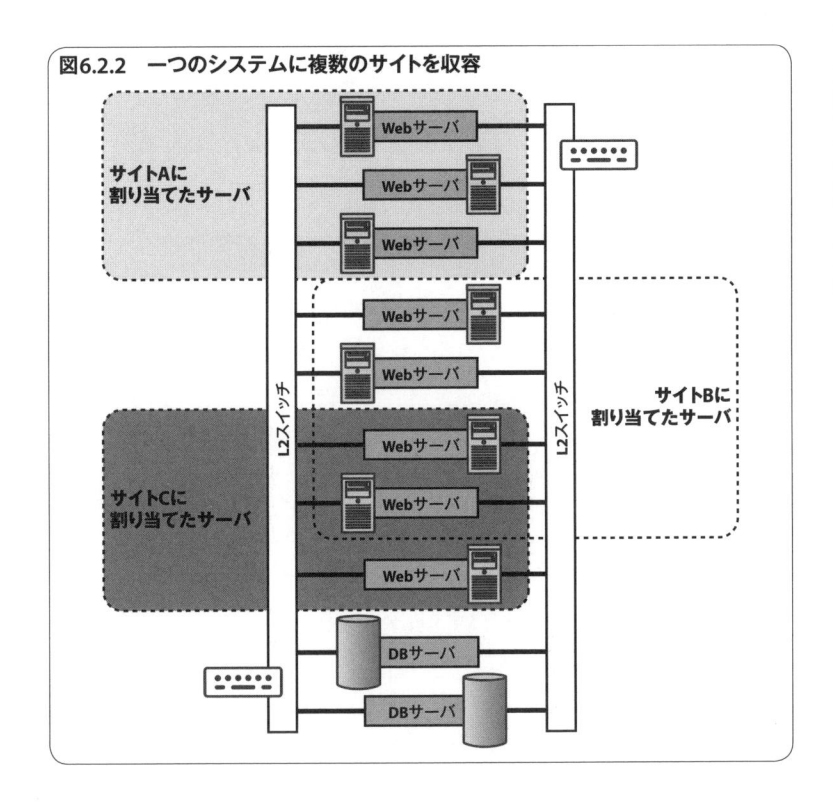

図6.2.2　一つのシステムに複数のサイトを収容

6章 あのサービスの舞台裏　自律的なインフラへ、ダイナミックなシステムへ

図6.2.3　DSASのサーバ構成

フロントエンドサーバ
- LVS (Active)
- LVS (Backup)
- マスタサーバ (プライマリ)
- マスタサーバ (セカンダリ)
- Web × 8

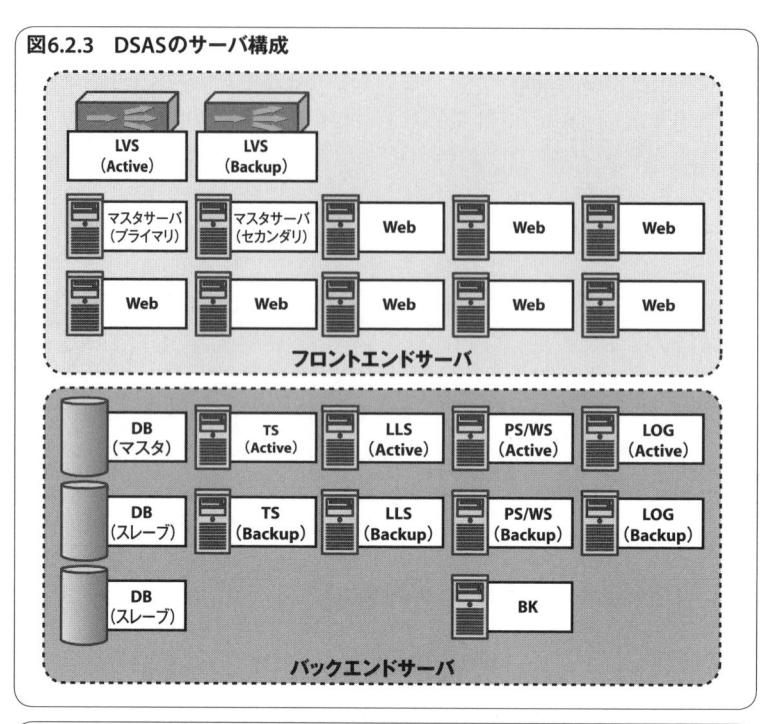

バックエンドサーバ
- DB (マスタ)
- TS (Active)
- LLS (Active)
- PS/WS (Active)
- LOG (Active)
- DB (スレーブ)
- TS (Backup)
- LLS (Backup)
- PS/WS (Backup)
- LOG (Backup)
- DB (スレーブ)
- BK

表6.2.1　おもに利用しているソフトウェア

名称	バージョン
Apache	2.0系、2.2系
Tomcat	5.5系、6.0系
PHP	4.4系、5.2系
MySQL	4.0系、5.0系
qmail	1.03
djbdns	1.0.5
daemontool	0.70
thttpd	2.25b
dhcpd	3.0.4
atftpd	0.7
DRBD	0.7.25
stone	2.3c
keepalived	1.1.13
repcached	2.0

表6.2.2 フロントエンドサーバ

サーバ	
説明	

LVS

Linuxで構築したロードバランサ。エンドユーザからのリクエストをWebサーバへ負荷分散する。ヘルスチェック機能を拡張したkeepalivedを利用し、独自のメンテナンススクリプトを組み込んでいる

マスタサーバ

動的にサーバ割り当を変更できるようにするには「すべてのサーバの中身が同じであること」を保証しなければならない。したがって、サイトを更新する際にはマスタサーバに対してデプロイし、専用のコマンドで全サーバに展開する運用になっている

Web

エンドユーザにWebサービスを提供するサーバ。すべてのサーバにすべてのサイトをデプロイしており、どのサーバがどのサイトでも提供できるようになっている。WebサーバにはApacheを、APサーバにはTomcatやPHPなどを利用している

表6.2.3 バックエンドサーバ

サーバ	
説明	

DB

DBサーバにはMySQLを利用している。マスタ1台とスレーブ2台の3台構成を最小構成としているが、必要に応じてスレーブの台数を増やしていく。マスタが障害で停止した場合は、スレーブをマスタに切り替えて復旧する

TS（Temporary Share）

一時的なデータ（キャッシュやセッションデータなど）を保管するためのサーバ。memcachedにレプリケーション機能を追加したrepcached（後述）というソフトウェアを利用している

PS（Permanent Share）、BK（Backup）

永続的なデータ（コンテンツデータなど）を保管するためのストレージサーバ。3章で紹介したDRBDを利用して冗長化している。NFSだけでなく、HTTPでもファイルを読むことができる。BKはBackupサーバで、定期的にPSのバックアップをとっている

LLS

内部ロードバランサ。LVSと同様にkeepalivedで構築している。DNSやMySQLの負荷分散などに利用している

LOG

Apacheログなどを集約するサーバ。各Webサーバのログを集約してマージする。ログ解析などで利用する。また、5.2節で紹介したGangliaも動いており、各サーバの稼働状況を保持している

6章 あのサービスの舞台裏　自律的なインフラへ、ダイナミックなシステムへ

故障時の復旧が簡単

　RSTPでL2スイッチを冗長化する構成はとくに珍しいものではありませんが、図6.2.4で特徴的な点はインターネット回線がL2スイッチに直接接続されている部分でしょう。ロードバランサはLinuxマシンなので、外見は他のサーバと一緒です。そのため、ロードバランサに直接インターネット回線を接続しようとすると、2台のサーバ（ロードバランサ）にNICを増設しなければいけません。すると、故障などでロードバランサが止まってしまった場合、代替機となるマシンにNICを増設してケーブルを差し替える必要があります。

　この煩わしさを解消するため、インターネット回線をL2スイッチに収容し、すべてのサーバの物理配線を一緒にしています（この詳細は3.3節で紹介しています）。ロードバランサが故障した場合は、代替となるサーバを1台選定して再起動します。その際、ネットワークブートの起動パラメータでロードバランサとなるように指示をします。この作業はすべてリモートから可能なので、データセンターに行かなくても冗長構成に復帰させることができる体制になっています。

システム構成の詳細

　DSASは、さまざまなOSSを組み合わせて構成されています。その中で

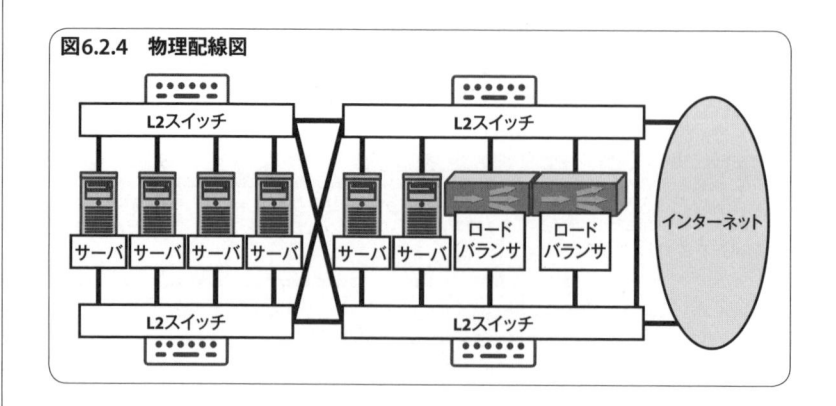

図6.2.4　物理配線図

も特徴的なところを、いくつかピックアップしながら、工夫した点や苦労した点などを紹介します。

Bondingドライバを利用する理由

　冗長化目的で複数のNICを利用する場合、それぞれのNICにIPアドレスを割り当てることを考えるかもしれませんが、これはなかなか思うようには動いてくれません。たとえば、あるサーバのeth0に192.168.0.1/24を割り当て、eth1には192.168.0.2/24を割り当てたとします。他のマシンからこれらのアドレスにpingを投げると、どちらのアドレスからも正常に応答が返ってきます。しかし、eth0のLANケーブルを抜くと、eth1にLANケーブルが刺さっていても192.168.0.2と通信できなくなってしまいます。ARPテーブルを確認すると、どちらのアドレスにもeth0のMACアドレスが割り当てられていることがわかります。つまり、両方のNICを使っていたつもりでも、実際は片方のNICとしか通信していなかったわけです。

　複数のIPアドレスを割り当てたサーバのルーティングテーブルは図6.2.5のようになっています。このように、同じネットワークに対するエントリが複数登録されている場合は、ルーティングテーブルの上にあるルールが利用されるので、192.168.0.0/24宛のパケットは必ずeth0から出て行こうとします。この動作はNICのリンク状態を意識しないので、LANケーブルがつながっていない場合でもeth0からパケットを送出しようとします。

　eth0宛のルーティングテーブルを消すと、eth1を使って他のサーバと通信できるようになりますが、その際には他のサーバのARPエントリをクリアするか、eth1からgratuitous ARPを送出してMACアドレスの変更を通知しなければなりません。つまり、NICを冗長化する場合には、以下の処理が必要になります。

図6.2.5　複数NIC利用時のルーティングテーブル

```
# route -n
Kernel IP routing table
Destination   Gateway   Genmask         Flags Metric Ref    Use Iface
192.168.0.0   0.0.0.0   255.255.255.0   U     0      0        0 eth0    ←必ずこれが使われます
192.168.0.0   0.0.0.0   255.255.255.0   U     0      0        0 eth1    ←こちらは使われません
```

6章 あのサービスの舞台裏 自律的なインフラへ、ダイナミックなシステムへ

- NICのリンク状態をチェックする
- リンクダウンしたらNICを切り替える
- gratuitous ARPを送出する

　Bondingドライバは、これらの機能を実装しています。仮想インタフェース（bond0など）に登録した物理インタフェース（eth0、eth1など）がリンクダウンすると、自動的にリンクアップしているNICに切り替えてgratuitous ARPを送出します。この機能は、L2スイッチを冗長化したネットワークにとって大変便利なものです。

DRBDをフェイルオーバする際の注意点

　ストレージサーバは、3.2節で紹介したDRBDを利用して冗長化していますが、障害時にフェイルオーバする場合には注意しなければならない点があります。DRBDには「on-io-error」という設定項目があります。これは、ハードディスクやレイドコントローラの故障などで物理デバイスへのアクセスがエラーになった場合に、どのような処理をするかを指定するもので、以下の値を設定できます。

- pass_on：ディスクエラーを上位レイヤ（ファイルシステム）に通知して動作し続ける
- panic：カーネルパニックする
- detach：物理デバイスを切り離して動作をし続ける

　デフォルトの設定はdetachです。筆者は以下の理由によりdetachを選択しました。

- ディスクエラーが発生したとたんにパニックするのはいくら何でも極端過ぎる気がする
- ディスクエラーが発生した場合はフェイルオーバするのが理想的な動作である
- pass_onの場合はファイルアクセスに失敗したプロセス以外は異常を検知できない
- detachならば、すぐに異常を検知できるのでスムーズにフェイルオーバで

きると思う
- detachならば、OSはそのまま動き続けるので障害の詳細を調査するのが楽そう
- デフォルトがdetachなので、そのままでも問題ないに違いない

プライマリでディスクエラーが発生したときには、

❶ プライマリはディスクを切り離す（OSは動作し続ける）
❷ フェイルオーバの処理が実行される
❸ セカンダリがプライマリに昇格する

という処理を期待していましたが、実際にはこのようにはなりませんでした。実際に物理デバイスが故障すると、プライマリはディスクを切り離して動き続けますが、セカンダリはカーネルパニックになって停止してしまいます。このとき、それぞれのサーバのカーネルログには図6.2.6の内容が出力されます。

プライマリがデバイスをdetachすると、NegDReplyメッセージをセカンダリに送信します。セカンダリがNegDReplyを受信すると、カーネルパニックして停止する実装になっているようです。ソースコードを確認したところ、リスト6.2.1のようになっていました[注11]。

少なくとも、これは開発者が意図したとおりの動作であり、不具合というわけではなさそうです。おそらく「止まってもいいのでデータを確実に保

図6.2.6　ディスク故障時のカーネルログ

- プライマリのログ
```
kernel: drbd1: Local IO failed. Detaching...
kernel: drbd1: Sending NegDReply. I guess it gets messy.
kernel: drbd1: Notified peer that my disk is broken.
```

- セカンダリのログ
```
kernel: drbd1: Got NegRSDReply. WE ARE LOST. We lost our up-to-date disk.
kernel: Kernel panic - not syncing: drbd1: Got NegRSDReply. WE ARE LOST. We lost our up-to-date disk.
```

注11　これはdrbd-0.7.25のものです。

護したい」という意図で、このような実装になっているのでしょうが、故障したサーバが動き続け、健全なサーバが止まってしまってはフェイルオーバできません。そのため、on-io-errorにpanicを指定して故障したサーバが停止するような運用にしています。

SSLアクセラレータ

HTTPSを利用するサイトでは、WebサーバでSSLを処理するとパフォーマンスが低下してしまう恐れがあります。図6.2.7のようにハードウェアアクセラレータを利用して負荷を軽減させる方法もありますが、DSASではstone[注12]をSSLのソフトウェアアクセラレータとして利用しています。

ハードウェアアクセラレータは比較的高価な製品が多いですが、高速に大量の処理ができるので冗長化した2台で処理をするのが一般的です。他にはアクセラレータ機能付きのNICやPCIカードなど、Webサーバに直接取り付けてCPUの負荷を軽減させるタイプの製品もあります。しかし、

リスト6.2.1　drbd/drbd_receiver.c

```c
STATIC int got_NegRSDReply(drbd_dev *mdev, Drbd_Header* h)
{
  sector_t sector;
  Drbd_BlockAck_Packet *p = (Drbd_BlockAck_Packet*)h;

  sector = be64_to_cpu(p->sector);
  D_ASSERT(p->block_id == ID_SYNCER);

  drbd_rs_complete_io(mdev,sector);

  drbd_panic("Got NegRSDReply. WE ARE LOST. We lost our up-to-date disk.\n");

  // THINK do we have other options, but panic?
  //       what about bio_endio, in case we don't panic ??

  return TRUE;
}
```

注12　URL http://www.gcd.org/sengoku/stone/Welcome.ja.html

stoneをソフトウェアアクセラレータとして利用する場合は、1台あたりの処理能力が低いので図6.2.8のようにして何台も並べて処理を分散します。

HTTPS接続はstoneが処理をし、複合したHTTPリクエストをロードバランサ経由でWebサーバに渡します。しかし、この構成では接続元IPアドレスがアクセラレータのものになってしまうので、IPアドレスによってアクセス制限してる場合に問題となります。そのため、stoneの設定をリスト6.2.2のようにして、「X-Orig-Client:」というHTTP拡張ヘッダにクライアントIPアドレスを埋め込みます。Webサーバは、このヘッダを参照して実際にどこから接続されたのかを知ることができます。

Webアプリケーションでは、クライアントがHTTPで接続しているのか、HTTPSで接続しているのかを判別しなければならない場合があります。Apacheのmod_sslでは、HTTPSで接続されると環境変数(HTTPS=on)が設定されます。PHPやTomcatなどのAPサーバは、この環境変数を参照して判別しますが、stoneを経由するとすべての接続がHTTPになってしまうので、httpd.confにリスト6.2.3のような設定を追加します。

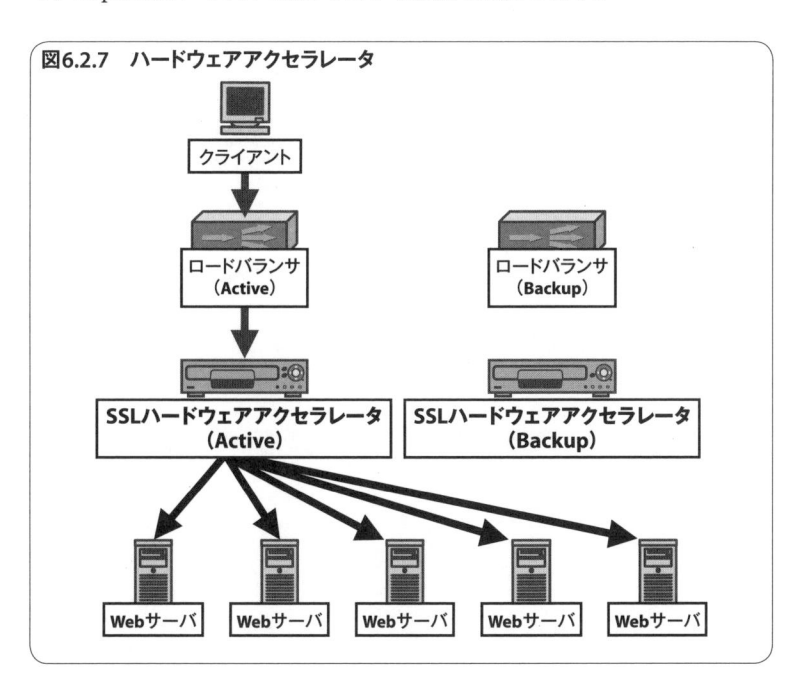

図6.2.7 ハードウェアアクセラレータ

6章 あのサービスの舞台裏　自律的なインフラへ、ダイナミックなシステムへ

Remote_Addrは、stoneが動いているすべてのサーバのアドレスとマッチさせてHTTPS=onをセットします。次に、X-Orig-Clientをチェックし、空の場合はstone経由ではないので環境変数をクリアします。これによって、

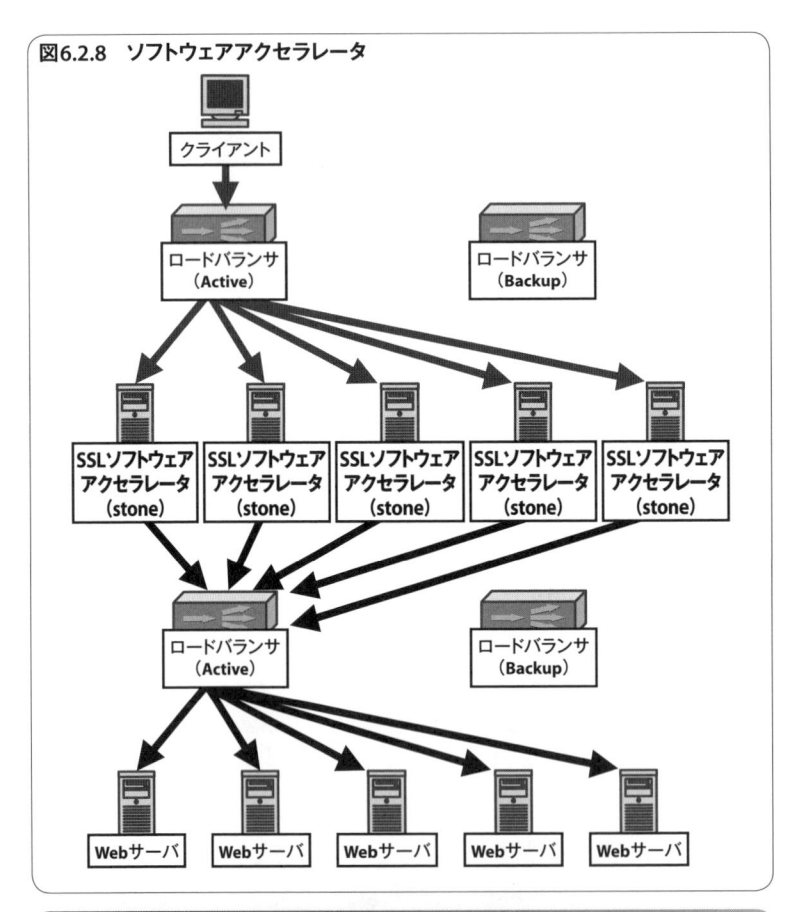

図6.2.8　ソフトウェアアクセラレータ

```
クライアント
     │
     ▼
ロードバランサ(Active)        ロードバランサ(Backup)
     │
     ▼
SSLソフトウェアアクセラレータ(stone) × 5
     │
     ▼
ロードバランサ(Active)        ロードバランサ(Backup)
     │
     ▼
Webサーバ × 5
```

リスト6.2.2　stoneの設定

```
-z default
-z sid_ctx='ssl.example.com:443'
-z CApath=/usr/local/etc/ssl/certs/
-z cert=/usr/local/etc/ssl/cert.pem
-z key=/usr/local/etc/ssl/priv.pem
lls:80/proxy 443/ssl 'X-Orig-Client: \a' --
```

stone経由で接続された場合にのみHTTPS=onとなります。

ヘルスチェック機能の拡張

DSASのロードバランサはkeepalivedを利用していますが、パッチ（keepalived-extcheck）[注13]を当てて、ヘルスチェック機能を拡張したものを使っています。

このkeepalived-extcheckを適用すると、以下のヘルスチェックができるようになります。

- FTP_CHECK：FTPサーバがNOOPコマンドに応答できるかをチェックする
- DNS_CHECK：DNSサーバがレスポンスを返すことができるかをチェックする
- SSL_HELLO：サーバがSSLハンドシェイクに応答できるかをチェックする

keepalivedには、サポートしていないヘルスチェックのためにMISC_CHECKという機能があります。これは、外部コマンドを呼び出して、その終了コードからヘルスチェックの結果を得るものですが、以下のような問題があります。

- ヘルスチェックのたびにコマンドを起動するのでオーバーヘッドが大きい
- コマンドが自分で終了できないようなことがあるとプロセスが増え続ける

DNSとFTPのヘルスチェックは、MISC_CHECKを利用するとリスト6.2.4のような設定でできます。しかし、数秒単位での短い周期でヘルスチェックをしなければならない場合は、外部コマンドを呼び出すことに抵抗を感じます。そこで、keepalivedの本体に手を加え、リスト6.2.5のように

リスト6.2.3　Apacheの設定

```
<IfModule mod_setenvif.c>
  SetEnvif Remote_Addr   "^192\.168\.1\." HTTPS=on
  SetEnvif X-Orig-Client "^$" !HTTPS
</IfModule>
```

注13　keepalived-extcheckは、以下で公開しています。
URL http://lab.klab.org/modules/mediawiki/index.php/Software#keepalived-extcheck

設定できるようにしました。これによって、MISC_CHECKに比べて非常に少ないコストでヘルスチェックできるようになります。

keepalivedに標準実装されているSSL_GETは、HTTPSのサイトにアクセスしてステータスコードを取得するものです。そのため、ヘルスチェックのたびに暗号化通信をします。また、クライアント認証が必要なサイトや、HTTPS以外のプロトコル（SMTPSなど）には利用できないという問題があります。

パッチで拡張されたSSL_HELLOは、SSLハンドシェイクを試行してサーバが証明書を送ってくるかどうかをチェックします。アプリケーションプロトコルに依存していないので、クライアント認証が必要なサイトや、SSLアクセラレータ単体のヘルスチェックにも利用できます。また、暗号化通信もしないので、サーバに負荷がかからないというメリットもあります。DSASでは、SSL_HELLOでstoneのヘルスチェックをしています。

簡単で安全に運用できるロードバランサ

ロードバランサのメンテナンス作業は「仮想サーバの構築」と「リアルサーバの割り当て」がおもな内容になります。この作業の実体は設定ファイル（keepalived.conf）の変更ですが、サイトやサーバの数が多くなると直接編

リスト6.2.4　MISC_CHECKでDNSとFTPをヘルスチェックする設定

```
real_server 192.168.1.1 53 {
  MISC_CHECK {
    misc_path "/usr/bin/dig +time=001 +tries=2 @192.168.1.1 localhost.localdomain"
    misc_timeout 5
  }
}
real_server 192.168.1.1 21 {
  MISC_CHECK {
    misc_path "echo -en 'NOOP\r\nQUIT\r\n' | nc -w 5 -n 192.168.1.1 21 | egrep '200 NOOP command successful'"
    misc_timeout 5
  }
}
```

集するのが困難な量になります[注14]。そのため、簡単で安全に設定ファイルをメンテナンスできるしくみを考える必要があります。

まずは、keepalived.confの書式を無視して、メンテナンスの際にどのようなインタフェースがあるとよいかを考えます。ロードバランサをメンテナンスする目的は、仮想サーバに割り当てられているリアルサーバを、増やしたり、減らしたり、変えたりすることです。適切な割り当て管理をするためには、今現在どのサイトにどのリアルサーバが割り当てられているかという情報を、直感的に把握できなければいけません。そのために、以下のような形式のテキストファイルを作りました。一番左のw101とかw102というのがリアルサーバのホスト名で、SiteAとかSiteBというのがサイト名(仮想サーバ)になります。このファイルのことを、KLab用語で「MATRIX」と呼んでいます。ちなみに、名前の由来は単純に「形式が行列みたいだから」です。

リスト6.2.5　拡張機能でDNSとFTPをヘルスチェックする設定

```
real_server 192.168.1.1 53 {
  DNS_CHECK {
    port    53
    timeout 5
    retry   3
    type    A
    name    localhost.localdomain
  }
}
real_server 192.168.1.1 21 {
  FTP_CHECK {
    host {
      connect_ip    192.168.1.1
      connect_port 21
    }
    connect_timeout   5
    retry             3
    delay_before_retry 5
  }
}
```

注14　現在のDSASのkeepalived.confは2500行以上あります。

6章 あのサービスの舞台裏 自律的なインフラへ、ダイナミックなシステムへ

```
w101: SiteA
w102: SiteA SiteC
w103: SiteB SiteC
w104: SiteB SiteC
w105: SiteB
w106:
```

　シンプルな書式ですが、ここの記述を「サイト名：サーバ サーバ」にするのか、「サーバ：サイト名 サイト名」にするのかは悩みました。「どのサイトにどのサーバが割り当てられているか」を把握するのであれば、前者のほうが直感的でわかりやすいと思います。しかし、実際にMATRIXを編集する場面というのは、サーバの調子が悪くなって割り当てから外したり、別のサーバに移動したりする時です。たとえば、w103の調子が悪くなって、予備サーバであるw106に切り替えようとした場合、後者であればw103とw106の行を入れ替えるだけでよいので、1回のカット＆ペーストで済みますが、前者だと「w103」という文字列を「w106」に置換しなくてはいけません。そのため、MATRIXでは「どのサーバがどのサイトを提供しているか」を表す後者の書式にしています。

　あとは、MATRIXを参照してkeepalived.confを生成するようなスクリプトを書けばよさそうですが、MATRIXには仮想サーバに関する情報が含まれていないので、これとは別にリスト6.2.6のような定義ファイルを作ります。これは、仮想サーバの設定に必要なパラメータをYAMLで記述したものです。DSASでは独自のPerlスクリプトからこの定義ファイルとMATRIXを読み込み、Template-Toolkitを使ってkeepalived.confを生成しています。リスト6.2.7はTemplate-Toolkitのテンプレートです。

　keepalived.confには割当サーバ台数分のreal_serverブロックを記述しなければいけませんが、テンプレートエンジンを使うことで簡単で安全に生成できるようになりました。リスト6.2.8が自動生成されたkeepalived.confです。

　このしくみにより、サーバの割り当て変更は、MATRIXを編集して特定のスクリプトを実行するだけでよくなりました。膨大なkeepalived.confの中から変更個所を探し出す必要も、どきどきしながら手作業で設定を書き換える必要もありません。

セッションデータの取り扱い

　負荷分散環境では、ユーザがページ遷移したときに、必ずしも同じサーバへ接続するとは限らないので、セッションデータをローカルファイルに保存することができません。そのため、DBやNFSのような、どのWebサーバからも利用できるリソースに格納する必要がありますが、DBやNFSはアクセス集中時にボトルネックになりやすいため、頻繁に更新されるセッションデータを格納する用途には向かないという問題があります。

　セッションデータの取り扱いに関して、「memcached」「repcached」の2つを説明します。

memcached

　当初、高速なキャッシュサーバの「memcached」をセッションストレージとして利用していましたが、memcachedにはレプリケーション機能がないため、消えては困るセッションデータ(会員登録や退会中のセッション情報など)を格納することができません。

　また、消えても困らないとはいっても、実際にセッションデータが消えてしまえば、利用者の方々にはなんらかの影響がでてしまいます。たとえば、いきなりトップページに戻ってしまったり、入力したはずのデータが

リスト6.2.6　仮想サーバの定義

```
PROJECT: SiteA
SERVICE:
  - 10.0.0.1:80

lb_algo:    lc
lb_kind:    DR
protocol:   TCP
HEALTH_TYPE: HTTP_GET
HTTP_GET:
  path:            /health.html
  status_code:     200
  connect_port:    80
  connect_timeout: 5
```

消えてしまったりなどです。そのため、memcachedとは別に、RamDiskをDRBDで冗長化したNFSサーバを構築し、パフォーマンスを重視する場合はmemcached、安全性を重視する場合はRamDisk、といった具合にセッションストレージを選択できるようにしてみました。

しかし、セッションストレージの切り替えをWebアプリケーション側で

リスト6.2.7　keepalived.confのテンプレート

```
virtual_server_group [% PROJECT %] {
[% FOREACH S=SERVICE -%]
  [% S.replace(':',' ') %]
[% END -%]
}
virtual_server_group [% PROJECT %] {
  lb_algo     [% lb_algo %]
  lvs_method  [% lb_kind %]
  protocol    [% protocol %]
[% FOREACH R=REAL -%]
  real_server [% R %] [% real_port %] {
    weight 1
    inhibit_on_failure
[% SWITCH HEALTH_TYPE -%]
[% CASE 'HTTP_GET' -%]
    HTTP_GET {
      url {
        path [% HTTP_GET.path %]
        status_code [% HTTP_GET.status_code %]
      }
      connect_port        [% HTTP_GET.connect_port    %]
      connect_timeout     [% HTTP_GET.connect_timeout %]
    }
[% CASE 'TCP_CHECK' -%]
    TCP_CHECK {
      connect_port [% TCP_CHECK.connect_port %]
      connect_timeout [% TCP_CHECK.connect_timeout %]
    }
[% END -%]
  }
[% END -%]
}
```

実装するのはいろいろと面倒ということもあり、結局はDRBDで冗長化したRamDiskのみを使うケースが大半を占めていました。しかし、RamDiskといっても結局はNFSサーバなので、期限切れのセッションデータを消すために、定期的にガベージコレクタのようなものを動かさなければいけなかったり、アクセス集中時にはボトルネックになりやすいという問題が残

リスト6.2.8　自動生成されたkeepalived.conf

```
virtual_server_group SiteA {
  10.0.0.1:80
}
virtual_server group SiteA {
  lb_algo     lc
  lvs_method  DR
  protocol    TCP
  real_server 192.168.0.1 80 {
    weight 1
    inhibit_on_failure
    HTTP_GET {
      url {
        path /health.html
        status_code 200
      }
      connect_port    80
      connect_timeout 5
    }
  }
  real_server 192.168.0.2 80 {
    weight 1
    inhibit_on_failure
    HTTP_GET {
      url {
        path /health.html
        status_code 200
      }
      connect_port    80
      connect_timeout 5
    }
  }
}
```

っていました。

repcached

　memcachedは、パフォーマンスや利便性の面で大変優れていると思います。レプリケーション機能がないという理由で利用できないのはもったいないので、memcachedにレプリケーション機能を追加実装したrepcachedを開発しました[注15]。

　repcachedの動作は図6.2.9のようになっており、2台のサーバが一組で双方向にデータレプリケーションします。どちらのサーバにデータをセットしても両方のサーバに格納されます。

　図6.2.10のように、片方が停止したとしてもデータはすべて保持されているので、Webサーバは稼働中のrepcachedにつなぎ変えるだけで、何事もなかったかのように処理を継続することができます。

　memcachedのクライアントライブラリには、複数のサーバへ負荷分散したり、障害時に別のサーバへ切り替える機能があるので、repcached用のクライアントを新規に実装しなくても、memcachedのライブラリをそのまま利用することができます。

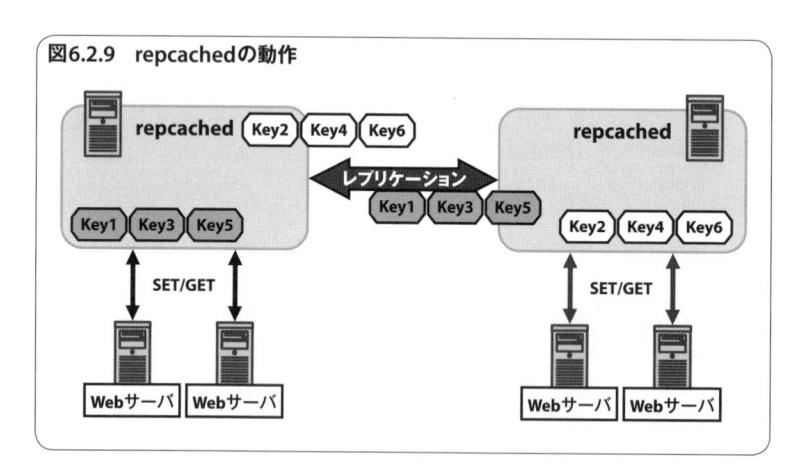

図6.2.9　repcachedの動作

注15　repcachedは、以下で公開しています。
URL http://lab.klab.org/modules/mediawiki/index.php/Repcached

DSASの今後

現在のDSASは「ダイナミックにサーバをアサインするシステム」と呼ぶには至らない点が数多く残っています。この名前は「状況に応じてサーバの割り当てを好きなように変更できる」という意図でつけたものですが、その経緯を知らない方には、もっとすごい印象を与えてしまうようです。たとえば、トラフィックや接続数によって自動的にサーバ構成を変更してくれるシステムや、サーバが壊れたら自動的に代替機を構築してくれるシステムなどです。

「ダイナミック」という単語は、「動的」と同時に「自動的」という意味にとらえられることが多いようです。たしかに「ダイナミックルーティングプロトコル」は自動的に経路情報を書き換えてくれますし、「ダイナミックDNS」もIPアドレスを自動的に設定してくれるようなイメージがあります。さらに、DHCPの頭文字も「ダイナミック」なので、その感覚はよくわかります。DSASでも、できるだけ期待を裏切らないような、名前負けをしないシステムにしていきたいという気持ちを常に持っています。

また、トラフィックの増加によって自動的にサーバを割り当てるというのはおもしろそうなテーマだと思いますし、サーバが故障したら自動的に

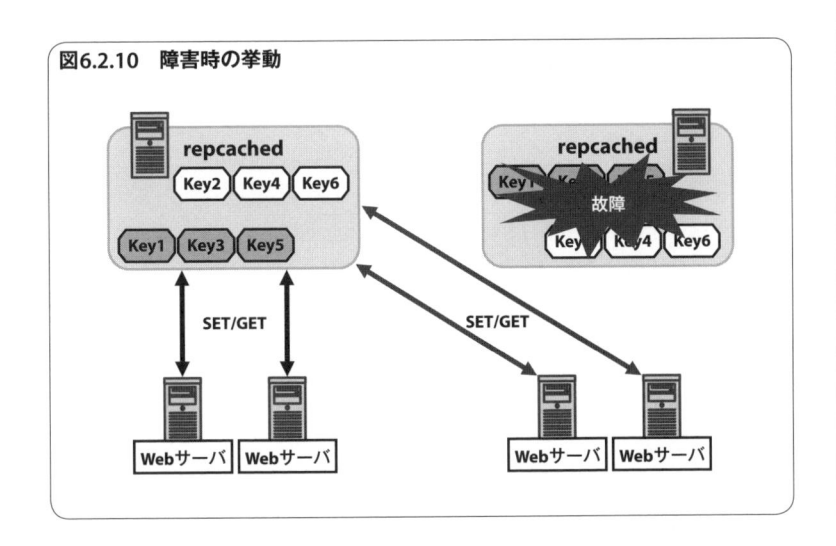

図6.2.10　障害時の挙動

6章 あのサービスの舞台裏 自律的なインフラへ、ダイナミックなシステムへ

他のサーバを再構築して冗長構成に復帰させることもできなくはなさそうです。こんな話をしていると、しまいにはSFチックな話になって収集がつかなくなることもありますが、「それはできません」とはいわずに、冗談半分でもいいので「どうすれば実現できるか」をじっくり考えてみると、そこで出たアイデアが別の場面で役に立つこともあります。今後、どのように成長していくのかは想像できませんが、良い意味で「常に発展途上なシステム」であり続けたいものです。

Appendix
サンプルコード

mymemcheck ⋯⋯⋯⋯⋯⋯⋯⋯⋯⋯⋯⋯⋯⋯⋯ p.344
　　　（4.3節）

apache-status ⋯⋯⋯⋯⋯⋯⋯⋯⋯⋯⋯⋯⋯ p.348
　　　（5.2節）

ganglia.patch ⋯⋯⋯⋯⋯⋯⋯⋯⋯⋯⋯⋯⋯ p.351
　　　（5.2節）

Appendix

サンプルコード

サンプルコードの入手については、以下の本書のWeb補足情報コーナーを参照してください。

🔗 http://gihyo.jp/book/support/24svr

リスト mymemcheck（4.3節）

```perl
#!/usr/bin/env perl
use strict;
use warnings;
use Carp;
use Getopt::Long;
use Pod::Usage;
use Readonly;

Readonly my $VERSION => '1.01';

Readonly my @GLOBAL_BUFFERS => qw(
                                key_buffer_size
                                innodb_buffer_pool_size
                                innodb_log_buffer_size
                                innodb_additional_mem_pool_size
                                net_buffer_length
                                );
Readonly my @THREAD_BUFFERS => qw(
                                sort_buffer_size
                                myisam_sort_buffer_size
                                read_buffer_size
                                join_buffer_size
                                read_rnd_buffer_size
                                );
Readonly my @HEAP_LIMIT       => qw(
                                innodb_buffer_pool_size
                                key_buffer_size
                                sort_buffer_size
                                read_buffer_size
                                read_rnd_buffer_size
                                );
Readonly my @INNODB_LOG_FILE => qw(
                                innodb_buffer_pool_size
                                innodb_log_files_in_group
                                );
Readonly my @OTHER_VARIABLES => qw(
                                max_connections
                                );
Readonly my @REQUIRE_VARIABLES => (
    @GLOBAL_BUFFERS,
    @THREAD_BUFFERS,
    @HEAP_LIMIT,
    @INNODB_LOG_FILE,
```

```perl
        @OTHER_VARIABLES,
    );

MAIN: {
    my %opt;
    Getopt::Long::Configure("bundling");
    GetOptions(\%opt,'help|h|?') or pod2usage();
    pod2usage() if exists $opt{'help'};

    my $myvar = read_myvariables();
    validate_myvariables($myvar);

    report_minimal_memory($myvar);
    report_heap_limit($myvar);
    report_innodb_log_file($myvar);

    exit 0;
}

sub read_myvariables {
    my $myvar;

    my $mycnf     = 0;
    my $in_mysqld = 0;

    while (<>) {
        next if /^#/;

        if (/^\[/) {
            $mycnf = 1;
            if (/^\[mysqld\]/) {
                $in_mysqld = 1;
            } else {
                $in_mysqld = 0;
            }
        }
        next if $mycnf && ! $in_mysqld;

        chomp;
        s/^\|\s+//;

        if (my ($name, $value) = split /[\s=|]+/, $_, 2) {
            next if ! defined $value;
            $value =~ s/\s*\|\s*$//;
            $value = to_byte($value) if $value =~ /[KMG]$/;
            $myvar->{$name} = $value;

            if ($name =~ /buffer$/) {
                $myvar->{$name.'_size'} = $value;
            }
        }
    }

    return $myvar;
}

sub validate_myvariables {
    my $myvar = shift;

    my %missing;

    for my $k (@REQUIRE_VARIABLES) {
        $missing{$k}++ unless exists $myvar->{ $k };
    }

    if (keys %missing) {
```

サンプルコード

```perl
        die "[ABORT] missing variables:\n  ", join("\n  ", keys %missing), "\n";
    }
}
sub report_minimal_memory {
    my $myvar = shift;

    my $global_buffer_size;
    for my $k (@GLOBAL_BUFFERS) {
        $global_buffer_size += $myvar->{$k};
    }

    my $thread_buffer_size;
    for my $k (@THREAD_BUFFERS) {
        $thread_buffer_size += $myvar->{$k};
    }

    my $minimal_memory = $global_buffer_size + $thread_buffer_size * $myvar->{max_connections};

    print <<EOHEAD;
[ minimal memory ]
ref
  * 『High Performance MySQL』, Solving Memory Bottlenecks, p125

EOHEAD

    print "global_buffers\n";
    for my $k (@GLOBAL_BUFFERS) {
        printf "  %-32s %12d  %12s\n", $k, $myvar->{$k}, add_unit($myvar->{$k});
    }
    print "\n";

    print "thread_buffers\n";
    for my $k (@THREAD_BUFFERS) {
        printf "  %-32s %12d  %12s\n", $k, $myvar->{$k}, add_unit($myvar->{$k});
    }
    print "\n";

    printf "%-34s %12d\n", 'max_connections', $myvar->{max_connections};
    print "\n";

    printf "
min_memory_needed = global_buffers + (thread_buffers * max_connections)
                  = %lu + %lu * %lu
                  = %lu (%s)\n\n",
        $global_buffer_size,
        $thread_buffer_size,
        $myvar->{max_connections},
        $minimal_memory,
        add_unit($minimal_memory),
            ;
}
sub report_heap_limit {
    my $myvar = shift;

#    my $stack_size =   2 * 1024 * 1024; #   2 MB
    my $stack_size = 256 * 1024;        # 256 KB

    my $heap_limit_size =
          $myvar->{innodb_buffer_pool_size}
        + $myvar->{key_buffer_size}
        + $myvar->{max_connections} * ( $myvar->{sort_buffer_size}
                                      + $myvar->{read_buffer_size}
                                      + $myvar->{read_rnd_buffer_size}
```

```perl
                                  + $stack_size)
        ;

    print <<EOHEAD;
[ 32bit Linux x86 limitation ]
ref
  * http://dev.mysql.com/doc/mysql/en/innodb-configuration.html

  * need to include read_rnd_buffer.
  * no need myisam_sort_buffer because allocate when repair, check alter.

         2G > process heap
process heap = innodb_buffer_pool + key_buffer
             + max_connections * (sort_buffer + read_buffer + read_rnd_buffer)
             + max_connections * stack_size
           = $myvar->{innodb_buffer_pool_size} + $myvar->{key_buffer_size}
             + $myvar->{max_connections} * ($myvar->{sort_buffer_size} + $myvar->{read_buffer_size} + $myvar->{read_rnd_buffer_size})
             + $myvar->{max_connections} * $stack_size
EOHEAD
    printf "                 = %lu (%s)\n\n",
        $heap_limit_size,
        add_unit($heap_limit_size),
    ;

    printf "          2G > %s ... %s\n\n",
        add_unit($heap_limit_size),
        $heap_limit_size >= 2147483648 ? 'LIMIT OVER!!' : 'safe'
    ;
}

sub report_innodb_log_file {
    my $myvar = shift;

    my $max_innodb_log_file_size = int($myvar->{innodb_buffer_pool_size} / $myvar->{innodb_log_files_in_group});

    print <<EOHEAD;
[ maximum size of innodb_log_file_size ]
ref
  * http://dev.mysql.com/doc/mysql/en/innodb-start.html

  1MB < innodb_log_file_size < MAX_innodb_log_file_size < 4GB

MAX_innodb_log_file_size = innodb_buffer_pool_size * 1/innodb_log_files_in_group
= $myvar->{innodb_buffer_pool_size} * 1/$myvar->{innodb_log_files_in_group}
EOHEAD
    printf "                         = %lu (%s)\n\n",
        $max_innodb_log_file_size,
        add_unit($max_innodb_log_file_size),
    ;

    print"    innodb_log_file_size < MAX_innodb_log_file_size\n";
    printf "%24d < %lu\n",
        $myvar->{innodb_log_file_size},
        $max_innodb_log_file_size,
    ;
    printf "%24s < %s ... %s\n",
        add_unit($myvar->{innodb_log_file_size}),
        add_unit($max_innodb_log_file_size),
        $myvar->{innodb_log_file_size} > $max_innodb_log_file_size ? 'LIMIT OVER!!' : 'safe',
    ;
    print "\n";
}
```

サンプルコード

```perl
sub to_byte {
    my $s = shift;

    return unless $s =~ /^(\d+)([KMG])$/;
    my $n = $1;
    my $u = $2;

    if ($u eq 'G') {
        $n *= 1073741824
    } elsif ($u eq 'M') {
        $n *= 1048576
    } elsif ($u eq 'K') {
        $n *= 1024;
    } else {
        $n = 0;
    }

    return $n;
}
sub add_unit {
    my $n = shift;

    my $base = 0;
    my $unit = '';

    if ($n > 1073741824) {
        $base = 1073741824;
        $unit = 'G';
    } elsif ($n > 1048576) {
        $base = 1048576;
        $unit = 'M';
    } elsif ($n > 1024) {
        $base = 1024;
        $unit = 'K';
    } else {
        $base = 1;
        $unit = '';
    }

    return sprintf "%.3f [$unit]", $n/$base;
}
```

リスト apache-status（5.2節）

```perl
#!/usr/bin/env perl
use strict;
use warnings;
use Carp;
use Getopt::Long;
use LWP::UserAgent;
use Data::Dumper;
$Data::Dumper::Indent   = 1;
$Data::Dumper::Deepcopy = 1;

my $RCSID    = q$Id$;
my $REVISION = $RCSID =~ /,v ([\d.]+)/ ? $1 : 'unknown';
my $PROG     = substr($0, rindex($0, '/')+1);

my $Debug    = 0;
my $No_Daemon = 0;
my $INTERVAL = $ENV{INTERVAL} || 60;

sub dprint (@) {
    return unless $Debug;
```

```perl
        my @m = @_;
        chomp @m;
        print STDERR 'DEBUG: ', @m,"\n";
}
sub dprint2(@) {
        dprint @_ if $Debug >= 2;
}
sub usage() {
        my $mesg = shift;

        print "[ERROR] $mesg\n" if $mesg;
        print "usage:\n";
        print "    $PROG [ -d level ] [-X] url\n";
        print "
v$REVISION
";
        exit 1;
}
MAIN: {
        my %opt;
        Getopt::Long::Configure("bundling");
        GetOptions(\%opt,
                   'nodaemon|X' => \$No_Daemon,
                   'debug|d+'   => \$Debug,
                   'help|h|?')  or &usage();
        dprint "DEBUG MODE LEVEL=$Debug";

        my $url = $ARGV[0] ? shift @ARGV : 'http://localhost/server-status?auto';
        unless ($url) {
            &usage('missing arugment.');
        }
        dprint2 "url=$url";

        ### initialize
        my $ua = LWP::UserAgent->new(agent => "apache-status/$REVISION",
                                     timeout => 8,
                                     );
        my $req = HTTP::Request->new(GET => $url);
        # $req->header(Host => 'example.org'); # set vhost name if you need

        for (;;) {
            ### get status data
            my $res = $ua->request($req);
            unless ($res->is_success) {
                carp "failed to get $url";
                sleep $INTERVAL;
                next;
            }

            my $content = $res->content;
            unless ($content) {
                carp "failed to get content of $url";
                sleep $INTERVAL;
                next;
            }
            dprint2 "content=$content";

            ### parse status data
            ## request per second (ExtendedStatus On)
            my $rps;
            if ($content =~ /^ReqPerSec:\s*([\d\.]+)$/m) {
                $rps = $1;
            } else {
```

サンプルコード

```perl
        $rps = -1;
    }
    $rps += 0;              # as numeric
    dprint2 "rps=$rps";

    ## process status
    my @sc_order = (
                    'waiting',
                    'starting',
                    'reading_request',
                    'sending_reply',
                    'keepalive',
                    'dns_lookup',
                    'closing',
                    'logging',
                    'gracefully_finishing',
                    'idle',
                    'open_slot',
                   );
    my %sc_byname = (
                    'waiting'              => '_',
                    'starting'             => 'S',
                    'reading_request'      => 'R',
                    'sending_reply'        => 'W',
                    'keepalive'            => 'K',
                    'dns_lookup'           => 'D',
                    'closing'              => 'C',
                    'logging'              => 'L',
                    'gracefully_finishing' => 'G',
                    'idle'                 => 'I',
                    'open_slot'            => '.',
                   );
    my %sc_bychar = reverse %sc_byname;
    my $score;
    if ($content =~ /^Scoreboard:\s*(.+)$/m) {
        $score = $1;
    } else {
        $score = "";
    }
    dprint2 "score=$score";

    my %scoreboard;
    map { $scoreboard{$_} = 0 } keys %sc_byname; # initialize
    map { $scoreboard{ $sc_bychar{$_} }++ } split //, $score;
    dprint2(Dumper(\%scoreboard));

    ### gmetric
    if ($rps >= 0) {
        &gmetric('ap_rps', $rps,
                 '--type'  => 'uint16',
                 '--units' => 'r/s',
                );
    }
    while (my ($k, $v) = each %scoreboard) {
        &gmetric("ap_${k}", $v,
                 '--type'  => 'uint16',
                 '--units' => 'proc',
                );
    }

    last if $No_Daemon;
    dprint2 "sleep $INTERVAL";
    sleep $INTERVAL;
}

exit 0;
```

```perl
}
sub gmetric {
    my $name  = shift;
    my $value = shift;
    my %opts  = @_;
    $opts{'--name'} = $name unless $opts{'--name'};
    system('gmetric', '--value', $value, %opts);
}
__END__
```

リスト　ganglia.patch（5.2節）

```diff
Index: graph.php
===================================================================
--- graph.php    (.../tags/3.0.5)    (revision 134)
+++ graph.php    (.../trunk) (revision 134)
@@ -28,6 +28,11 @@
 $sourcetime = isset($_GET["st"]) ?
    escapeshellcmd($_GET["st"]) : NULL;

+$custom_metrics = array_keys($my_custom_metrics);
+if (is_null($graph) && in_array($metricname, $custom_metrics)) {
+    $graph = $metricname;
+}
+
 # RFM - Define these variables to avoid "Undefined variable" errors being
 # reported in ssl_error_log.
 $command = "";
@@ -194,6 +199,7 @@

            $lower_limit = "--lower-limit 0 --rigid";
            $vertical_label = "--vertical-label 'Load/Procs'";
+           $extras = "--slope-mode";

            $series = "DEF:'load_one'='${rrd_dir}/load_one.rrd':'sum':AVERAGE "
                ."DEF:'proc_run'='${rrd_dir}/proc_run.rrd':'sum':AVERAGE "
@@ -205,10 +211,10 @@
            $series .="AREA:'load_one'#$load_one_color:'1-min Load' ";
            if( $context != "host" )
                {
-                   $series .= "LINE2:'num_nodes'#$num_nodes_color:'Nodes' ";
+                   $series .= "LINE1:'num_nodes'#$num_nodes_color:'Nodes' ";
                }
-           $series .="LINE2:'cpu_num'#$cpu_num_color:'CPUs' ";
-           $series .="LINE2:'proc_run'#$proc_run_color:'Running Processes' ";
+           $series .="LINE1:'cpu_num'#$cpu_num_color:'CPUs' ";
+           $series .="LINE1:'proc_run'#$proc_run_color:'Running Processes' ";
            }
        else if ($graph == "network_report")
            {
@@ -216,13 +222,13 @@
            $style = "Network";

            $lower_limit = "--lower-limit 0 --rigid";
-           $extras = "--base 1024";
+           $extras = "--base 1024 --slope-mode";
            $vertical_label = "--vertical-label 'Bytes/sec'";

            $series = "DEF:'bytes_in'='${rrd_dir}/bytes_in.rrd':'sum':AVERAGE "
                ."DEF:'bytes_out'='${rrd_dir}/bytes_out.rrd':'sum':AVERAGE "
-               ."LINE2:'bytes_in'#$mem_cached_color:'In' "
                ."LINE2:'bytes_out'#$mem_used_color:'Out' ";
+               ."LINE1:'bytes_in'#$mem_cached_color:'In' "
```

サンプルコード

```diff
+                    ."LINE1:'bytes_out'#$mem_used_color:'Out' ";
             }
         else if ($graph == "packet_report")
             {
@@ -238,6 +244,63 @@
                     ."LINE2:'bytes_in'#$mem_cached_color:'In' "
                     ."LINE2:'bytes_out'#$mem_used_color:'Out' ";
             }
+        else if ($graph == 'Apache_Proc_report')
+            {
+                $style = 'Apache Process Status';
+                $lower_limit = '--lower-limit 0 --rigid';
+                $extras = '--base 1000';
+                $vertical_label = "--vertical-label 'proc'";
+
+                $series = ''
+                    ."DEF:'stup'='${rrd_dir}/ap_starting.rrd':'sum':AVERAGE "
+                    ."DEF:'read'='${rrd_dir}/ap_reading_request.rrd':'sum':AVERAGE "
+                    ."DEF:'send'='${rrd_dir}/ap_sending_reply.rrd':'sum':AVERAGE "
+                    ."DEF:'keep'='${rrd_dir}/ap_keepalive.rrd':'sum':AVERAGE "
+                    ."DEF:'dnsl'='${rrd_dir}/ap_dns_lookup.rrd':'sum':AVERAGE "
+                    ."DEF:'clos'='${rrd_dir}/ap_closing.rrd':'sum':AVERAGE "
+                    ."DEF:'logg'='${rrd_dir}/ap_logging.rrd':'sum':AVERAGE "
+                    ."DEF:'gfin'='${rrd_dir}/ap_gracefully_finishing.rrd':'sum':AVERAGE "
+                    ."DEF:'idle'='${rrd_dir}/ap_idle.rrd':'sum':AVERAGE "
+                    ."DEF:'wait'='${rrd_dir}/ap_waiting.rrd':'sum':AVERAGE "
+                    ."CDEF:total=stup,read,send,keep,dnsl,clos,logg,gfin,idle,wait,+,+,+,+,+,+,+,+,+ "
+                    .'GPRINT:total:MIN:"(proc\: min=%6.2lf " '
+                    .'GPRINT:total:AVERAGE:"avg=%6.2lf " '
+                    .'GPRINT:total:MAX:"max=%6.2lf)\n" '
+                    ;
+
+            if ($metricname == 'Apache_Proc_report') {
+                // metric view
+                if (array_key_exists('upper-limit', $my_custom_metrics[$metricname])) {
+                    $upper_limit = "--upper-limit ".$my_custom_metrics[$metricname]['upper-limit'];
+                }
+                $series .= ''
+                    ."AREA:'stup'#FFD660::STACK "
+                    ."AREA:'read'#FF0000::STACK "
+                    ."AREA:'send'#157419::STACK "
+                    ."AREA:'keep'#00CF00::STACK "
+                    ."AREA:'dnsl'#55D6D3::STACK "
+                    ."AREA:'clos'#797C6E::STACK "
+                    ."AREA:'logg'#942D0C::STACK "
+                    ."AREA:'gfin'#C0C0C0::STACK "
+                    ."AREA:'idle'#F9FD5F::STACK "
+                    ."AREA:'wait'#FFC3C0::STACK "
+                    ;
+            } else {
+                // host view
+                $series .= ''
+                    ."AREA:'stup'#FFD660:'Starting up':STACK "
+                    ."AREA:'read'#FF0000:'Reading Request':STACK "
+                    ."AREA:'send'#157419:'Sending Reply\l':STACK "
+                    ."AREA:'keep'#00CF00:'Keepalive (read)':STACK "
+                    ."AREA:'dnsl'#55D6D3:'DNS Lookup':STACK "
+                    ."AREA:'clos'#797C6E:'Closing connection':STACK "
+                    ."AREA:'logg'#942D0C:'Logging':STACK "
+                    ."AREA:'gfin'#C0C0C0:'Gracefuly finishing':STACK "
+                    ."AREA:'idle'#F9FD5F:'Idle cleanup of worker\l':STACK "
+                    ."AREA:'wait'#FFC3C0:'Waiting for connection':STACK "
+                    ;
```

```
+            }
+        }
         else
         {
             /* Got a strange value for $graph */
Index: host_view.php
===================================================================
--- host_view.php    (.../tags/3.0.5)    (revision 134)
+++ host_view.php    (.../trunk) (revision 134)
@@ -3,6 +3,17 @@
 $tpl = new TemplatePower( template("host_view.tpl") );
 $tpl->assignInclude("extra", template("host_extra.tpl"));
+if (run_apache($hostname))
+   {
+       $template = <<<EOTMPL
+<A HREF="./graph.php?g=Apache_Proc_report&z=large&c={cluster_url}&{graphargs}">
+<IMG BORDER="0" ALT="{cluster_url} PACKETS"
+    SRC="./graph.php?g=Apache_Proc_report&z=medium&c={cluster_url}&{graphargs}">
+</A>
+<br>
+EOTMPL;
+       $tpl->assignInclude("functional", $template, T_BYVAR);
+   }
 $tpl->prepare();

 $tpl->assign("cluster", $clustername);
Index: functions.php
===================================================================
--- functions.php    (.../tags/3.0.5)    (revision 134)
+++ functions.php    (.../trunk) (revision 134)
@@ -411,4 +411,9 @@
     return $racks;
 }

+function run_apache($hostname)
+{
+    return (strpos($hostname,'w') === 0);
+}
+
 ?>
Index: my-conf.php
===================================================================
--- my-conf.php (.../tags/3.0.5)    (revision 0)
+++ my-conf.php (.../trunk) (revision 134)
@@ -0,0 +1,7 @@
+<?php
+$my_custom_metrics = array(
+    'Apache_Proc_report' => array(
+        'upper-limit' => 30,
+        ),
+    );
+?>
Index: templates/default/host_view.tpl
===================================================================
--- templates/default/host_view.tpl (.../tags/3.0.5)    (revision 134)
+++ templates/default/host_view.tpl (.../trunk) (revision 134)
@@ -71,6 +71,8 @@
    SRC="./graph.php?g=packet_report&z=medium&c={cluster_url}&{graphargs}">
 </A>

+<!-- INCLUDE BLOCK : functional -->
+
 </TD>
 </TR>
 </TABLE>
```

サンプルコード

```diff
Index: get_context.php
===================================================================
--- get_context.php (.../tags/3.0.5)     (revision 134)
+++ get_context.php (.../trunk) (revision 134)
@@ -98,7 +98,10 @@
 switch ($range)
 {
    case "hour":  $start = -3600; break;
+   case "4hour": $start = -14400; break;
+   case "8hour": $start = -28800; break;
    case "day":   $start = -86400; break;
+   case "3days": $start = -259200; break;
    case "week":  $start = -604800; break;
    case "month": $start = -2419200; break;
    case "year":  $start = -31449600; break;
Index: conf.php
===================================================================
--- conf.php    (.../tags/3.0.5)     (revision 134)
+++ conf.php    (.../trunk) (revision 134)
@@ -4,6 +4,7 @@
 # Gmetad-webfrontend version. Used to check for updates.
 #
 include_once "./version.php";
+include_once "./my-conf.php";

 #
 # The name of the directory in "./templates" which contains the
@@ -114,12 +115,12 @@
 #
 # Default graph range (hour, day, week, month, or year)
 #
-$default_range = "hour";
+$default_range = "3days";

 #
 # Default metric
 #
-$default_metric = "load_one";
+$default_metric = "load_report";

 #
 # Optional summary graphs
Index: header.php
===================================================================
--- header.php  (.../tags/3.0.5)     (revision 134)
+++ header.php  (.../trunk) (revision 134)
@@ -237,6 +237,8 @@
        $context_metrics[] = $m;
    foreach ($reports as $r => $foo)
        $context_metrics[] = $r;
+   foreach ($my_custom_metrics as $c => $foo)
+       $context_metrics[] = $c;
    }

 #
@@ -244,7 +246,10 @@
 #
 if (!$physical) {
    $context_ranges[]="hour";
+   $context_ranges[]="4hour";
+   $context_ranges[]="8hour";
    $context_ranges[]="day";
+   $context_ranges[]="3days";
    $context_ranges[]="week";
    $context_ranges[]="month";
    $context_ranges[]="year";
```

INDEX

記号/数字
%iowait	164、166、184
%system	163
%user	163
/etc/inittab	273
/var/lib/nfs	119
1A	315
1台	316
304	64
403	58

A
Active/Backup構成	9
Alias（RewriteRule内）	56
APサーバ	vii、45、46、50、53、57、59、61、193、205、305
Apache	42、50、54、56、59、64、66、69、190、198、205、244、250、300
Apache 2.2	52、307
Apacheモジュール	43、51
ARP	viii、10
〜監視	122、125
aufs	318
auto increment	308
autofs	312
Availability	228

B
Bフレッツ	287
BalancerMember	61
bash	9
BBU	73
BIOS	279、291
Bondingドライバ	121、122、323、327
BPDU	127
bzip2	300

C
C++	70
C言語	70
Cacti	241
Capistrano	314
CDN	vii
CentOS	52、159、221
Centreon	241
cfengine	263
check_http	234
check_vhost	234
collectd	241
Cookie	67、68
Core2 Duo/Quad	316
coss	69
CPAN	313
CPU	149
〜使用時間	177
〜使用率	148、149、162、165、167、174、180、187、240
〜バウンド	151、163、166
〜負荷	149、162
cpu_usage_stat構造体	168
cron	300
CSS	46、67
cu	290
curl	14
CustomLog	297

D
daemontools	118、265、271
DB	307、337
〜サーバ	72、151、281、305
Debian	9、256、322
DHCP	279、283、318
dig	105、107
Disable Port	129
djbdns	273
DNAT	29
DNS	272
〜サーバ	102
〜障害	104
〜ラウンドロビン	xi、12、18
Dom0	317
DomU	317
DoS攻撃	51、307
DRBD	110、311、328
drbd.conf	112
drbdadm	113
DSAS	320、341
DSO	52
DSR	92、92、107、306
〜構成	28
Duplicate Entry	309

E
epoll	208
Ethernet	viii、126
〜フレーム	138
event MPM	192

F
facter	256
FastCGI	45、208
fghack	267
Firefox	63
fork	199
FQDN	xi
free	198
FTP	65

G
Ganglia	242、245
getty	291
GFS	111
Googlebot	44
grap_master_delay	35
gratuitous ARP（GARP）	11、35、327

H

HSRP	31
HTML	46、48、67
HTTP	viii、48、63、65、97、98
〜キャッシュ	65
〜プロトコル	67、70
〜ヘッダ	63
〜リクエスト	43
HTTP_GET	22
httpd	52、198、202、206
httpd.conf	52、56、61、196、331
HTTPS	65

I

I/O	146、149、188
〜スレッド	76、83
〜性能	188、241
〜バウンド	151、164、166、184、185
〜負荷	150、162、183
〜分散	146
〜待ち	184、241、245、187
I/O待ち率	149、163、165
ICMP	viii
〜監視	8
idle	181
IEEE 801.1D-2004	127、129
IEEE 802.3ad	125
ifconfig	36
If-Modified-Sinceヘッダ	64
initスクリプト	283
initramfs	277、280、282
InnoDB	246
innodb_buffer_pool	213
innodb_log_file_size	213
Internet Explorer	63
iowait	181
ip	36
IPアドレス	viii、44、58、283
〜の引き継ぎ	6
IPC共有メモリ	177
IPMI	283、292
iptables	vii、91、257、259
IPVS	vii、19、21、42、107、305
ipvsadm	21、24
IRC	231
ithreads	194

J

Java	45、70
JavaScript	46、67

K

Keep-Alive	48、49、55、69、206、244
keepalived	21、22、24、31、35、36、39、61、89、105、107、115、116、270、306
keepalived.conf	334
keepalived-extcheck	333
kermit	290
kernel_stat構造体	168
key_buffer_size	213
khttpd	99
KLab	320

L

L4スイッチ	26、28
L7スイッチ	26、30、43、47
LAN	10、42
〜ケーブル	38
Last_Errno	83
Last_Error	81、83
lc	20
LDAP	312
lighttpd	42、49、51、99、207、307、311
Linux	143、146、146、152、183、199
Linuxカーネル	47、153、154、160
Linux Layer7 Switching	30
LinuxThreads	174
Live HTTP Headers	63
load average	152
loadfactor	61
logger	297
ls	153
LVM	79
LVS	vii、42、59、60、259、306
LWP	172、173

M

MACアドレス	10、128、136、283、318
man nfs	94
man resolv.conf	103
MATRIX	335
MaxClients	53、54、196、198、205
MaxKeepAliveRequests	55
MaxKeepAliveTimeout	55
MaxProcess	319
MaxRequestsPerChild	202
memcached	68、70、96、210、238、337
memtest	282
mgetty	292
MII監視	122、125
minicom	290
MISC_CHECK	22、107、333
mod_alias	56
mod_deflate	51
mod_dosdetector	51、307
mod_log_spread	296
mod_perl	45、193、194、198、203
mod_php	45、193、203
mod_proxy	42、56、208、307
mod_proxy_balancer	42、59、61、193、307
mod_proxy_http	56
mod_rewrite	43、56、59、208
mod_setenvif	59
mod_ssl	51、321
mod_status	244
Monitorix	241
MPM	171、192、197

G

GRUB	280
gzip	51、79

MRTG	314
multilog	267、268、270、284
Munin	241
MXレコード	103
my.cnf	77、80、91
MySQL	74、91、171、185、209、236、246、258、308
mysqld	72、173、174
mysqld_safe	174
mysqldump	79

N

Nagios	218、221、230、314
NAT	92
〜構成	28
NegDReply	329
Netfilter	vii
NetMRG	241
net-snmp	236
NFS	337
〜サーバ	118
〜マウント	93
nfsdファイルシステム	119
NIC	vii、10
nice	181
NLWP	174
notify_backup	116
notify_master	116
NPTL	174、204
nq	20
NRPE	236

O

OCFS	111、311
on-io-error	328
ONU	287
oprofile	149
Oreon	→Centreon
OS	146、291
OSI参照モデル	viii
OSS	19、322

P

Pentium MMX	314
Perl	45、70、194、200、208
pgrep	201
PHP	45、70、208
PID	173
ping	x、327
poll	208
PostgreSQL	308
prefork	171、193、194、197、204、307
procファイルシステム	162、198、283
Proxy (RewriteRule内)	56
ps	160、172、174、178、191
Puppet	248、312
puppetd	249、262
puppetmaster.log	262
puppetmasterd	249
puppetrun	249

PXE	x、278
PXEGRUB	280
PXELINUX	280
Python	70

R

RAID	ix、73、109、281、317
RamDisk	338
rcスクリプト	272
Red Hat	52、221、256
Reductive Labs	248
Remote_Addr	332
REMOTE_ADDR	58
repcached	340
report	262
RequestsPerChild	319
RewriteCond	58
RewriteRule	43、56、57、58、61
RFC 3768	31
rotatelogs	300
rpm	251、312
rr	20
RS-232C	290
RSS	175
RSTP	127、127、323
Ruby	70、178、208、248、314
runファイル	270

S

sadc	179
sar	150、163、164、168、179、187、191
-c	196
-P	166
-q	181
-r	182、184、185
-u	180
-W	186
sebd_arp	11
sed	20
select	208
Serial over LAN	293
ServerLimit	54、197、198、203
SHOW MASTER LOGS	81
SHOW MASTER STATUS	81
SHOW SLAVE STATUS	83、85
shred	282
SMTP	viii
SMTP_CHECK	22
SNMP	221、236、242
SoL	293
Solaris	256
SPED	207
SPOF	ix
SQLスレッド	76、83
Squid	58、65、68、69、70、307
squid.conf	69
sshd	313
SSL	51、249
〜アクセラレータ	330
SSL_GET	22、334

steal	181
stone	330
STP	36、127
strace	149
Subversion	263
supervise	118、266、268
svc	266、269
svscan	266
svscanboot	266、273
SYSLINUX	280
syslog	262、271、296
syslog-ng	284、298
sysstat	163、179
system	181

T

tagmail	262
tar	79
TASK_INTERRUPTIBLE	155、156、158、160
TASK_RUNNING	155、156、158、160、162、178
TASK_STOPPED	155
task_struct構造体	154
TASK_UNINTERRUPTIBLE	155、156、158、162、179
TASK_ZOMBIE	155
TCP	viii
～コネクション	219
TCP_CHECK	22
tcpdump	89
Template-Toolkit	336
TFTP	279、280、285
ThreadLimit	54、204
ThreadsPerChild	53、54、204
thttpd	98、99
TLB	195
Tomcat	vii、246、331
top	xi、148、149、152、160、162、187
trap	118

U

UDP	viii、279
UltraMonkey-L7	30
uptime	149、162
URL	43、44、45、47、57、67
USB-シリアル変換コネクタ	289
user	181
User-Agent	44、58

V

vconfig	143
VIP	viii、6、13、36、92、219、259
virtual_ipaddress	89
virtual_router_id	39、89
VLAN	132、135、288
～ID	137
～タグ	138、142
VmHWM	198
vmstat	xi、150、185、186、191
VRID	89
VRRP	31、38、88、105、306
～パケット	32
vrrp_instance	39
vrrp_sync_group	39
VSZ	175

W

WAN	42、132
Web＋DBアプリケーション	147
Web管理画面（Nagios）	227
Webサーバ	23、98、99、190
Webブラウザ	63
Window	152
wlc	20
worker	52、171、193、194、203、307
Write Cache	73
wrr	20

X

x86	165、278
Xen	181、316
xmodem	290

Y

Yahoo! Slurp	44
ymodem	290
yum	312

Z

zmodem	290

ア行

アイドル状態	170
宛先NAT	29
アベイラビリティ	viii
アルゴリズム	150、188
暗号化	51
安定性	306
依存関係	257
イベントドリブン	171、192、207
イベント待ち	156、178
イベントモデル	49
インテリジェント	131
運用効率の向上	311
オープンソース	→OSS
オブジェクト	68、70、71
親プロセス	199
オンメモリファイルシステム	318

カ行

カーネル	146、153、160、164、168
科学計算	151
カスケード接続	125
画像	46、56、63、67
仮想IPアドレス	→VIP
仮想MACアドレス	35
仮想化技術	315、316
仮想サーバ	18
仮想メモリ	175、186、198、200
仮想ルータID	33
仮想ルータアドレス	89

項目	ページ
稼働率	221、234
過負荷	205
可用性	vii、viii
カレントプロセス	169
監視	265、313
～サーバ	305
～対象	223
～ツール	221
関数	254
キーキャッシュ	246
機械語命令	153
キックスタート	312
起動スクリプト	118、265
キャッシュ	63、65、67、70、68、146、150、182、184
～サーバ	44、58、63、65、210、305
～領域	188
共有メモリ	54
クールなURI	45
クエリキャッシュ	246
クラス	250、253
クラスタ	242
クラスタファイルシステム	111、311
グラフ	244、245、246
グリッドコンピューティング	242
グローバルバッファ	212
軽量プロセス	→LWP
ゲートウェイ	65
高速化	45

項目	ページ
コールドスタンバイ	4
コネクション数	246
コピーオンライト	200、195、199、202
子プロセス	199
コマンド	225
コンソールリダイレクション	291
コンテキストスイッチ	195、196
コンテンツ	viii
コンテンツハンドラ	57

サ行

項目	ページ
サーバ	222
～管理	248、314
～増設	323
～能力	316
～ファーム	viii、102、104、131
～リソース	147、152、240
～を切り分ける	46
サービス	218、240、224、230、256
～監視	8
～の起動順序	272
サブネット	29
シェル関数	271、274
死活監視	x、91
死活状態	218
シグナル送信	270
システムコール	164、208
システムプログラム	149
システム保護	176
システムモード	163、170

項目	ページ
実行コンテキスト	171、173
実行単位	153
指定ポート	128
自動更新	263
自動設定管理ツール	263
収集	295、299
集約	295、296
障害の検出	7
冗長化	viii、x、2、12、102、118、218
～プロトコル	31
冗長構成	25
シリアライズ	71
シリアルコンソール	289
自律的なインフラ	319
シングルコア	167
シングルスレッド	192、207
シングルマスタ	74
人力検索はてな	304
推測するな、計測せよ	147
スイッチ	132、288
～間接続の故障	121、124
～故障	121、124
～の冗長化	123
スイッチオーバ	x
スイッチングハブ	ix、127
スケーラビリティ	306
スケールアウト	ix、86
スケールアップ	ix
スケジューラ	154
スケジューリング	172
～アルゴリズム	20
スタック領域	203
スタティックVLAN	136
ステージング環境	ix
ステータスコード	58、64
ステートレス	63、68、70
ストレージサーバ	93、109
ストレージプロトコル	97
スナップショット	79、80
スループット	ix、50、149、150、185、186
スレーブ	74、76、80、83、86、88、310
～参照	86
スレッド	45、49、52、53、171、172、193、196
～ID	173
～バッファ	212
スロークエリ	210
スワップ	55、150、165、177、182、186
スワップアウト	186
スワップイン	186
正規表現	57
静的コンテンツ	viii、45、46、47、51
静的なファイル	57、208
静的リクエスト	46
性能	146
セキュリティ	133、249、285
セグメント	144
セッション管理	67、68
セッションデータ	337
疎なプロトコル	63

タ行

- 代替機 .... 133、281
- 代替ポート .... 128、130
- ダイナミックVLAN 136
- タイマ割り込み .... 159、160、162、167、169
- タグVLAN .... 138、142
- タスク .... 152、153、154
- 単一故障点 .... ix、94
- 単一ホスト 146
- 遅延送出 35
- チップセット 315
- 抽象レイヤ 176
- チューニング .... 188、190、197、209、313
- 通知 231
  - ～先 226
  - ～先グループ 226
- ディスクI/O .... x、146、185
- ディスクレス .... 283、178
  - ～サーバ 317
- データコピー 74
- データセンター .... ix、131、286、305
- テーブルスペース 246
- デーモン .... ix、265、272
- デバイスバッファ 157
- デプロイ .... 93、313、314、318
- デュアルコア 166
- デュアルマスタ 258
- 電源効率 315
- テンプレート .... 223、224、257
- 動作ログ 262
- 同時接続数 53
- 動的コンテンツ .... vii、viii、45、57
- 動的なドキュメント 67
- 動的ページ 46
- 動的リクエスト 46
- 独自プラグイン .... 221、234、236、235
- トラフィック 310
- トレース 149

ナ行

- 内部ロードバランサ .... 87、92
- 入出力 .... →I/O
  - ～処理 x
- ネットワークI/O x
- ネットワークセグメント x
- ネットワークトラフィック 240
- ネットワークブート .... x、134、277、282、317、323
- ノード .... 250、254

ハ行

- パーツ 317
- パーティショニング 210
- ハードウェアアクセラレータ 330
- バイナリファイル 153
- バイナリログ .... 76、81
- パケット x
- パスコスト 128
- パターンマッチ 57
- バックアップ .... 73、119
  - ～サーバ(DRBD) 113
- ～ポート 129
- ～サーバ 325
- バックグラウンド 267
- パッケージ管理 312
- バッチサーバ 305
- バッファ .... 48、182、212
- バッファリング .... 43、48
- はてな .... 46、208、304
- はてなグラフ 234
- はてなダイアリー 304
- はてなブックマーク .... 60、304
- パフォーマンス 315
  - ～チューニング 209
- ヒープサイズ 215
- ヒープメモリ 246
- ビジーループ 178
- 非同期 74
- 標準出力 178
- ファイルサーバ .... 281、305、311
- ファイルの変更管理 285
- ファシリティ 297
- ブートローダ .... x、278、291
- フェイルオーバ .... x、6、31、60、61、115、118、119、328
- フェイルバック .... x、60
- フォアグラウンド 267
- 負荷 .... xi、96、146、158、188
  - 二種類の～ 151
  - ～状態 220
- 負荷分散 .... vii、11、25、29、146
  - ～機 .... →ロードバランサ
- 復旧 326
- 物理メモリ .... 175、182、198、200
- 浮動的に viii
- プライオリティ 34
  - ～値 128
- フラッピング 223
- プリエンプティブモード 34
- ブリッジ 127
  - ～ID 128
- フレーム .... x、135
- ブロードキャスト .... x、136
  - ～ストーム 127
  - ～ドメイン 135
- プロキシ 57
  - ～サーバ 42
- プログラムカウンタ 153
- プロセス .... 45、49、52、53、153、154、171、193、196
  - ～ID .... 173、201
  - ～アカウンティング .... 167、169
  - ～監視 265
  - ～数 237
  - ～スケジューラ .... 153、154
  - ～スケジューリング 153
  - ～ディスクリプタ .... 154、155、167、169、171、174
  - ～の実行状態 154
  - ～の状態 .... 146、153、160
  - ～の状態遷移 .... 157、179

項目	ページ
プロダクション環境	x
ブロッキング	177
ブロック	156、179、187、206
〜される	x
〜デバイス	110、187、311
プロファイリング	149
フロントエンドサーバ	325
分散	86、92、210
〜キャッシュサーバ	70
並行処理	191
ページ	183
〜キャッシュ	183、185、186
ページング	176
ヘルスチェック	x、7、333
ポート	128
〜監視	8
〜トラッキング	125
ポートVLAN	137、140、137
ポジション情報	77
ホスト	218、223、230
〜グループ	230
ホットスタンバイ	5
ボトルネック	xi、95、147、148、152、165、189、190、211、240、307

マ行

マクロ	161、298
マスタ	74、81、88
〜サーバ（DRBD）	112
〜スレーブ	309
〜ファイル	285
待ちタスク	153
マニフェスト	249、257
マルチCPU	165
マルチキャスト	136、242
〜アドレス	33
マルチコア	165、166、167
マルチスレーブ	74
マルチスレッド	52、171、174、193、194、207
マルチタスク	146、176
〜OS	152、175
マルチプロセス	52、171、193、194、207
マルチマスタ	74、309
ミラーリング	111、119
無限ループ	178
メールサーバ	103
メール送信	231
メモリ	199、213
〜空間	171、199、203
〜サイズ	200
〜使用効率	45、47
〜消費量	47、49、50、56
〜使用率	240
〜の利用状況	148、182
〜ファイルシステム	xi、278、281、284、285
〜リーク	203
メンテナンス	185、310
〜回線	287
〜用ブートイメージ	282
モジュール	54、56、207
モニタリング	240
ユーザプログラム	149
ユーザプロセス	176
ユーザモード	163、170、181

ラ行

ラウンドロビン	xi
ランキュー	160、161、162、167、181
リアルサーバ	18、89
リクエスト	46、58
リソース	xi、55、253、254
〜競合	46、194
〜利用率	315
リバースプロキシ	42、43、47、50、52、53、66、68、307
〜サーバ	305
リピータハブ	ix
リポジトリサーバ	305
リモートメンテナンス	286
リモートログイン	286
リレーログ	76
リンクアグリゲーション	125、144
リンク故障	121
〜時の動作	124
リンクダウン	122
ルータ	222
ルートブリッジ	127、128
ルートポート	128、129
ループ	130
ループバックインタフェース	29
レイテンシ	xi
レイヤ	viii、xi
〜2	viii
〜3	viii、8
〜4	viii、8
〜7	viii、8
レゾルバライブラリ	102
レプリケーション	74、77、80、81、86、236
〜用ユーザ	78
ローテート	300
ロードアベレージ	xi、149、162、158、165、174、181、240
ロードバランサ	vii、viii、xi、17、18、22、31、42、37、88、219、281、312、334
ロードバランス	→負荷分散
ログ	262、284、295、299、300
〜サーバ	305
ロジック	150
ロック	185
ロボット	44、58

ワ行

割り込み信号	159
割り込み不可能	156

●カバー・本文デザイン
西岡 裕二
●レイアウト
高瀬 美恵子(技術評論社)
●本文図版
和田 敦史(トップスタジオ)

WEB+DB PRESS plusシリーズ
[24時間365日]
サーバ/インフラを支える技術
……スケーラビリティ、ハイパフォーマンス、省力運用

2008年 9月 1日 初版 第 1 刷発行
2019年 7月18日 初版 第13刷発行

著　者　　伊藤 直也、勝見 祐己、田中 慎司、
　　　　　ひろせ まさあき、安井 真伸、横川 和哉

発行者　　片岡 巌

発行所　　株式会社技術評論社
　　　　　東京都新宿区市谷左内町21-13
　　　　　電話　03-3513-6150　販売促進部
　　　　　　　　03-3513-6175　雑誌編集部

印刷／製本　図書印刷株式会社

定価はカバーに表示してあります。

本書の一部または全部を著作権法の定める範囲を超え、無断
で複写、複製、転載、あるいはファイルに落とすことを禁じます。

©2008 伊藤 直也、勝見 祐己、田中 慎司、
　　　ひろせ まさあき、安井 真伸、横川 和哉

造本には細心の注意を払っておりますが、万一、乱丁(ページの乱れ)や落丁(ページの抜け)がございましたら、小社販売促進部までお送りください。送料小社負担にてお取り替えいたします。

ISBN 978-4-7741-3566-3 C3055
Printed in Japan

本書に関するご質問は記載内容についてのみとさせていただきます。本書の内容以外のご質問には一切応じられませんので、あらかじめご了承ください。
なお、お電話でのご質問は受け付けておりませんので、書面またはFAX、弊社Webサイトのお問い合わせフォームをご利用ください。

〒162-0846
東京都新宿区市谷左内町21-13
株式会社技術評論社
『サーバ/インフラを支える技術』係
FAX 03-3513-6173
URL https://gihyo.jp
(技術評論社Webサイト)

ご質問の際に記載いただいた個人情報は回答以外の目的に使用することはありません。
使用後は速やかに個人情報を廃棄します。